정원의 시작

MAKE A GARDEN

박웅규 지음

프롤로그

정원에 관한 글을 쓰야겠다고 다짐한지 10년이 넘었습니다. 왜 정원을 계획하고 만드는 글을 쓰야만하는지에 대해 오랜만에 다시 생각을 해 보았습니다. 이제는 많은 사람들이 정원문화에 대한 관심이 높아지고 새로운 식물과 기법에 대해 갈망을 합니다. 하지만 10년 전만 하더라도 정원이라는 단어는 아주 생소한 것이었습니다. 건설공사 현상에 오래 있으면서 다른 분야 전문인력은 정원 혹은 조경에 대해 그냥 보기 좋게 심으면 되지 뭐 별것 있냐는 식이었습니다. 나이가 들면 농사나 지을까? 나무나 심고 꽃을 키우면 돈도 벌고 행복하지 않을까라고 너무 쉽게 말을 하곤 했습니다. 진작 중요한 것은 그 분야에 있는 전문가 집단이었습니다. 기술적인 부분이나 다른 분야에서 근접할 수 없는 분야가 많음에도 불구하고 구체화하거나 정리를 하지 않고 사람에서 사람으로 기술이 전달되고 전혀 정리되지 않고 있었습니다. 그래서 생각을 하게 되었습니다. 누구라도 먼저 정원의 계획과 조성에 대한 내용을 정리해야 한다. 누군가 처음 시작하지 않으면 생각하고 있는 것이 정답인지 오답인지도 알수 없고 무엇인가를 논의할 수 조차 없다고 생각했습니다.

이 책에서 논하는 내용이 모두 정답 일수는 없습니다. 그래서, 더 나은 전문가가 이 책의 내용이 오답이라 하고 잘못된 것을 수정할 수 있는 정원의 계획과 조성에 대한 기초적인 내용을 담은 책이 되기를 희망하면서 준비를 했습니다. 비록 정답은 아닐지언정 바르고 그름의 판가름할 기초를 만든다는 생각으로 10년을 준비하고 세상 밖으로 내 보냅니다. 참고된 일부의 사진은 감추고 싶은 나의 잘못된 현장일 수도 있고, 자신있게 자랑할 수도 있는 정원일 수도 있습니다. 처음에는 좋은 사진만 올리고 나머지는 알수 없게 하고자 하였으나 잘못된 것조차 숨겨진다면 발전이 없을 것이라 생각하고 일부 논쟁 여지에도 불구하고 책에 실게 되었습니다.

정원에서 새로운 식물에 대한 갈구와 식재기술은 날로 발전을 거듭하지만 기초가 없는 상태에서 무작정 외국의 자료를 따르면서 문제도 생기고 경제적인 피해를 입는 경우가 적지가 않습니다. 이 책이 당장은 기법적으로나 경제적으로 이익을 줄 수 없지만 앞으로 더 좋은 전문가를 배출하는데 근간이 되기를 바라며, 옳지 않거나 더 좋은 내용이 있다면 새롭게 업그레이드된 내용으로 다른 전문가가 정원 계획 및 조성에 관한 책을 기술하고 정원분야의 대중성과 전문성이 높아지기를 간절히 바라는 마음입니다.

정원분야를 시작한지 20년이 넘었고 이제는 기성세대가 되면서 처음 식물원에서 나를 바라본 때를 생각해 봅니다. 대학원 은사이신 손기철 교수님의 식물원 권유와 평강식물원에서 이환용 원장님과 원영옥 부원장님의 식물원에 대한 열정을 기억합니다. 머리만 큰 저를 처음부터 식물과 정원조성에 대해 진심을 다하신 남기채 부장님에 감사한 마음 잊지 않습니다. 어려울 때 곁에서 지켜준 사랑하는 아내 묘림과 바라만 봐도 행복한 채영, 민영이, 부모님이 대단하지 않다고 불평한 막내아들을 자랑스럽게 여기시는 부모님께 감사한 마음 전합니다. 또한, 정원분야에 오랫동안 살아남게 해 주신 도움 주신 많은 분께 감사드립니다.

CONTENTS

Chapter 1.

식재 환경

최근 정원분야에서 많은 변화를 겪고 있다. 우선 기후가 변화하여 중부지방에서 식재하지 못하던 식물을 심을 수가 있고 정원문화가 발달하여 새로운 식물을 도전적으로 정원조성에 반영하고 있다. 정원에 식물을 심기 위해서는 식물에 대한 이해뿐만 아니라 조성하고자 하는 정원의 식재환경에 대한 인식의 변화가 필요하다.

정원 위치에 따른 식물종의 선택

자연에서 정원의 형태와 위치에 따라 생육환경이 달라지고 이에 따라 자라는 식물에 영향을 주므로 정원 위치에서 생육환경을 이해해야 한다.

정원에서 남향은 기온의 변화가 많아 다른 곳보다 건조하여 소나무, 산초나무, 제비꽃 등이 자라고, 북향은 반대로 습도가 높다. 북향하는 지역에서는 단풍나무, 잔달래, 현호색 등이 자라는데, 정원의 온도와 습도 등의 생육환경은 방향 등에 따라 생육환경이 달라지고 자라는 식물종도 변화된다. 정원에서 동향은 아침햇볕이 들어오는 곳으로 자외선부근의 태양광이 많아 밝지만 낮은 온도의 광이 있는 곳이다. 서향은 오후 햇볕을 받는 곳으로 높은 열을 가지고 있는 적외선 광을 주로 받는 위치가 된다. 남향은 종일 태양광이 입사되지만 광량과 광도의 변화가 심하며, 북향은 적은 양이지만 일정한 양으로 태양광을 받을 수 있어 온도와 습도의 변화가 적다. 동쪽은 고온의 열은 많지 않고 밝은 빛의 자외선 에너지를 가지고 있으며 대표적으로 자라는 식물에는 난초류 등이 있으며 대부분의 목본과 초본이 무난히 자라는 곳이다. 서쪽은 높은 온도의 열을 가지고 있는 적외선이 많은 곳이며 해가 진 후에는 온도가 갑자기 낮아지는 특징이 있어 기온 변화가 많아 과일나무가 적합하지만 높은 일교차로 인해 식재된 식물은 동해를 받기 쉽고 나무의 줄기가 타는 일소피해가 빈번히 발생된다. 남향은 햇볕이 종일 들어 유실수나 채소 등의 작물을 키우기에 적합하고 태양광을 좋아하는 억새류나 꽃을 피우는 대부분의 수목이 잘 자랄 수 있지만 건조한 환경 조건으로 수분 스트레스를 받기 쉽고 해충인 응애와 진딧물 등의 발생이 많다. 북향은 전반적으로 온도가 일정하고 습도가 높은 편으로 숲속에서 자라는 식물(Woodland plant)이 적합하여 많은 종류의 초본식물이 자라기에 적합하다. 하지만 많은 태양광을 요구하는 꽃을 피우는 나무가 자라는 환경으로는 적합하지 않다.

정원 내에서도 사면 방향을 고려하여 식물을 심는 것이 필요하다. 태양광을 받을 수 있는 시간이나 광량을 비교한다면 북향이 가장 적게 받고 다음이 동향, 서향 순서이며 남향이 많은 햇볕을 받는다. 많은 햇볕을 받는 남향은 식물 생육에 적합한 방향으로 생각할 수 있지만, 실제 정원에서는 많은 노동을 요구하는 곳으로 정원의 방향은 식재되는 식물의 특성을 고려하여 계획할 필요가 있다. 남향이나 서향과 같이 건조한 생육환경을 가지는 위치는 정원관리에 있어 식물의 건조에 따른 피해가 다른 사면보다 심각하게 발생하고 응애나 진딧물은 건조한 환경에서 발생량이 많으므로 해충의 피해도 심각하게 발생된다. 또한, 다른 방향에 비해 잡초 발생도 많은데 이것은 대부분의 잡초는 햇볕을 받아야 발아하는 광발아종자로 땅속에 숨어 있다가 햇볕을 받으면 생육이 촉진되어 발아된다. 잡초 씨앗은 흙 속에서 발아력을 지닌 채 10년 이상 경과 후에도 살아남는 것이 많다. 북향의 식물은 가을에 낙엽이 지면서부터 봄철에 다시 잎이 나오기 전까지 많은 식물이 생명력을 가진다. 정원에서 온도가 가장 낮은 방향으로 남향에서 자라는 식물과 달리 북향에서 자라는 식물은 잎을 먼저 내기보다는 꽃을 먼저 피우고 많은 잎을 만들기보다는 번식을 위한 꽃에 집중한다. 이런 까닭으로 꽃이 크고 화려한 식물이 많이 있다. 반면 기온과 습도가 일정하여 뿌리나 줄기에 양분을 저장하고 생육환경이 불량하더라도 몇 년간은 휴면하면서 버틸 수 있다. 북쪽 면에 자라는 식물은 서로 경쟁하기보다는 적합한 환경을 찾아 나름의 방식대로 생명을 이어가는 특징을 가진다.

식물 특성에 따라 적합한 방향에 식재해야 오랫동안 생육이 가능하며 식물에 적합한 식재 환경을 만들기 위해서는 인위적으로 경사면을 만들어 조성하기도 하지만 나무나 차폐물을 이용하여 적정 생육환경을 만들 수 있다. 만병초류는 건조에 약하기 때문에 남향에는 심을 수가 없다. 강한 햇볕도 문제가 되고 낮은 습도로 인해 생육이 거의 되지 않는다. 하지만 건물 벽이나 나무를 이용하여 그늘을 만들거나 바람막이를 만들면 남향 정원에서도 식재가 가능하다. 따라서 정원에 식재되는 식물을 오랫동안 감상하고 식물이 건강하게 생육하기 위해서는 환경에 적합한 식물을 선정해야겠지만 식재된 식물이 자랄 수 있는 환경을 만들어 주는 것도 방법이 될 수 있다. 식물 생육환경을 조성하기 위해서는 해당 식물의 특성을 정확히 파악해야 한다.

■ 경사면의 방향에 따른 생육환경

구 분	기 온	습 도	대표식물	특 징
동(EAST)	보통	보통	난초과 및 대부분의 식물	열매 달리는 식물에 부적합
서(WEST)	높다	낮다	과일나무	일교차에 의한 피해 발생
남(SOUTH)	높다	낮다	대부분의 나무	건조 피해 발생
북(NORTH)	낮다	낮다	숲속 초본	꽃이 피는 나무에 부적합

겨울철 오전 7시 지면 온도로 햇볕을 받는 동쪽 온도는 20.4℃가 되고, 서쪽은 -11.6℃로 온도의 차이가 32℃ 발생 된다.

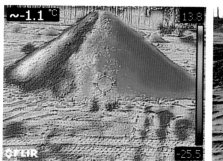

겨울 해가 지기 전 5시의 지면 온도로 햇볕을 받는 부분은 13.8℃이고 해를 받지 못하는 부분은 -25.5℃로 온도 변화가 심하다.

4월에도 12시의 자갈에서 남향의 온도는 태양광으로 인해 46.0℃를 나타낸다.

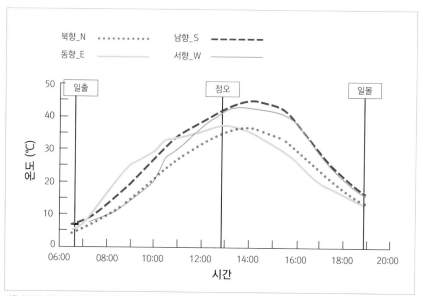

정원 위치에 의한 온도 차이로 다양한 생육환경이 형성되므로 식물의 생육 특성을 고려하여 식재 방향을 반영해야 한다.

평강식물원의 조성 초기의 경관으로 전형적인 북향에 위치한 정원이다.

곤지암 화담숲 조성 초기로 경사가 심하여 우배수시설 및 동선계획에 중점을 두었다.

북향은 봄에 숲속에서 꽃을 피우는 바람꽃, 복수초, 얼레지, 깽깽이풀 등의 많은 종의 초본을 볼 수 있다. 북향은 다른 방향보다 잡초가 적게 발생되어 다양한 종류의 초본이 경쟁 없이 자랄 수 있다.

기후에 따른 식물의 결정

식물 선정 요건 중에 중요한 것은 정원에 식재된 식물이 지속적으로 살 수 있어야 하는 것이다. 생육이 지속가능한 환경에는 광조건, 수분조건 등이 있지만 무엇보다도 온도 조건이 중요하다.

이동이 가능한 화분에 심어진 식물은 기온에 대한 고민이 필요 없다. 온도가 낮아지면 이동시키면 되지만 정원에 심어진 나무는 적정한 장소로 이동하는 것이 불가능하므로 겨울이 되면 동해 받고 죽거나 상태가 불량해진다. 광조건이나 수분조건은 미기후를 이용하면 생육환경 조절이 가능하지만, 온도 조건을 인공적으로 환경을 조성하기 위해서는 많은 비용이 소요된다. 몇 해 전만 해도 배롱나무, 감나무, 대나무 등은 서울에서는 키울 생각지도 못하였지만, 최근에는 큰 어려움 없이도 가능해졌다. 지구온난화로 많은 남부식물이 중부지방에서 잘 자라고 있지만, 식물전문가는 이들의 식재는 항상 신중해야 한다고 말을 한다. 남부지방에서 자라는 식물이 온화해진 기후로 인해 수도권에서도 잘 자라고 있지만 많은 위험을 내포하고 있다. 식재 후 30년을 잘 키운 나무가 갑작스러운 한파로 동해를 받아 고사되는 것을 어렵지 않게 볼 수 있다. 적정온도를 무시한 과도한 식재로 많은 경제적 피해를 초래하므로 미국의 농무성에는 수목의 내한성 지도를 작성하여 지역별로 식재 가능한 식물을 정해 놓고 있다. 국내에서도 미국의 USDA Plant Hardiness Zone이라는 개념을 도입하여 사용하고 있지만, 미국의 기준이 우리나라와 완전히 일치하지 않아 실패하는 사례도 있다.

우리나라는 겨울 건조로 인해 고사되는 식물이 있는데 이것은 미국 기준인 최저온도로 표시는 방식에서는 나타낼 수 없으므로 외국에서 도입된 식물은 식재시 내한성 Zone을 1~2단계 낮추어서 식재계획을 작성해야 식물을 안전하게 관리할 수 있다. 일부 연구기관에서 나온 연구자료에는 서울이 7a(-17.8℃ ~ -15.0℃)의 최저온도 지역으로 표시된 자료가 있지만, 서울은 6b로 적용하는 것이 적당하다. 최저 온도에 1시간을 접하더라도 식물이 피해를 받을 수 있으므로 정원에 식물을 식재하는 경우에는 미리 조사하여 반영해야 한다. 공기 중의 온도인 기온은 높이에 따라 달라진다는 것을 주의해야 하는데 일반적으로 높이 100m마다 기온이 1℃가 낮아진다고 알고 있어 지면에 접한 부분은 온도가 높고 고도가 높아질수록 기온이 내려간다고 생각을 하지만 실제 최저 온도를 측정하면 지면과 접한 곳에서 온도가 가장 낮은데 이것을 최저초상온도라고 한다.

정원의 식재에서는 1.5m 높이의 백엽상에서 측정하는 기온으로 식물의 최저온도를 맞추기보다는 뿌리와 지면이 접하는 최저초상온도를 기준으로 식물을 선정해야 한다. 최저초상온도가 중요한 이유는 겨울철을 지나는 동안 줄기는 살아 있지만 뿌리가 동해를 받아 고사되는 식물이 있는데, 뿌리에서 동해를 받은 식물은 봄이 되면 정상적으로 잎이 나오는 것 같지만 기온이 올라가면 잎은 말라버리고 결국에는 고사하게 된다. 지상의 온도는 식물이 피해를 받지 않는 온도이지만 지면은 저온 피해를 받는 온도 이하로 떨어졌기 때문이다. 특히, 8월 이후에 이식하거나 식재하는 수목에서 이런 증상이 많이 발생되므로 주의해야 한다. 우리나라에서 제작한 내한성지도를 적용하면 서울에서 저온피해 없이 배롱나무, 감나무 등이 생육 가능한 것으로 되지만 실제로는 겨울 저온피해를 받기 때문에 줄기와 뿌리 부분에 보온을 하고 8월 이후의 이식은 가급적 지양한다. 또한, 서울이 천안보다 북쪽에 있어 동해를 쉽게 받을 것으로 보이지만 서울은 도심환경의 영향을 받아 천안보다 따뜻하다. 서울에서 최저초상온도와 기온의 차이는 겨울에 심하게 나타나므로 내한성이 약한 수목을 가을에 이식하는 경우에는 내한성(Hardiness Zone)을 2단계 낮게 적용해야 한다. 정원에서 식물의 내한성을 고려하여 식재계획을 작성해야 하는데 우리나라는 식물의 내한성에 대한 자료가 부족하므로 정원식물을 식재하기 위해서는 미국자료를 참고하는 것이 실수를 줄일 수 있는 방법이며, 기상청의 정보를 충분히 이용하여 식물종을 선택해야 한다.

미국의 USDA Plant Hardiness Zone은 겨울철 최저 온도를 기준으로 Zone을 1a에서 13b로 구분하고 온도는 -51.1℃(1a, -60F)에서 21.1℃(13b, 70F)로 정의를 하고 있다. 우리나라는 가장 추운 강원도 산간이 4b(-31.7℃)이고 제주도가 8b(-6.7℃)에 위치한다. 우리나라의 겨울철 최저 온도는 기상청의 30년간(1991년 ~ 2020년) 온도 기준으로 -29.2℃ ~ -7.0℃에 분포한다. 서울은 최저 온도가 -18.6℃로 측정되어 6b(-20.6℃ ~ -17.8℃)에 속한다.

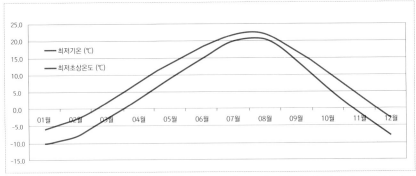

지면과 접한 부분인 잔디 위의 온도를 최저초상온도(Minimum grass temperature)라고 하는데 겨울의 최저초상온도는 높이 1.5m에서 측정하는 기온보다 3~5℃ 정도 낮게 측정된다. 겨울에 토양과 접하고 있는 부분에서 저온피해를 가장 심하게 받는다.

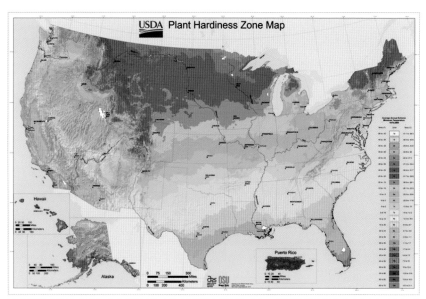

미국의 내한성지도인 USDA는 우리나라의 기후 조건과 일치하지 않아 참고용으로 사용해야 한다. 특히, 우리나라와 같이 건조한 겨울을 가진 나라에서는 저온건조에 의한 동해피해가 많이 발생된다.

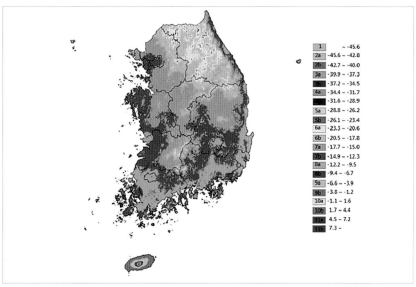

미농무성 기준을 이용한 우리나라 식물내한성지도 제작 및 활용, 조정건(Jung Gun Cho), 김승희(Seung Heui Kim), 한점화(Jeom Hwa Han), 박정관(Jeong-Gwan Park), 김정희(Jung-Hee Kim), Vol.2013No.5[2013], 한국원예학회 학술발표요지

정원에서 식재 토양

정원에서 토양은 식물을 고정하고 식물에 공급될 양분과 수분의 보유할 뿐만 아니라 뿌리가 산소호흡을 할 수 있게 한다.

토양은 고상(흙 알갱이), 액상(물), 기상(공기)의 3가지로 구성이 되어있으며, 고상인 흙 알갱이로 구성되고 물(액상)과 공기(기상)는 토양으로 생각하지 않을 수도 있지만 식물에서는 고상인 흙 알갱이보다는 물과 공기가 중요한 역할을 한다. 고체인 흙 알갱이는 뿌리를 고정하고 양분을 함유하는 창고와 같은 역할을 한다. 토양의 물은 식물이 이용 가능한 수분과 흙 알갱이(토양입자)와 강하게 결합하여 이용할 수 없는 수분이 있는데 흙 입자의 특성에 따라 식물의 토양수분 이용량이 달라진다. 토양의 공기는 뿌리가 호흡하기 위해 반드시 필요한 것으로 공극이라고 하는 토양 내 공간의 크기에 따라 달라지고 물의 양과 산소의 양은 서로 반비례한다. 토양의 성질에는 물리성과 화학성이 있는데, 물리성은 흙 입자, 물과 공기에 관한 것이고, 화학성은 양분 흡수와 관련되어 있다.

1. 토양의 물리성

토양의 물리성은 토성, 구조, 밀도, 공극률, 수분함량, 견지도, 온도, 색 등 있으며, 이 특성은 식물 뿌리의 생장과 발달 및 수분과 양분의 흡수, 공기 순환 등을 이해하는 기본 자료가 된다.

1) 토성

토성은 토양의 물리성에서 가장 기본이 되는 것으로 토양입자의 크기에 따라 모래, 미사, 점토로 나누고 이들의 함유비율에 따라 토양을 분류한 것이다. 토양입자의 분류기준은 미국농무성에 의한 기준과 국제토양학회 기준이 있으며 우리나라는 미국농무성 기준을 따른다. 미국농무성 기준에서 점토는 입자 직경이 0.002mm 이하이고, 미사는 0.002~0.05mm, 모래는 0.05~2.0mm로 되어있다. 모래는 다시 극세사, 세사, 중간사, 조사 및 극조사로 구분된다. 토성의 분류는 모래, 미사 및 점토함량을 토성 삼각도나 개량토성 삼각도를 이용하여 구분한다. 토성을 측정하기 위해서는 우선 토양을 채집해야 하는데 토양은 ①토양오거(Auger)를 이용하거나 ②삽을 사용하는 방법이 있다. 오거를 사용하여 측정하는 것이 정확한 방법이지만 현장에서는 삽을 이용하여 채집한다. 침강속도를 이용한 토양의 분석은 촉감법보다는 정밀한 방법으로 현장에서 채취한 토양의 샘플을 이용하여 2mm 이상의 자갈은 제거한 후 침강속도를 이용하여 분석한다. 분석한 결과를 아래의 토성삼각도표에 적용하여 토성을 분석한다.

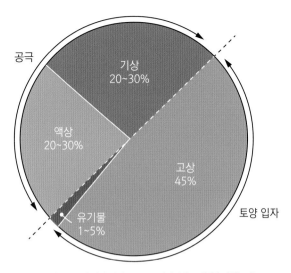

토양의 3상으로 고체, 액체, 기체 등으로 구성되어 있고 액체와 기체는 서로 반비례하여 수분량이 증가하면 공기량이 감소하여 뿌리가 괴사 될 수 있다.

■ 토양입자의 분류(미국 농무성기준)

		0.002	0.05	0.1	0.25	0.5	1.0	2.0mm	
점토 (Clay)	미사 (Silt)	극세사	세사	중간사	조사	극조사	자갈 (Gravel)
		모래(Sand)						

자갈은 입자 직경이 2.0mm 이상이며, 이것은 토양으로 취급하지 않으며, 토양의 화학성과 물리성 검사 시에도 지름이 2.0mm 이상이 되는 자갈은 체로 걸러서 사용하지 않는다. 자갈은 토양을 구성하는 골격으로만 작용하여 물과 공기의 흐름을 좋게 하나 토양으로는 분류하지 않아 자갈이 많은 정원에서는 토양의 물리성이 실제와 다르게 나타나기도 한다. 모래는 입자의 직경이 0.05~2.0mm인 것을 말하며 양분의 흡착이나 교환과 같은 토양의 화학적 특성에는 영향을 미치지 못하고 물리성인 대공극을 형성하여 공기와 물의 이동을 용이하게 한다. 미사는 0.002~0.05mm의 입자 직경을 가지고 있고 모래 입자보다 작아 배수나 통기는 모래보다 좋지 못하지만 보습력을 가지고 있어 수분보유력을 결정한다. 점토는 0.002mm 이하인 것으로 입자의 표면에 전하를 가지고 있어 토양의 화학적 특성을 결정하는 중요한 인자로서 건조해지면 단단한 덩어리가 되는 특성이 있다.

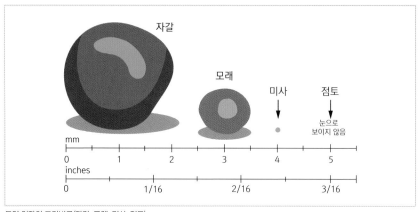

토양 입자의 크기비교(자갈, 모래, 미사, 점토)

■ 토양입자 크기와 토양 특성

구 분	모래	미사	점토	비고
수분 보유력	낮음	보통	높음	
통기성	좋음	보통	나쁨	
배수속도	빠름	중간	느림	
유기물함량	적음	중간	많음	
유기물분해	빠름	중간	느림	
토양온도변화	빠름	중간	느림	봄의 온도상승
양분저장능력	나쁨	중간	높음	
pH 완충력	낮음	중간	높음	
수식민감도	낮음	높음	낮음	
답압정도	낮음	중간	높음	
경운 적합성	양호	중간	불량	강우 후 경운

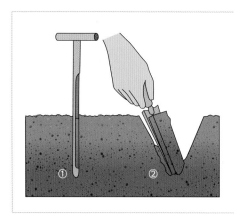

〈토양 검사에 필요한 토양의 채집 방법〉

삽을 이용하는 방법은

· 식물의 뿌리가 주로 분포하는 토양 깊이 30㎝ 정도의 구덩이를 파고 두께 1㎝ 정도로 샘플을 채집한다.

· 샘플 수는 많을수록 좋으나 최소 3개소 이상을 채집한다.

· 채집된 토양은 서로 혼합한 후에 토양의 토성을 측정한다.

토성을 측정하기 위해서는 우선 토양을 채집해야 하는데 토양은 ①토양오거(Auger)를 이용하거나 ②삽을 사용하는 방법이 있다. 오거를 사용하여 측정하는 것이 정확한 방법이지만 현장에서는 삽을 이용하여 그림과 같이 채집한다.

현장에서 토성 측정 방법

1. 촉감법

현장에서 쉽게 사용할 수 있는 방법으로 손가락의 촉감으로 분석한다. 모래는 까칠까칠한 촉감, 미사는 미끈미끈한 촉감, 점토는 끈적끈적한 촉감을 나타낸다.

2. 리본법

뭉쳐지는 정도에 따라서 구분하는 것으로 사질토는 손바닥 안에서 뭉쳐지지 않고 부서지고, 양토는 뭉쳐 지지만 띠를 만들면 길이가 2.5cm 이상으로 되지 않고, 식양토는 뭉쳐진 덩어리를 엄지와 검지를 사용하여 길게 늘어트리면 4.0cm 이상까지 늘어난다.

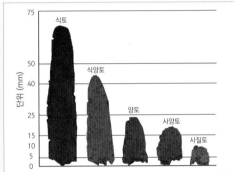

채집한 토양은 그림과 같이 리본법을 이용하여 간단하게 확인을 할 수도 있는데 이것은 정확하지는 않지만, 현장에서 바로 확인 가능하며 토성이 불량하게 나온 경우는 보다 정밀한 방법으로 토성을 확인해야 한다.

3. 입경분석법

입경분석법은 토양입자를 크기별로 함량을 분석하는 방법이다. 이 분석법에는 체분석법과 침강속도를 이용하는 방법이 있는데, 체분석법은 구멍의 크기가 다양한 체를 이용하여 일정한 크기의 체를 통과한 입경량과 남아있는 양의 차이를 보는 방법이다. 침강속도를 이용하는 방법에는 비중계법과 피펫법이 있는데 이것은 입자의 크기가 클수록 빨리 침강하는 원리를 이용하는 방법이다. 체를 이용하는 입경분석은 지름이 0.05mm 이상인 모래를 분석하는데 사용하며, 체번호 10번부터 체번호 325번을 사용한다.

1) 체를 이용하는 모래입자분석법

체번호	입자의 크기(μm)	모래의 분류	비고
10	1,000	극조사	
35	500	조사	0.05~2.0mm
60	250	중간사	(미국농무성법)
140	106	세사	
325	45	극세사	

2) 침강속도를 이용한 입경의 분석

입경의 크기와 무게에 따라 물속에서 침강하는 속도가 달라진다. 침강속도가 달라진다는 것은 물속에서 가라앉는 속도가 달라 유사한 입경이 층을 형성한다. 형성된 층의 두께에 따라 토성이 결정된다. 아래와 같이 측정하고 점토, 미사, 모래를 구분하여 토성삼각도표에 적용하여 분석한다.

측정 방법은 다음과 같다.

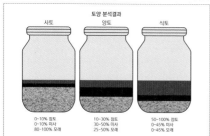

토성삼각도표에서 측정된 토성으로 정원 토양의 개략적인 특성을 유추할 수 있다. 진흙과 같은 토양에서는 배수불량에 의한 피해와 초기에 수분 흡수가 좋지 않은 단점이 있어 수생식물을 위한 정원 이외에는 사용하지 않는다. 또한 토성에 따라서 식물이 이용할 수 있는 토양수분의 양이 달라지는데 토양수분에는 위조점(Willting point), 포장용수량(Field capacity), 중력수(Gravitational wate) 등이 있다. 위에서 측정한 방법으로 토성이 확인되었다 하더라도 정원에서 배수력이 어느 정도인지 알 수는 없다. 정원에서 식물을 식재하기 전에 반드시 확인해야 하는 것은 배수력이다.

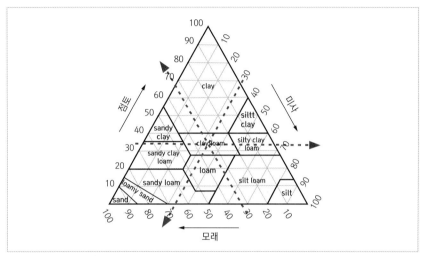

토성감각도표(미국농무성법)로 입자의 크기를 기준으로 토양을 구분할 수 있다. 모래와 점토의 함량이 각각 33%인 토양의 토성을 보면 모래 함량 33%에서 왼쪽의 점토방향으로 선을 연장하고, 점토 33%에서 미사 방향으로 연장선과 만나는 점인 식양토(Clay Loam)가 토성이 된다.

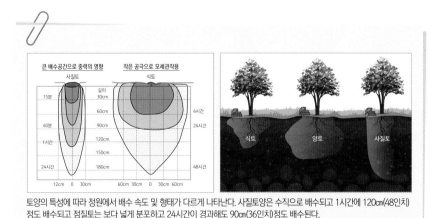

토양의 특성에 따라 정원에서 배수 속도 및 형태가 다르게 나타난다. 사질토양은 수직으로 배수되고 1시간에 120㎝(48인치) 정도 배수되고 점질토는 보다 넓게 분포하고 24시간이 경과해도 90㎝(36인치)정도 배수된다.

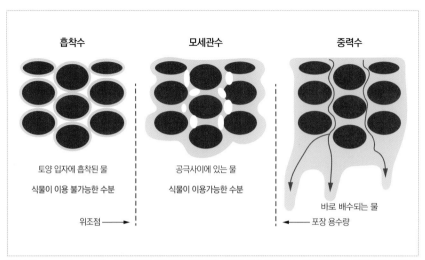

흡착수	모세관수	중력수
토양 입자에 흡착된 물	공극사이에 있는 물	
식물이 이용 불가능한 수분	식물이 이용가능한 수분	바로 배수되는 물
위조점 →		← 포장 용수량

흡착수(Hygroscopic water)는 토양입자가 강력하게 흡착하여 식물이 물을 이용할 수 없어 위조점의 기준이 되고, 중력수 (Gravitational water)는 비가 오면 발생하나 중력에 의해 땅속으로 스며들어 식물이 이용할 수 없다. 식물이 이용할 수 있는 수분 은 위조점과 포장용수량 사이의 물인 모세관수(Capillary water)이다.

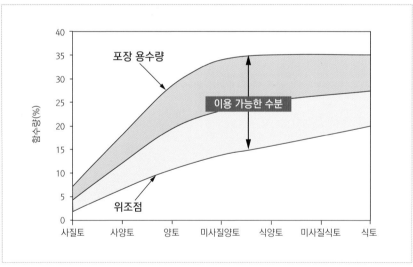

토성에 따라 식물이 이용할 수 있는 유효수분의 양이 달라지는데 식물이 이용가능한 수분은 위조점의 수량과 포장용수량 사이의 수분으로 식질토는 토양이 가지는 수분량은 많지만 식물이 사용할 수 있는 유효수분은 적다. 식물이 이용할 수 있는 유효수분은 미 사질양토에서 가장 높다. 식질토의 유효수분이 적다는 것은 토양 내 유효 산소량이 부족하다는 것과 동일한 것으로 정원에서 식질 토의 사용은 지양해야 한다.

정원에서 배수 능력을 확인하는 방법은 다음과 같다.

정원에서 식재 기반을 조성하는 경우 외부에서 토양이 반입되거나, 기존 토양과 외부 토양을 혼합하는 경우 2가지 이상 다른 토성을 가진 토양이 토양층을 형성하지 않도록 해야 한다.

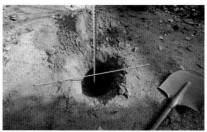

1. 폭30cm과 깊이 30cm로 원형의 구덩이를 판다.

2. 물을 가득 채우고 토양이 충분히 포화상태가 되도록 하고 배수시킨다.

3. 다음날 물을 가득 채우고 막대기를 수평으로 하고 높이를 잰다.

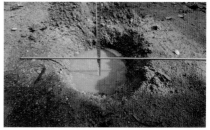

4. 한 시간마다 배수되는 물의 높이를 측정한다.

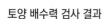

토양 배수력 검사 결과

시간당 배수되는 물의 양은 5cm 정도가 적당하고, 시간당 2.5cm 이하는 배수가 불량한 토양이며, 10cm 이상에서는 건조피해가 예상된다.

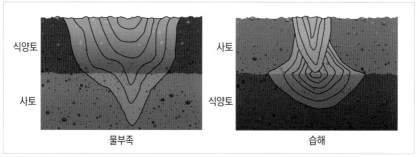

좌측 그림과 같은 토양층은 진흙(식양토) 구간에서 토양에서 포화되어야 아래에 있는 모래(사토) 구간으로 물이 이동되므로 물이 부족한 증상이 발생되고, 우측 그림과 같은 토양층은 모래(사토)의 물이 바로 배수되나 진흙(식양토)이 접하는 부분에서 수분이 정체되어 과습상태가 된다.

2) 공극

토양의 공극은 토양입자에 의해 만들어지는 공간을 말하는 것으로 식물의 생육에서 중요한 의미를 갖는다. 토양의 공극은 공기와 물이 들어갈 수 있는 공간이므로 토양이 보유 할 수 있는 공기와 물의 양은 공극에 따라 달라진다. 사질토양은 대공극이 많아 통기성은 좋지만 보수력이 부족하고, 식토는 소공극이 많아 통기성은 불량하지만 보수력이 좋다. 식물은 대공극과 소공극이 균형을 이루고 있는 것이 식물생육에 좋다. 토양의 답압을 최소화하기 위해서는 모든 바퀴가 정해진 작업로에서 움직이도록 하여 식재되는 공간에서 답압되지 않도록 한다. 답압은 사질토양보다는 식토에서 빈번히 발생되고 심하게 발생 된다. 토양의 답압은 마른 상태보다는 젖은 상태에서 강하게 발생되므로 비가 온 후에는 무거운 중장비의 사용을 최소로 해야 하며, 정원에서는 바퀴가 장착된 장비보다는 궤도장비를 사용하는 것이 답압을 효과적으로 방지한다. 토양의 표면상태만으로 토양 답압정도를 알 수 없다. 답압상태를 확인하기 위해서는 장비를 이용하여 하부토양을 확인해야 하는데 정원에서 토양의 답압은 표면보다는 하부에서 심하게 발생되는데 이는 답압된 상태에서 상부를 새로운 흙은 보충하거나 장비를 이용하여 경운작업을 하는데 비해 하부는 장비가 경운하지도 않아 답압된 상태가 그대로 있게 된다.

토양이 답압되면 식물의 뿌리생육이 현저히 불량하게 되는데 그 이유는 첫째 점토질 입자들이 밀착됨으로써 토양강도가 약 2,000kpa 이상으로 상승되어 뿌리가 토양 내로 침투하는 것을 방해하여 뿌리의 발달을 저해한다. 둘째 대공극의 크기와 수가 감소되어 공기를 가지는 공간이 축소되어 뿌리의 산소호흡이 불량해진다. 셋째 미세공극의 양이 증가하여 토양수분은 증가되나 미세공극의 수분은 식물이 이용할 수 없는 수분으로 식물의 유효수분함량은 감소하여 뿌리가 괴사된다. 토양경도는 입경조성, 공극량, 함수량 등이 종합적으로 관련되어 있다. 식물 뿌리 발달과 밀접한 관계를 가지며, 기계장비 등에 의해 토양 경도가 높아진 정원도 많다.

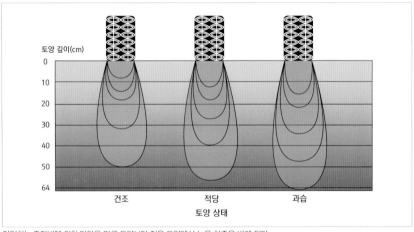

작업하는 중장비에 의한 답압은 마른 토양보다 젖은 토양에서 높은 하중을 받게 된다.

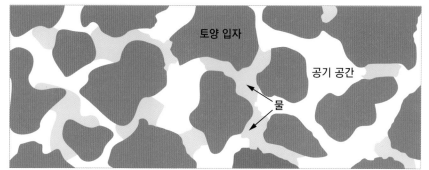

공극은 토양 입자 사이의 공간으로 물과 공기로 채워져 있다. 대공극(지름 0.25~5.0mm)은 공기의 통로가 되고 소공극 (0.002~0.25mm)은 물을 보유하는 역할을 한다.

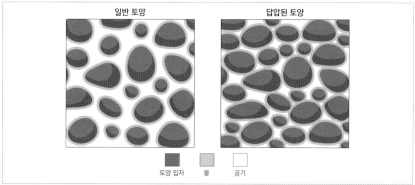

토양이 답압되면 고상은 변하지 않고 공기가 차지하는 면적은 감소된다. 하지만 토양입자가 가지는 수분량은 동일하고 토양 입자 간격이 감소되면서 입자공극을 차지하는 수분량이 증가되어 토양 내 수분량은 증가하고 공기량은 감소되어 토양 산소부족으로 뿌리가 괴사되어 식물 생육이 불량해진다.

토양이 무거운 중량물에 의해 답압되는 경우 토양의 공극량은 현저하게 작아지게 된다. 답압은 흙 입자인 고상과 물을 함유하는 액상은 증가시키고, 공기를 함유할 수 있는 기상은 감소된다. 증가된 액상과 감소된 기상은 뿌리가 있는 근권부의 산소를 감소시켜 뿌리를 괴사시킨다. 뿐만아니라 높아진 고상으로 인해 토양이 단단해져 뿌리가 뻗지 못하여 뿌리발육이 불량해진다.

토양의 표면은 답압된 것으로 보이지 않지만 장비를 이용하여 하부를 확인하면 사진과 같이 답압된 것을 알 수 있다. 답압 정도를 알기 위해서는 토양경도계를 이용한다.

식재지에 차량이 운행된 이력이 있다면 반드시 1.5m 정도 경운 하고 토양경도계를 이용하여 토양 경도를 확인해야 해야 하고, 정원에서는 답압을 방지하기 위해서 궤도형태의 장비를 이용해야 한다.

사진은 많은 사람의 이동이 있는 곳의 수목에 나타나는 증상으로 토양이 답압되면 지중의 공기가 부족하여 뿌리가 산소 호흡을 위해 지면 위로 올라오게 된다. 이런 수목은 흙을 복토하면 뿌리의 호흡불량으로 고사를 하게 되므로 토양 내 통기성을 좋게 해야 한다. 토양단면 조사나 비탈면의 토양표면에서는 산중(山中)식 토양경도계가 주로 사용되는데, 8kg 압력을 갖는 스프링의 축소량을 ㎜ 단위로 표시한 값을 지표경도 또는 경도지수라 하며, 단순히 토양경도 또는 경도로서 이 값을 사용하는 것이 많다. 토양경도 지수 23~27㎜에서는 식물 생육에 장해를 받으며, 27~30㎜ 이상이면 너무 단단하여 식물뿌리의 토양 내 침투가 불가능해진다.

■ 토양 경도에 따른 식물 생육

토양 경도	식물생육 상태
18mm 이하	식물 생육은 양호하지만 비탈면이 약하여 무너질 위험 내포
18 ~ 23mm	식물의 뿌리 생장에 가장 적합
23 ~ 27mm	식물의 생육은 양호하지만 생육활성이 그다지 좋지 않음
27 ~ 30mm	흙이 단단하여 식물의 생육이 불량
30mm 이상	식물의 뿌리가 땅속으로 침투하지 못함

■ 토양의 물리적 특성 평가항목과 평가기준(조경설계기준 2019, 국토부)

항목	평가등급			
	상급	중급	하급	불량
입도분석 (토성)	양토(L) 사질양토(SL)	사질식양토(SCL) 미사질양토(SiL)	양질사토(IS), 식양토(CL) 사질식토(SC) 미사질식양토(SiCL) 마사토(Silt)	사토(S) 식토(C) 미사식토(SiC)
투수성(m/s)	10^{-3}이상	10^{-3} ~ 10^{-4}	10^{-4} ~ 10^{-5}	10^{-5} 미만
공극률(%)	60.0이상	60.0 ~ 50.0	50.0 ~ 40.0	40.0 이하
유효수분량(%)	12.0 이상	12.0~8.0	8.0~4.0	4.0 미만
토양경도(mm)	21 미만	21~24	24~27	27 이상

주) ①유효수분량은 체적함수율을 기준으로 한다. ②투수성은 포화투수계수를 기준으로 한다. ③토양경도는 산중식(山中式)을 기준으로 한다.

3) 토양과 수분

토양수분은 상태에 따라 흡착수, 모세관수, 중력수로 구분을 할 수 있으며 이것은 토양입자의 물리성과 관련이 있고 식물이 이용할 수 있는 수분의 양을 결정한다. 토양에서 물의 상태 및 식물 이용도에 따라서 구분되고, 최대용수량, 포장용수량, 초기 위조량, 영구위조량 등이 있으며, 정원에서 중요한 포장용수량과 영구위조량으로 토성에 따라 달라진다.

① 최대용수량

토양의 공극인 기상과 액상에 물이 가득 차는 수분함량으로 토양이 물로 포화된 상태를 말하며, 최대용수량은 토양이 가질 수 있는 최대의 수분함량으로 식물의 생육에 직접적으로 영향을 주는 경우는 거의 없다. 비가 내린 후 12시간 내로 하부로 흘러내리는 수분인 중력수가 포함된 수분량이다.

② 포장용수량

비가 온 후 하루에서 3일 후 토양 내 남아있는 물의 양으로 식물이 이용할 수 있는 최대의 함수량이 된다. 이 상태에서는 대공극에서 물이 빠져나가고 공기가 그 자리를 채우고, 미세공극 혹은 모세공극은 수분으로 채워져 있는 상태이다. 수분이동은 불포화 흐름에 의해 지속되지만 미세공극들에서만 작용하는 모세관에 의해 주도되기 때문에 그 속도는 매우 느리다.

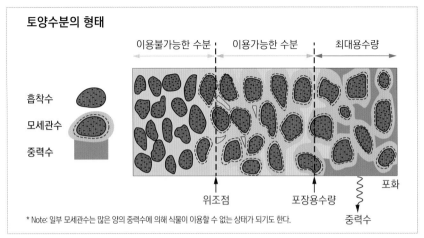

토양수분의 형태

이용불가능한 수분 | 이용가능한 수분 | 최대용수량

흡착수
모세관수
중력수

위조점
포장용수량
포화
중력수

* Note: 일부 모세관수는 많은 양의 중력수에 의해 식물이 이용할 수 없는 상태가 되기도 한다.

흡착수는 토양입자와 완전하게 결합하고 있는 수분으로 식물이 이용할 수 없다. 모세관수는 토양입자에 적정하게 부착되어있는 것으로 식물이 이용가능한 수분이다. 중력수는 비가 온 후 잠시 토양 중에 포함되었다가 12시간 이내에 중력방향으로 이동하는 수분으로 식물이 이용하지 않는다.

③ 흡착수

토양입자와 물입자가 강력하게 결합되어 있는 수분으로 식물이 이용할 수 없고 아무리 건조한 상태라도 토양 속에 남아있는 수분이다. 흡착수를 토양입자에서 분리하기 위해서는 105℃로 건조해야 한다.

④ 영구위조량(위조계수)

초기위조는 한낮의 증발산량이 많은 시기에는 잎이 시드나 수분의 손실이 없는 밤 시간에 팽압이 회복되어 잎이 정상상태로 돌아가는 것을 말한다. 영구위조는 식물의 잎이 낮과 밤에 상관없이 시들어 있는 상태가 되는 것을 말하며, 이때의 토양 수분함량을 위조계수 혹은 영구위조량이라고 하고 수분포텐셜이 -1,500kpa(-1.5MPa)보다 낮은 상태에서 토양에 보유된 수분량이 된다. 식물이 이용할 수 있는 식물유효수분은 포장용수량과 영구위조량(위조계수) 상태사이(-30kpa과 -1,500kpa사이)의 토양수분으로 간주한다.

4) 토양 산소

정원에서 토양 중의 산소는 다음의 세 가지 요인들에 의해 조절된다. ① 토양 대공극률(토성 및 토양구조에 의해 영향을 받음), ② 토양 수분함량(토양 공극에 영향을 줌), ③ 생물호흡(식물 뿌리와 미생물의 호흡에 영향을 받음)에 의한 산소 소모에 의해 결정된다. 통기가 불량한 토양이란 근권의 산소 유효도가 낮은 상태의 토양을 의미한다. 산소농도가 10% 이하로 감소했을 때 전형적으로 통기가 불량한 토양은 식물 생장에 심각한 장애가 되고, 5% 미만에는 식물의 뿌리가 괴사된다. 토양의 수분함량이 높으면 소공극만 남아 공기를 저장하는 공간이 감소할 뿐만 아니라 더욱 중요한 대기와의 교환통로가 물에 의해 차단된다. 토양수분이 적절하고 공기로 채워진 공극률이 높은 경우에도 토양이 답압되면

■ 대기 및 토양의 공기 분포

구 분(%)	질소(N)	산소(O$_2$)	이산화탄소(CO$_2$)	비 고
대 기	79.0	21.0	0.03	
토 양	75.0~80.0	10.0~21.0	0.1~10.0	

■ 토양 깊이별 산소 및 이산화탄소 분포

토양 상태	토양 깊이	10cm	25cm	45cm	90cm	120cm
젖은 토양	O$_2$(%)	13.7	12.7	12.2	7.6	7.9
	CO$_2$(%)	6.5	8.5	9.7	10.0	8.6
마른 토양	O$_2$(%)	20.6	19.8	18.8	17.3	16.4
	CO$_2$(%, 겨울)	1.0	2.1	4.3	6.7	8.5
	CO$_2$(%, 봄)	0.5	1.2	2.1	3.7	5.1

토양의 공기교환이 차단될 수 있다. 대기의 공기는 산소 21%, 이산화탄소 0.03%, 질소 79% 등을 포함한다. 토양 공기의 질소함량은 대기와 거의 동일한 반면 산소는 낮고 이산화탄소는 높다. 대공극이 많은 토양의 상층부에서 산소함량은 21%보다 약간 적을 수 있지만 대공극이 거의 없고 배수가 불량한 토양의 하층부에서 산소함량은 5% 이하로 감소하거나 심지어 0%에 근접할 수 있다. 이와 같이 산소공급이 상당히 고갈된 토양 환경을 혐기성이라 한다. 또한, 토양 내의 산소량과 이산화탄소량은 서로 반비례하면서 변화하는데 토양 내 기상이 감소되어 산소량이 줄면 이산화탄소량은 반대로 증가된다. 토양이 과습한 경우에는 이산화탄소량은 급증하고 산소는 감소하여 식물의 뿌리 생육에 부정적인 영향을 미친다.

5) 토양 온도
식물의 생육에 있어 토양 온도는 중요한 역할을 하는데 이 중에서도 식물의 뿌리발달에 많은 영향을 미친다. 겨울을 지난 식물의 뿌리는 잎보다 먼저 생육을 시작하고 잎보다 늦게까지 생육하여 겨울을 맞이한다. 식물의 잎은 기온이 10℃ 이하가 되면 단풍이 되거나 낙엽 되지만 뿌리는 지온이 5℃가 될 때까지 생육하고 발달을 한다. 뿌리가 가장 잘 자라는 토양온도는 20~25℃이지만 새로운 뿌리가 발생되는 것은 28℃ 정도에서 가장 많다. 하지만 토양 온도가 35℃가 되면 뿌리가 생육하지 않고 그 이상이 되면 괴사한다. 토양 온도는 정원에서 경사 방향, 강우, 토양 피복이나 멀칭, 토양의 깊이 등에 영향을 받는다.

① 경사방향과 토양 온도
태양광선의 입사각도는 토양 온도에 영향을 미친다. 직각으로 입사할 수록 토양 온도는 높게 상승하고 경사각도가 적을 수록 온도 변화가 적다.

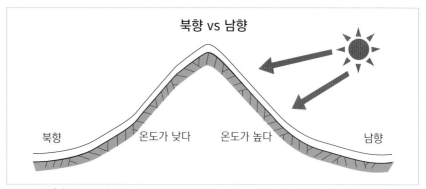

북향 vs 남향

북향 　　온도가 낮다 　　온도가 높다 　　남향

경사면이 태양을 향해 있다면 입사되는 태양광은 경사면과 직각을 이룰 때 토양온도가 가장 많이 상승하며 우리나라에서는 남향이 직각에 가까운 입사각을 가져 온도의 상승이 높고 북향은 입사각이 작아 온도의 상승이 느리다. 온도의 상승이 빠른 환경에서는 주변 온도가 올라 상대적으로 건조한 환경이 된다.

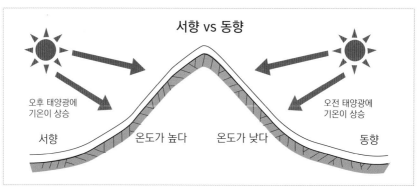

서향 vs 동향

오후 태양광에
기온이 상승

오전 태양광에
기온이 상승

서향 　　온도가 높다 　　온도가 낮다 　　동향

동사면은 아침 해가 비치는 곳이지만 상대적으로 온도는 비교적 낮은 편이고, 서사면은 오후에 해가 비춰 동사면에 비해 온도가 높은 특징을 가지고 있다. 지온이 올라 주변의 공기도 데워져 비교적 건조한 환경이 되고 낮에 데워진 공기나 지표면은 해가 지면서 급작스럽게 온도가 낮아져 식물이 동해를 쉽게 받는 방향이기도 하다.

② 강우와 토양 온도

강우 또는 관개수는 토양온도에 영향을 준다. 온대지방의 봄비는 토양 속으로 이동하면서 토양을 따뜻하게 하여 해토를 촉진하고, 여름 강우는 토양보다 서늘하기 때문에 토양 온도를 낮추어 근권부의 생육환경을 좋게 한다.

③ 토양 피복과 온도

나지 토양은 식물이나 눈 등으로 덮인 곳보다 온도가 빨리 올라가고 금방 식어 토양의 온도변화가 심하여 뿌리의 생육이 불량하게 된다. 식물의 생육을 위해서는 토양 온도변화가 완만한 것이 좋은데 이를 해결하기 위해 토양 멀칭을 한다. 토양 멀칭은 나무의 껍질인 바크를 주로 사용하며 토양의 온도변화를 완화 시키는 것뿐만 아니라 관수나 강우로 인한 토양의 단립화를 방지하고 보습력을 높여 식물

멀칭은 두께 5cm로 하고 뿌리 전체를 덮어 주어야 하며 줄기 가까이에는 멀칭하지 말아야 한다. 줄기에 멀칭재료가 닿으면 해충의 휴면이나 산란 등으로 수목이 피해를 받을 수 있다.

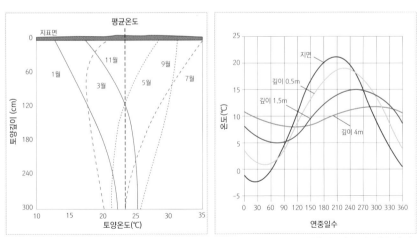

심토층의 온도는 겨울에는 대기보다 따뜻하고 봄과 여름은 대기 온도에 비해 시원하다. 토양 내의 온도는 대기보다 오후 늦게 또는 저녁에 최대의 일일온도에 도달한다. 이 늦은 시각은 깊이가 깊어짐에 따라 더 커지고 변화의 폭은 적어진다. 4~5m 보다 깊은 곳의 온도는 거의 변하지 않고 연평균 대기 온도와 비슷하다.

의 수분스트레스를 감소시킨다. 봄철에 겨울동안 얼어있는 토양 온도를 상승시켜 조기에 생장을 개시하려면 멀칭재인 바크나 낙엽을 제거하고 관수하는 것은 빨리 언땅을 녹여 식물의 생육을 좋게 한다.

④ 토양 깊이에 따른 온도변화
토양의 표층은 대기 온도와 유사한 경향으로 변화하지만 심토층은 대기의 온도와는 다른 양상으로 변화하며 하루 동안의 온도변화도 거의 없다.

2. 토양의 화학성

토양의 화학성은 식물이 영양분을 흡수하는 것과 관련이 깊은 것으로 사질토양보다는 점질토가 영향을 많이 받으며, 양이온교환용량(CEC), 토양pH, EC 등이 있다.

1) 양이온교환용량(CEC)
양이온교환용량(Cation Exchange Capacity)은 단위질량당 흡착할 수 있는 양전하의 양으로 cmolc/kg로 표시된다. 토양 CEC가 6cmolc/kg인 것은 토양 1kg이 수소이온(H^+)을 보유할 수 있음을 나타내며, 이 전하량만큼의 다른 양이온으로 수소이온을 교환할 수 있다. CEC가 높다는 것은 동일한 무게의 토양에서 양분을 보유할 수 있는 능력이 높다는 것으로 대부분 토양의 CEC는 pH가 상승함에 따라 증가하며 정원에서는 6cmolc/kg 이상인 토양이 식물에 적합하다.

2) 토양 pH
토양 pH로 표현되는 토양의 산도 혹은 알칼리도는 토양의 여러 가지 화학성 및 미생물 성질에 영향을 주는 주요 변수이다. 화학적 변수는 양분과 독성물질을 포함하는 영양원소의 식물근권 흡수 이용도와 미생물 활성도에 크게 영향을 미친다. 자연조건에서 경관을 결정하는 식물상태나 미생물상의 구성은 토양 pH를 반영한다. 작물이나 관상용 식물을 생산하고자 하는 사람들에게 토양 pH는 대상 식물이 주어진 장소에서 잘 자랄 수 있는가를 결정하는 가장 중요한 인자로 인식되고 있다. 토양의 산성화는 강우가 많은 지역에서 주로 발생이 되고 토양 내의 양이온이 강우에 의해 용탈되고 그 자리에 수소이온(H^+)이 자리를 차지하여 토양이 산성화된다. 토양이 산성화되면 알루미늄이온 독성에 의해 식물이 피해를 받고 칼슘이나 마그네슘과 같은 일부 양분에서 결핍증상이 발생된다. 반면 건조한 지역에서는 토양 내 Ca^{2+}, Mg^{2+}, Na^+, K^+과 같은 이온이 용탈되지 않아 알칼리토양이 된다. 토양이 알칼리화되면 철이온(Fe^{2+})과 같은 성분이 부족하게 되어 영양 결핍이 발생된다.

① 현장에서 토양 pH
토양 pH는 다른 어떤 단일 분석치보다 토양의 화학적 생물학적 특성을 잘 반영하는 특징을 가지고 있다. 토양 pH는 실외 혹은 실내에서 쉽고 빠르게 측정할 수 있다. 유기염료를 이용한 간단한 현

장 진단용 키트(Kit)는 색깔변화를 통해 토양 pH 증감을 타나 낼 수 있다. 몇 방울의 염색용액을 토양과 반응시킨 후 표준색표와 비교해서 0.2~0.5단위까지의 토양 pH변화를 측정할 수 있다. 가장 정확한 토양 pH 측정법은 pH전극을 이용하는 방법으로 pH유리전극과 표준전극을 토양 현탁액 속에 담궈 측정한다. 실험실에서는 이용되고 있는 토양 pH 측정법은 크게 두 가지로 구분된다. 미국식 방식은 토양과 물을 혼합하여 현탁액을 만들고(pHwater), 유럽과 한국을 포함한 아시아에서는 0.02M CaCl(pHCaCl)와 1.0M KCL(pHKCl)과 혼합하여 현탁액을 만든다. 일반적으로 염기 함량이 낮은 토양의 pHCaCl과 pHKCl은 pHwater보다 각각 약 0.5와 1.0이 더 낮게 나타난다. 동일한 토양을 실험실 세 곳에서 pH를 분석한 결과 각각 pHwater6.5, pHCaCl6.0 그리고 pHKCl5.5라는 결과 나왔다면 동일한 pH값으로 대부분의 작물에 적합한 토양 pH라고 이야기할 수 있다. 따라서, 토양 pH해석에 있어 분석방법은 반드시 알고 있어야 할 중요한 요인이다.

② 토양 pH의 현장 변이성

토양의 pH는 현장의 여건에 따라서 동일한 위치라 하더라고 토양을 채취하는 장소의 식물 분포에 의해 달라지고, 토양 깊이 등의 여러 요인에 의해서 동일한 토양 pH가 측정되지 않는 경우가 많으므로 측정시 여러 개의 반복 인자를 가지고 있어야 한다.

ⓐ 공간변이성

토양의 pH는 식물에 접한 정도에 따라 다르게 나타난다. 따라서 토양 시료를 채취할 때는 이들의 공간적 오차를 줄이기 위해서 주의가 필요하다.

ⓑ 토양 깊이 변이성

동일 토양 내에서도 층위에 따라서 pH는 다르게 나타난다. 일반적으로 토양 산성화는 토양 표층에서 시작되어 점점 심층부로 변동된다. 이와 같은 수직적 차이 때문에 분석용 토양 시료는 근권 내에서 깊이에 따라 채취하여 분석해야 정확한 해석이 가능하다.

ⓒ 토양 pH의 생물학적 영향

토양용액의 pH는 토양에 살고 있는 미생물, 동물 및 식물과 같은 생물체의 영향을 받는다.

③ 토양 산성으로 인한 생육 불량

토양 pH가 산성이 되면 식물의 생육이 불량한 경우가 발생되는데 이것의 원인은 알루미늄독성 및 망간의 독성이 있으며 토양개량으로 방지할 수 있다. 알루미늄 독성은 강산성 토양에서 나타나는 가장 일반적이고 심각한 문제이다. 낮은 토양 pH에서 토양 용액 중 높은 수준의 Al^{3+}와 $AlOH^{2+}$는 식물뿐만 아니라 질소고정 세균과 같은 많은 미생물에서도 악영향을 미친다. 토양의 pH가 5.0이하로 감소되면 Al^{3+}농도는 기하급수적으로 증가된다. 유기물토양에서는 알루미늄의 독성이 감소되므로 토양개량이 지속적으로 이루어져야 한다. 유기질토양은 알루미늄 농도를 감소시킬 수 있다. 알루미늄은 뿌리를 통해서 흡수되어 줄기에도 영향을 주기도 하지만 대부분 뿌리에 남는다. 수분 부족현상이나 인산결핍증인 왜소 성장, 암록색의 잎, 자주색 줄기를 보이기도 한다. 일반적으로 습지에 서식하는 식물은 알루미늄독성에 내성을 가지고 있다. 또한, 망간을 많이 함유하는 모암으로부터 유래된 산성토양의 망간독성은 식물생장에 심각한 문제를 유발한다. 망간은 알루미늄과 달리 식물생육에 필요한 필수 영양원소이고 과다한 양을 흡수하였을 때만 독성을 유발한다. 망간은 pH5.6정도에서 독성피해가 발생하며 증상은 잎에 주름이 생기고 컵모양으로 오그라들며 잎 전체에 백화현상이 나타난다.

토양의 pH 간이측정법

(1) 준비물
  ① 표준용액 pH4.01, pH7.00 Buffer 용액
  ② pH meter
  ③ 50~100㎖정도의 투명 용기
  ④ 50~100㎖정도의 증류수

(2) 측정 방법
  ① 최초 측정 시에 표준용액(pH4.01, pH7.00)에 넣고 측정기를 교정한다.
  ② 마른 토양(입자직경 2mm 이하 사용) 10g을 투명한 용기(100㎖) 담는다.
  ③ 여기에 증류수 50㎖를 넣고 잘 저어주고 60분간 둔다.
  ④ 이 혼합액을 여과지에 걸러 측정하거나 부유물이 가라앉으며 용기 내에서 바로 측정
  ⑤ 측정기 전극(센서)을 넣고 60초 이내에 측정하여 값을 확인한다.

④ 토양 pH의 교정

우리나라의 토양은 생성된 시간이 오래되었고 장기간 화학비료를 사용하여 대부분의 토양은 pH가 낮은 산성토양으로 되어있다. 산성토양은 석회(Ca)을 사용하여 토양 pH를 교정한다. 석회(Ca)를 사용하는 것은 토양 pH가 아주 낮은 강산성토양에서 작물의 생육이 어려운 지역의 토양을 개량하기 위한 가장 일반적인 방법이다. 식물영양분을 공급하기 위해서 비교적 적은 양이 사용되는 비료와 달리 석회물질은 식물 근권의 상당히 넓은 부분의 화학성을 변화시키기 위해서 사용한다. 따라서 석회는 많은 양의 토양과 충분히 반응할 수 있도록 많은 양을 사용하며 고토석회는 마그네슘 함량이 낮은 토양에 사용된다. 또한, 도시화로 콘크리트구조물이나 하수 오니 등으로 인해 도심의 토양은 알칼리화되고 있어 도시에 정원을 만드는 경우에는 알칼리된 토양을 개선하기 위해서 토양 pH를 낮추는 작업을 해야 한다. 높은 토양 pH는 산을 생성하는 유기물과 무기물을 첨가하여 토양을 개량한다.

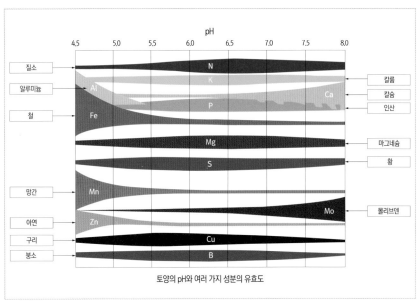

토양의 pH와 여러 가지 성분의 유효도

토양의 pH에 따른 양분의 유효도 산성토양에서는 칼슘, 마그네슘, 칼륨의 유효도가 낮아져 부족현상이 발생되고, 알칼리토양에는 철과 망간의 결핍증상이 유발된다.

■ 산성토양을 목표토양pH6.5로 개선하기 위한 석회석량(kg)

토양pH	사질토	사질양토	양토	미사질토	식양토
4.0	130	250	350	420	500
4.5	110	210	290	350	420
5.0	90	170	230	280	330
5.5	60	130	170	200	230
6.0	30	70	90	110	120

※목표 토양pH 6.5, 토양 깊이 20cm, 면적 100㎡ (출처: 수목관리학 [바이오사이언스출판])

■ 알칼리성 토양을 목표토양 pH6.5로 개량하기 위한 황의 양(kg)

토양pH	사질토	양토	식토	비고
8.5	100	125	150	
8.0	60	75	100	
7.5	25	40	50	
7.0	5	8	15	

※목표 토양pH 6.5, 토양 깊이 20cm, 면적 100㎡ (출처: 수목관리학 [바이오사이언스출판])

유기잔재는 분해되면서 유기산과 무기산을 생성한다. 유기물은 칼슘과 양이온의 함량이 낮을 경우에는 토양 pH를 감소시킬 수 있다. 침엽수의 부식토, 소나무껍질, 피트모스 등은 산성 유기물이며, 닭의 분뇨 또한 토양의 pH를 낮추는데 장기간 계획하여 작업해야 하며, 단시간에 토양을 개선해야 하는 경우나 산성 유기물의 사용이 어려운 경우에는 황산알루미늄 또는 황화철과 같은 무기화합물을 이용할 수 있지만 식물에 독성이 나타내기 때문에 식재 30일 이전에는 작업을 마쳐야 한다.

3. 토양 EC

토양의 EC(Electrical Conductivity)는 전기전도도라도 하며 토양의 염류농도 혹은 토양 내 비료농도를 측정하는데 사용된다. 토양에 전기가 통하는 정도를 기준으로 측정하는 것으로 토양수분에 무기염 성분이 많으면 전기가 잘 통하고 순수한 물인 경우에는 전기가 잘 통하지 않은 원리를 이용한다. 염류 농도는 용액 중의 염농도에 비례하기도 하지만 전기가 흐르는 접촉면적, 측정하는 전극 간의 거리, 온도 등에 의해 변동되기 때문에 접촉면적을 $1cm^2$, 두 전극 간의 거리 1cm로 해서 측정한다. 전기전도도(EC)에 영향을 주는 이온은 Ca^{2+}, Mg^{2+}, Na^+, K^+, Cl^- NO_3^-, HCO_3^- 등 여러 종류의 염류가 있으며, 측정 단위는 dS/m 많이 사용한다. 토양 EC가 2.0dS/m 이상에서는 토양 염류에 민감한 식물의 생육이 불량해지고, 3.0~ 4.0dS/m인 경우 토양개량이 필요하며, 4.0dS/m 이상에서는 식물이 자라지 못한다. 일반적으로 정원에서는 토양의 EC가 2.0dS/m인 경우에는 토양을 개량하거나 많은 물을 관수하여 토양 내 염류를 제거해야 한다. 정원에서 식물의 생육에 지장이 없고 생육 중에 필요에 의한 다양한 비료성분을 추가하는 등의 조치 등을 할 수가 있는데 이때 정원에 적합한 토양 EC는 1.0dS/m 이하가 적합하다.

■ 토양의 화학적 특성 평가항목과 평가기준(조경설계기준 2019, 국토부)

평가항목		평가등급			
항목	단위	상급	중급	하급	불량
토양산도(pH)	-	6.0~6.5	5.5~6.0 6.5~7.0	4.5~5.5 7.0~8.0	4.5 미만 8.0 이상
전기전도도(EC)	dS/m	0.2 미만	0.2~1.0	1.0~1.5	1.5 이상
염기치환용량(CEC)	cmol/kg	20.0 이상	20.0~6.0	6.0 미만	
염분농도	%	0.05 미만	0.05~0.2	0.2~0.5	0.5 이상
유기물 함량(OM)	%	5.0 이상	5.0~3.0	3.0 미만	

EC(전기전도도) 단위

1dS/m = 640㎖/ℓ , 1% = 10,000ppm 이며, 따라서, 1dS/m = 640ppm = 0.064% 이다.
※mmhos/㎝ = mS/㎝ = dS/m
TDS(Total Dissolved Solid)는 총용존고형물량으로 PPM으로 표기한다.

토양의 EC(TDS) 간이측정법

(1) 준비물
　① 1.414dS/m의 표준용액
　② EC meter(Electrical Conductivity meter, 온도계)
　③ 100㎖정도의 투명 용기

(2) 측정방법
　① 최초 측정시에 표준용액(1.414dS/m)에 넣고 측정기를
　　 교정한다.
　② 마른 토양(입자직경 2mm 이하 사용) 10g을 투명한
　　 용기(100㎖)에 담는다.
　③ 여기에 증류수 50㎖를 넣고 잘 저어주고 30분간 둔다.
　④ 이 혼합액을 여과지에 걸러 EC 측정하거나 부유물이 가라앉으며
　　 용기 내에서 바로 측정
　⑤ 측정값이 안정되면 값은 확인한다.

Chapter 2.

정원 조성 기초

정원 조성에서 중요하고 우선시 되어야 하는 것은 정원의 땅 모양인 지형을 만드는 것이다. 정원을 만들기 위해서는 우선 설계자가 원하는 지형을 만들어야 한다. 언덕을 만들어야 하고 평지를 만들어야 한다. 다음은 계류와 연못을 만들어야 한다. 높은 곳과 낮은 곳이 조성되면 설계와 시공 분야 등의 관련 전문가들이 모여서 전체적인 지형에 대해 수정해야 할 부분과 보완할 부분을 논의해야 한다.

지형조성

정원의 설계 시 의도적으로 높은 경사는 유지해야 하는 부분도 있지만 경사도 30%를 넘지 않게 계획해야 하는데 경사 20% 이상에서는 강우로 인해 세굴이나 흙 쓸림이 심하게 발생된다.

또한 경사면 길이가 3m 이상이 되지 않아야 한다. 경사면이 길수록 강우에 세굴이나 흙 쓸림 현상이 심해진다. 이런 현상은 경사도와 길이에 비례하므로 주의해야 한다. 정원 관리적 측면이나 식물의 생육을 위해서 세굴이 발생하지 않도록 설계하고 시공해야 한다. 지형 조성이 완료되면 다음에는 동선을 계획해야 한다. 동선은 지형에 어울리도록 계획하는 것은 물론 이용의 편의성을 고려해야 한다. 정원에서 모든 사람이 이용 가능한 설계인 유니버셜디자인 개념을 적용해야 한다. 유니버셜디자인은 유모차 이용자나 장애인까지 불편함 없이 이용할 수 있도록 하는 것으로 계단보다는 경사 램프를 설치하고 급한 경사지보다는 완만하게 설계하고 시공하는 것이다. 유니버셜디자인을 적용한 동선은 계단이 없어지고 경사 램프가 길어져 동선을 길어지기도 하지만 이용객에는 많은 편리함을 제공한다. 동선계획이 완료되면 동선에 따라 우배수시설, 전기통신시설물의 계획을 수립해야 한다. 동선에 따른 우배수나 전기통신시설물 계획이 이루어져야 시공 및 유지관리가 용이해 진다.

1. 지형과 식재 환경

지형은 높은 부분과 낮은 부분을 적절하게 조성해야 하는데 정원에서 지형은 식재 환경과 밀접한 관련이 있으며 높은 곳은 건조하고 낮은 곳은 토양 내 수분이 많다. 정원에서 지형을 이용하여 다양한 환경의 식재 공간을 만들 수가 있다.

1) 지형과 토양 수분

정원에서 지형을 만드는 것은 전체적인 경관을 위한 것도 있지만 토양의 수분 보유력과 밀접한 관계가 있다. 언덕과 같이 높은 부분은 배수가 잘되어 비교적 건조한 토양상태가 되고 평지와 접하는 낮은 부분은 높은 부분의 수분이 흘러내려 토양습도가 높게 유지되며 비가 온 후에도 한동안 과습 상태가 되기 때문에 식재하는 식물종의 선택 시 유의해야 한다. 지형은 미기후를 조성하는 간단하면서도 중요한 방법으로 식물에 따라서 지형이 달라져야 한다.

2) 지형과 미기후

지형과 식물의 관계를 보면 그 식물이 자랄 수 있는 미기후를 지형에 의해 만들어 낼 수가 있다. 비교적 건조한 식재 환경을 만들기 위해서는 경사가 있는 높은 위치의 남쪽과 서쪽의 방향에 조성하는 것이 적합하다. 남향 혹은 서향의 지형을 만들고 언덕은 가능한 높게 조성하는 것이 유리하다. 또한, 원활한 배수를 위해서 경사도를 최대한 높게 유지해야 하며 이를 위해서는 돌 등을 사용하여 경사도를 높이고, 그늘을 많이 만드는 교목은 최소로 식재해야 하며 사질토를 사용해야 한다. 반대로 습도를 높게 유지하고자 한다면 북향이 적합하지만 우리나라는 겨울에 건조한 북서풍이 불어오기 때문에 북서풍을 막을 수 있는 지형이 필요하다. 이를 위해서는 분지형태의 지형이 적합하고 가능한 낮게 조성하는 것이 공중습도 유지가 용이하다. 너무 낮은 지형은 침출수나 배수에 문제가 발생될 수 있으므로 충

경사가 심하고 안정화되지 않은 경사면은 강우에의 해 쉽게 세굴이 발생되므로 주의해야 한다.

경사가 심한 지형은 세굴 등의 침식을 방지하기 위해 돌 놓기에 의한 경사면의 안정화(좌측), 임시 잔디 수로 설치에 의한 사면 안정화(우측)를 할 수 있다.

낮은 지대에서 물이 고여 있어 항상 토양습도가 높은 정원이 되며, 낮은 위치에 있는 정원은 침출수가 발생 될 수 있어 배수처리가 필요하다.

분한 배수시설을 구비해야 하며 식재에서는 교목을 식재하는 것이 습도 유지에 유리하다. 지속적인 공중습도 유지를 위해 스프링클러와 같은 관수설비가 계획되는 경우에는 배수가 용이한 사질토양이 적합하며, 별도의 관수설비가 없는 경우에는 양질토를 사용해야 하며 점질토는 배수 문제를 발생시키므로 사용하지 말아야 한다.

3) 지형과 장비
지형을 만들기 위해서는 다양한 종류의 장비가 필요하다. 그중에서 굴삭기가 주로 사용이 되는데 일반적으로 크기에 따라 구분하기도 하지만 바퀴의 형태에 따라 용도가 달라진다. 지형을 만드는 작업에는 휠(타이어)형태의 굴삭기보다는 크롤러(무한궤도)형태의 굴삭기가 적합하다.

무한궤도 형태의 굴삭기는 바닥이 안정으로 타이어 형태의 굴삭기보다 무거운 나무를 이동하는데 안정적이다. 휠타입의 굴삭기는 지면과 접하는 부분이 적기 때문에 모든 장비의 무게를 네바퀴로 지탱하므로 장비의 하중이 분산되는 무한궤도 형태보다는 토양 답압이 심하게 발생한다.

정원을 조성하는데 있어 식재지에는 크롤러타입(무한궤도)의 굴삭기를 이용해야 답압을 최소로 할 수 있다. 이 장비는 속도가 느려 작업 효율이 낮아 보이지만 식재 공간에서 토양의 물리성을 악화시키지 않아 타이어를 가진 굴삭기 보다 식재지 조성에 적합하다.

물공간(연못 및 계류)

정원에서 물은 생동감을 주는 요소로서 정적인 식물을 보완하는 요소로 작용한다. 물이 흐르는 계류는 정원에서 동적요소와 소리를 제공하여 활력있는 정원이 되게 하는 것은 물론 물속에 서식하는 동물인 곤충과 물고기, 양서류 등으로 많은 사람을 즐겁게 한다.

1. 물공간의 계획

물 공간을 효율적으로 조성하려면 정원에 적합한 방법으로 구현을 해야 한다. 물을 이용하는 방법은 폭포나 분수와 같이 아주 동적인 것, 계류와 같이 동적인 요소와 정적인 요소를 함께 가진 것, 연못과 같이 정적인 것으로 나누어 볼 수가 있다. 폭포는 과장된 경관이 필요하거나 존재감을 나타내기 위한 공간에 적합하며 사람이 많이 모이는 공간에 주로 사용하며, 물의 높이나 두께 등 많은 요소를 고민해야 할 뿐만 아니라 폭포와 주변 경관을 이어주는 것이 필요하다.

폭포의 주변 공간은 돌을 이용하거나 식물을 이용해서 식재공간을 자연스럽게 연결하는데 식재 공간을 마련해야 하고 식물이 심어지는 곳은 물이 고이지 않도록 해야 한다. 폭포에 식재하는 식물은 운영 기간 동안 물이 닿아 과습한 환경에서 생육해야 하고 폭포를 운영하지 않는 겨울같은 시기에는 건조한 환경에서도 견딜 수 있는 식물로 선정해야 한다. 정원에서 계류는 물의 흐름이 과하지도 부족하지도 않은 공간으로 물의 흐름과 고임의 적절한 배치가 중요하다. 물의 흐름이 역동적인 상류 계곡과 같은 공간을 계획할 것인지, 하류의 하천과 같은 안정적인 공간으로 조성할 것인지에 따라 물의 흐름과 고임의 연속이 달라진다.

1) 물공간 조성
연못이나 계류는 식물의 생육 특성을 반영해야 하는데 많은 수생식물은 태양광이 충분한 곳을 선호하므로 남향이나 나무로 인해 그늘이 생기지 않는 장소가 적합하다. 물 속에 식재되는 식물의 생육은 물의 온도와 연관이 있어 온도가 낮으면 생육이 늦어 개화 시기도 지연된다. 동일한 식물이라 할지라도 물속에서 자라는 것은 수온의 영향을 받아 생육이 늦게 시작되고 토양에 식재된 것은 비교적 빨리 생육하여 개화한다.

연못이나 계류의 조성에서 물이 새어나지 않도록 하는 방수가 중요하다. 생태적인 공간을 계획한다면 자연적인 형태로 계획하고 점질토를 이용한 방법을 사용하고, 인공적인 형태나 유지관리의 편의성이 중요한 정원에서는 콘크리트 구조물을 사용하여 조성해야 한다.

연못의 물이 누수 되는 것을 방지하기 위한 방수 자재에는 플라스틱 용기, 점질토(진흙), 방수시트, 벤토나이트 등을 사용할 수 있다. 점질토를 이용하는 것은 생태적으로 좋은 방법이지만 방수에 대한 불안을 내포하고 있다. 방수방법은 논흙으로 3회 다짐하여 30cm 이상의 두께를 확보하면 방수가 된다. 하지만 논흙의 종류나 다짐의 정도에 따라서 달라지는 경우가 있어 점질토에 의한 방수는 누수에 대해 관대한 지역에 적합하다. 방수시트에 의한 방법은 누수의 우려가 적은 방법이지만 공사 중에 자갈이나 흙 입자에 의한 구멍에 의해 시트가 훼손되어 누수되기도 하는데 이 방법은 물의 유속이 있는 계류나 콘크리트 구조물에 적합하다.

물공간에 적합한 토양은 점질이 많은 식토와 식양토가 적합하다. 식토 및 식양토는 물에 의한 침식이 적고 양분 완충력이 높아 수생식물을 식재하는 공간에 적합하다. 수생식물 식재를 위한 토양의 두께는 30cm 이상 필요하며 안정적인 식물 생육을 위해서는 50cm 정도의 두께를 확보해야 한다.

구분	장점	단점	사용처
용기, 컨테이너	설치가 간단하고 방수효과가 좋다.	작은 크기만 가능하고 형태의 다양성이 떨어진다.	작은 연못
점질토(진흙 등)	비용이 저렴하고, 생태적인 공간에 적합하다.	누수가 있을 수 있고 작업에 많은 시간이 소요된다.	생태 연못
방수시트	방수 효과가 높다.	생태적인 조성이 어렵다.	인공 계류
벤토나이트방수	방수 효과가 높고 뿌리가 얕은 식물 식재가 가능하다.	흐르는 물에는 적합하지 않다.	인공 연못

벤토나이트방수는 식물이 어느 정도 자랄 수 있는 이점이 있으며 계류에서 유속에 의해 침식될 수도 있어 물의 흐름이 없는 연못 등에 적합한 방수방법이다.

암석원에서 정원 내의 경관을 위한 목적 외에도 공중습도 유지와 수생식물 서식지를 제공한다.

암석원 계류로 공중습도 유지와 습지식물을 전시하기 위해 조성하였고 주변 식재와 자연스럽게 연결된다.

상류의 계류는 반복이 짧게 강하게 될 것이고, 하류의 하천은 길고 완만하게 된다.

콘크리트 구조물의 연못은 정형된 모양의 정원이나 구조적으로 많은 힘을 받는 장소와 물의 유속이 있어 물에 의한 침식이 예상되는 공간에 적합한 방식이나 자연스러운 공간을 만들기가 어렵고 수심의 변화를 주는 것이 쉽지 않다.

플라스틱이나 FRP 용기 등은 작은 연못에서 간단하게 사용 할수 있는 방법으로 크기에 제한이 있어 넓은 곳에서 사용하는 것은 적합하지 않다.

점질토 다짐으로 방수한 습지원으로 다양한 자연스러운 경관이 되지만 누수가 있어 지속적인 수분 관리 및 보수가 필요하다.

2) 물공간의 시설

필요한 수경 설비에는 물을 공급하는 급수시설, 물이 일정 수준 이상이 되면 자연스럽게 흘러나가는 월류시설, 연못 청소나 수위 조절 시 물을 퇴수할 수 있는 퇴수시설, 연못에 분수 등과 같은 볼거리 제공을 위한 수경시설이 필요하고 수질을 유지해야 하는 경우라면 정화시설 및 물 순환시설이 필요해진다.

① 퇴수시설

퇴수는 월류와 달리 연못과 같이 물이 담긴 공간에서 청소나 보수를 위한 물을 제거하는 작업을 말하는데 퇴수하는 방식이 중요하다. 퇴수방식에는 수압을 이용한 자연방식과 펌프 등을 사용하는 강제방식이 있는데 방식의 선정은 식재된 식물의 특성에 따라 정해져야 한다. 그 중에서도 연못의 물을 퇴수하고 다시 채우는 시간이 중요한 요소로 작용한다. 퇴수와 재보충의 소요 시간 결정은 관리자의 편의와 설치된 시설사양에 의해 결정되는 것이 아니라 식재된 식물의 생육에 따라 결정되어야 하며 3시간 이내에 완료 될 수 있도록 계획을 세워야 한다. 자연 퇴수 방식에서는 배관의 직경 크기가 중요하다. 식물체에 의한 배관 막힘이 빈번하게 발생 될 수 있다는 것을 고려하여 배관 직경은 100mm 이상으로 한다. 또한, 급수배관보다 1.5배 이상의 배관으로 계획하여 급수와 퇴수를 병행하는 경우 발생되는 물이 넘치는 문제를 방지해야 한다. 작은 연못에서 퇴수되는 길이가 짧아 퇴수관을 100mm 미만으로 계획하는 경우에는 막힘 현상이 발생하지 않도록 꺾이는 부분이 없도록 계획해야 한다. 또한 배관에는 밸브를 반드시 설치하여 물량 조절이 가능하도록 해야 한다.

② 급수시설

급수시설은 물이 공급되는 급수원의 물량에 따라 결정되는 것으로 연못은 퇴수 후 3시간 이내에 계획하는 물 높이가 될 수 있도록 급수계획을 수립해야 한다. 만약 이 조건을 충족시키지 못하는 경우라면 연못에 식재된 식물이 수분에 의한 스트레스를 받지 않는 물의 높이까지 3시간 이내에 급수 할 수 있어야 하거나 별도의 시설이 있어 수생식물이 장시간 노출되어 있더라도 피해를 받지 않도록 조치해야 한다. 급수하는 물은 오염되지 않고 기온과 수온 차이가 많지 않아야 하며, 특별한 수서동물을 사육하는 경우가 아니라면 상수를 사용해도 문제가 되지는 않는다.

③ 연못의 관리

연못에서 주의해야 할 부분은 부영양화로 인한 녹조류(물이끼)의 발생이다. 연못에 발생되는 물이끼는 미관상 문제되는 것뿐만 아니라 물속에 서식하는 식물에 햇볕을 차단하고, 물속의 산소가 부족해져 물속 동물의 생명에도 영향을 미친다. 물이끼는 물속의 많은 양분과 풍부한 햇볕 등의 조건에서 물의 흐름이 없는 곳에서는 반드시 발생한다. 물속에서 꽃을 피우는 수련, 연, 꽃창포 등은 비료를 많이 필요로 하는 식물로 양분이 없으면 꽃이 적게 피고 생육이 부진해지므로 일정 수준의 양분을 유지해야 하는데 이로 인해 연못의 수질이 나빠지기도 하므로 수련과 연꽃 등은 용기에 식재하고 생육상태에 따라 이동 가능하도록 계획해야 한다. 녹조류가 지속적으로 발생되는 연못에서는 유기질 시비를 중지하고 양분흡수량이 많은 수생식물을 추가로 식재하여 토양과 물속에 있는 영양분을 식물이 흡수할 수 있도록 하고 물을 지속적으로 급수하여 물속의 양분농도를 낮추어야 한다. 또한 식물의 양분 공급에 있어 5~7월에는 유기질비료보다는 화학비료를 시비하여 가을과 겨울철에는 양분이 남지 않도록 해야 한다. 일반적으로 적당량의 수생식물이 있는 연못에서는 5월부터는 물이끼가 발생되지 않기 때문에 수생식물을 효과적으로 활용해야 한다. 연못에서 다음으로 문제가 되는 것은 모기나 깔따구 같은 수서곤충 발생이다. 작은 연못에는 모기 유충이 생기고, 규모가 있는 연못에는 깔따구가 발생한다. 이것들은 물속 식물에서 은둔하다 시기가 되면 어른벌레인 성충이 되어 사람들을 귀찮게 한다. 이를 제거하는 것에는 물고기를 기르거나 살충제와 같은 약품을 이용하는 방법이 있다. 작은 용기에 재배하는 수생식물은 주기적으로 물을 교체하여 제거하는 것도 방법이 될 수 있다.

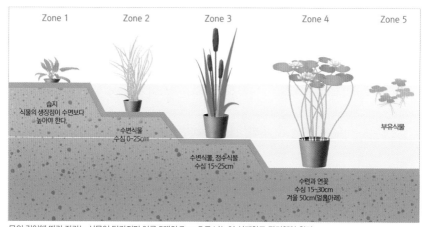

물의 깊이에 따라 자라는 식물이 달라지며 이를 5개의 Zone으로 나누어 식재하고 관리해야 한다.

물공간에서 급수되는 물은 폭포나 계류의 상부에서 급수될 수 있도록 계획해야 한다.

정원에서 월류 시설로 일정 수위를 유지하고 이물질을 제거하기 위해 사진과 같은 형태가 계획되었다. 계류에서 월류 및 퇴수시설
은 충분한 크기로 계획해야 한다.

수련은 공기 중에 노출되었을 때 피해를 받으므로 수련에 대해서는 용기에 재배하여 퇴수가 되더라도 용기에 남아있는 물을 이용
하여 생육 가능하도록 해야 한다.

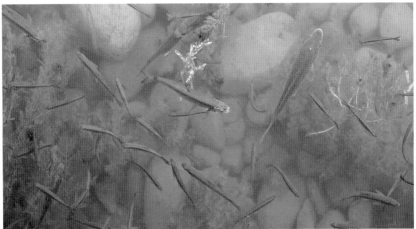

물속에 물고기를 키우는 것이 해충을 방지하는 가장 좋은 방법이지만 작은 연못이나 용기에 담긴 식물의 경우에는 겨울동안 물고
기가 얼어 죽어 4월부터는 물고기를 추가로 보충해야 하며 물의 양이 많고 겨울동안 바닥까지 얼지 않는 호수에는 일정 수량의 물
고기가 살 수 있도록 관리해야 한다.

정원의 물공간에서는 물이 공급되는 시설이나 장치가 드러나지 않도록 계획한다.

동선만들기

정원에서 동선은 조성 초기에는 장비가 다니는 이동 통로가 되고 정원이 완성되면 산책길이 되는 것뿐만 아니라 경관을 아름답게하는 역할을 한다. 정원을 만드는데 있어 지형과 함께 중요한 요소로 작용을 한다. 동선은 땅의 형태인 지형에 따라 적합한 형태와 폭을 가져야 하는데 정원에서는 동선의 폭, 재질, 방향, 가로수 등은 동선의 목적과 보행자의 특성을 고려하여 계획해야 한다.

1. 동선의 폭

동선의 목적과 이용대상에 따라 넓이가 달라져야 하며 이동 차량과 보행자의 특성을 반영해야 한다. 넓은 정원에서 큰 장비가 운행하는 동선은 6m 폭으로 하여 정원조성시에 작업차량이 이동할 수 있고 정원이 조성된 후에는 관리차량이 왕복으로 다닐 수 있도록 해야 한다.

동선의 확보는 정원의 조성에서 가장 먼저 시행되어야 하는 작업으로 조성의 편의성뿐만 아니라 식재의 보호를 위한 최소한의 방법이다.

정원에서 폭이 넓은 6m 동선은 공사 개시와 동시에 가장 빨리 시공하여 공사를 편리하게 해야 하고, 주요한 우배수 및 전기통신 시설이 설치되는 것으로 우선 계획해야 한다.

3~4m폭의 동선은 모든 정원을 연결할 수 있도록 계획해야 하고, 정원을 유지관리 할 수 있는 전기/통신, 우배수시설이 함께 계획되어야 하는 것으로 정원에서는 가장 면밀한 검토한 필요하며 유지관리가 편리한 콘크리트포장 등이 적합하다. 1~2m의 폭은 정원의 보행자를 위한 동선으로 사람 위주로 계획이 되어야 한다. 이 작은 동선은 정원의 모든 부분을 볼 수 있어야 하고, 관리자에게는 관리동선으로 활용이 된다. 콘크리트와 같이 내구성이 좋고 유지관리가 용이한 것도 가능하며, 친환경적인 마사토포장과 같은 흙포장도 가능하다. 또한, 좁은 동선은 관리자를 위한 동선으로 사용이 되는데 정원에서 관리자에 의한 훼손이 방문객에 의한 식물 고사보다 많다. 관리자에게 정해진 동선을 제공하고 식재된 식물을 보호하기 위해서는 관리자 동선을 효과적으로 배치해야 하는데 일반인의 관점에서는 시선이 가지 않지만, 자세히 살피면 알 수 있도록 해야 한다.

3~4m 폭의 동선은 일반적인 관리차량이나 중소형 장비가 운행하는 도로일 뿐만 아니라 많은 이용자가 보행하는 도로가 된다. 정원의 유지관리 차량이 빈번히 운행되어야 하는 동선은 차량이동 시간을 제한하여 보행자에게 차량으로 인한 불편을 제공해서는 안 된다.

주요 동선에는 전기, 통신, 설비 등을 매설하는 기준이 되므로 정원 조성시 동선을 우선 조성해야 관련 공정이 진행될 수 있다.

정원에서 식재지가 가장 많이 훼손되는 것은 관리자에 의한 것이 많다. 지속적인 관리를 위해 보행이 필요한 장소는 사진과 같이 간단하고 눈에 띄지 않는 재료를 이용하여 설치하여 정원의 훼손을 방지해야 한다. 사진은 일본의 이끼정원인 태원(苔園)이다.

정원에서 동선의 포장은 최소로 해야 하며 포장 면적을 늘리는 것보다는 노견(갓길)에 여유 공간을 충분히 확보하여 가변적인 활용이 가능하도록 해야 한다. 일시적으로 관람객이 증가하는 경우에는 임시 동선을 조성하여 사용하고 이후에 복구할 수 있도록 하는 것이 정원의 운영에 유리하다.

넓은 폭의 동선은 정원에서 녹색의 풍성함을 저해하고, 동선이 과다하게 보여 경관을 좋지않게 하므로 포장된 동선의 폭과 여유공간의 적절한 배치가 필요하다.

암석원의 동선을 주변 경관과 어울리도록 돌을 이용한 동선을 조성해야 한다.

정원 동선에서 방문객이 이용하는 동선과 관리차량이 운행되는 동선은 구분할 필요성이 있으며, 차량이동 동선은 방문객 동선과 겹치지 않도록 계획해야 한다.

동선은 넓지 않게 조성하고 부드러운 곡선으로 조성하여 편안한 경관을 제공해야 한다.

동선 주변에 구조물과 식물을 식재하여 다양한 볼거리를 제공해야한다.

2. 동선의 재료

정원에서 적합한 것은 콘크리트포장으로 여러 면에서 우수하며 시간 경과 후에도 자연스럽게 보이는 경우가 많다. 포장재료에서 친환경적인 마사토 혹은 흙 포장은 특별한 곳이 아니라면 지양하는 것이 좋다. 마사토 혹은 흙 포장은 원재료가 균일하게 나올 수가 없어 지역마다 편차가 있고 공사 및 유지관리가 어렵다. 경사가 10% 이상인 동선은 세굴문제가 수반되므로 표면이 단단한 경화성 포장재를 사용해야 한다. 아스콘포장도 우수한 재료이기는 하나 경사지에서 시공이 불량하고 여름철 동선의 온도가 높게 올라 보행에 불편을 주기도 한다. 정원에서 동선 재료의 선택은 보행자와 차량의 특성을 반영하여 계획해야 하며 한번 정해진 재료는 변경이 곤란하므로 유행에 따른 재료의 선택보다는 시공과 관리가 용이한 재료를 사용해야 한다.

정원에서 적합한 포장은 콘크리트로 여러 면에서 우수하며 시간 경과 후에도 자연스럽게 보이는 경우가 많다.

정원에서 마사토포장은 평지인 경우에는 자연스럽고 촉감이 좋은 동선이 된다.

마사토포장은 경사가 있는 곳에서는 세굴되어 패이고, 이용객이 적은 곳은 잡초가 무성하게 번식하므로 지속적으로 유지 관리가 가능한 정원에 적합한 동선이다.

마사토포장의 단점을 보완하기 위해서는 야자매트를 사용하기도 하는데 이는 설치가 비교적 간단하고 보행감이 좋아 산책로 등에 설치가 되고 있으며 세굴발생 방지 목적으로 사용되기도 한다. 야자매트는 천연재료로 내구성이 강한 편이나 영구적이지 않아 시간이 지나면 교체해야 하며, 수분이 함유되면 무게가 무거워져 작업이 불편해 진다.

3. 동선의 방향

동선의 방향은 대수롭지 않게 생각할 수 있지만 이용자 편의를 위해서 사전에 고려해야 한다. 5월은 계절의 여왕이라고 하지만 5월부터는 햇살이 강하고 온도가 높아져 한낮에는 외부에서 활동하기 좋은 조건이 되지 못하고, 6월이 되면 여름에 접어들게 되며 외부활동이 부담되기 시작한다. 정원 계획 시 보행자가 쾌적한 환경에서 이동할 수 있도록 가로수의 그늘을 충분히 반영해야 한다. 정원에서 가로수가 효과적으로 그늘을 만들기 위해서는 동선의 방향이나 폭이 중요하다. 동선을 남-북방향으로 계획하면 가로수의 그늘이 식재지로 생겨 보행자는 그늘이 없고 식재지에는 그늘이 많이 생기게 되어 사람이나 식물에게 좋지 않게 된다. 많은 보행자가 이동하는 폭이 넓은 주요 동선은 남북방향이 아닌 동-서방향으로 계획하는 것이 많은 그늘을 제공하게 되고, 동선의 폭을 3m 이내로 계획하면 동선의 방향이나 수종에 관련 없이 그늘을 쉽게 만들 수 있어 쾌적한 환경에서 보행할 수 있다. 정원 방문객의 가장 많은 불만은 그늘이 없는 것과 쉴 곳이 적은 것으로 그늘과 쉴 곳은 유사한 의미이며 사람들은 그늘에서 쉬고 싶어 한다. 그늘을 만드는 것은 가로수에서 시작하여 의자가 있는 곳에서 반영해야 하고 정원 전체를 그늘로 만들 필요는 없지만 초기는 과할 정도의 그늘이 있어야 하는데 이것은 반드시 나무에 의한 그늘보다는 시설물에 의해 제공하는 것도 가능하다.

정원에서 동선은 그늘이 충분히 생길 수 있도록 방향과 폭을 결정해야 한다.

산지의 산책로 폭은 2m 이상이 되어야 2명이 자유롭게 보행하는 것이 가능하다. 동선의 안쪽에 배수로를 설치하여 우수에 의한 동선의 침식을 방지해야 한다.

우배수시설

우배수시설이라고 하는 것은 정원에서 발생되는 땅위의 물과 땅속의 물을 효과적으로 배출하는 시설이다. 우배수시설은 일반적으로 강수량 통계에 따라 설계하고 시공하고 있지만 많은 정원은 100년 후에도 유지되는 경우가 많으며 산지에 조성되고 당초 지형에 비해 많은 변화가 발생되어 예상치 못한 부분에서 우배수가 문제가 생기므로 작은 우배시설도 100년 강우빈도를 적용하여 계획해야 한다.

정원에 식재된 식물은 배수와 건조상태에 따라 식물의 생사가 결정된다. 지형의 다름에서 발생되는 우배수의 문제는 계산식으로 나타낼 수 없는 부분이 있는데 이것은 현장 경험에서 비롯된 통찰력과 강우시 수시로 순찰하여 정원에서 물이 모이고 흘러가는 부분을 체크하고 기록하여 조성시 반영되어야 한다.

정원에서 물의 흐름과 이동을 파악하기 위해서는 조성 초기부터 관찰해야 하는데, 비가 내리는 날이면 정원을 둘러보고 기록해야 한다. 어떤 부분에서 물이 모이고 배수가 되지 않는지를 확인해야 하고, 비가 그친 후에도 정원에서 배수가 되지 않는 지역이나 강우에 의한 세굴 정도를 확인해야 한다. 경사가 있는 곳의 동선은 비가 오면 물길이 되는 곳이 많으므로 추가적인 우배수시설을 반영해야 한다.

우배수시설 중에서 동선으로 물을 보내는 것이 효과적이며 비가 오면 많은 물이 동선으로 모이게 된다. 정원의 동선에 모인 물은 횡단하는 측구에서 도로로 몰린 물을 가장 효율적으로 제거해주므로 동선을 단순한 보행자의 통로로 활용하는 것이 아니라 우기시 물을 모으고 흘려보내는 역할을 할 수 있도록 해야 한다. 특히, 경사가 심한 지형에서는 물의 흐름을 단절시키기도 한다. 물을 신속하게 제거하는 역할은 동선과 그 하부에 설치된 우배수관로가 담당하게 된다.

자연적인 질감의 동선을 제공하기 위한 마사토포장은 빗물 등에 의해 세굴현상이 빈번하여 동선이 훼손되는데 이를 방지하기 위해서는 동선에 횡단 배수시설을 경사도에 따라 적절하게 배치해야 한다. 경사가 많지 않은 평지에서 우배수시설은 도로의 측면에 설치되는 수로가 적합한 배수시설이며 동선의 경사도 배수시설의 위치에 따라 한 방향으로 경사를 유지해 주어야 한다.

정원에서 우배수시설은 100년의 강우빈도를 적용하여 계획하고 시공해야 한다. 정원은 조성이 완료된 후에 보완해서 시설물을 추가로 설치하는 것은 많은 시간과 비용이 따른다. 최근에는 이전에 경험하지 못한 강우가 내리기도 하고 극심한 가뭄이 발생하기도 한다.

충분한 크기로 우배수시설을 설치하였지만, 상부에서 막힘으로 하부까지 영향 미쳤다. 우배수관은 상부부터 충분한 크기로 계획해야 한다.

상부에 설치하는 우배수관경에 대해서도 충분한 크기로 계획해야 한다.

산지와 같이 불특정한 곳에서 침출수가 나오는 경우에는 유공관보다는 다발관이 효과적이다.

비가 내린 후에는 정원에서 발생되는 침출수와 배수가 불량지역의 개선 방법과 조치 계획을 수립해야 한다.

경사가 있는 동선에서는 횡단배수와 측면배수를 효과적으로 사용해야 하는데 유속이 심한 경사지에서는 횡단배수 능력이 떨어지기도 한다.

동선의 측면에 설치된 우배수시설은 경사가 있는 곳에서 효과적이다. 측구배수의 연장 길이가 긴 경우에는 배수능력이 떨어지는 경향이 있어 적절한 집수시설이 필요하다.

경사가있는 동선에서는 도로의 측면에 있는 배수 시설이 효과적이며, 도로의 표면은 배수로가 있는 방향으로 경사지도록 계획한다.

횡단측구와 집수정을 사용한 우배수시설은 간단하게 설치할 수 있는 우배수시설로 물량이 많지 않거나 폭우에 의한 피해가 적은 곳에 적당하다.

식재

정원에서 식물을 심는 작업을 식재라고 하는데 식재는 단순히 식물을 심는 작업이라 기보다는 식물의 특성과 식재 환경이 일치하도록 식물을 선택하여 배치하는 행위이다. 올바른 식재는 식물을 아름답게 심는 것뿐만 아니라 심어진 자리에서 목적하는 기간 동안 자랄 수 있어야 하는데 이를 위해서는 식물의 특성을 잘 알아야 한다.

1. 식물의 선정

조성 초기의 효율성을 높이기 위하여 많은 관리가 필요한 식물은 기본 수량만 반영하여 집중관리가 가능하도록 하거나 대량으로 군락 식재하여 전방위적인 관리가 가능하도록 해야 한다. 관리가 어려운 식물은 시간이 지나면 도태되어 사라지므로 세심한 관리가 가능한 장소에 최소 수량(초본 30본, 목본 5본 이상)을 식재하거나 좁은 간격으로 넓은 면적에 군식으로 식재하여 잡초와 같은 다른 식물이 침입하지 못하도록 해야 한다. 정원에서 식물종을 수집하거나 좋은 경관을 위한 다양한 종류의 초본은 더 많은 관리를 필요하게 된다. 잡초와 휴면하는 식물종에 대해 철저한 계획을 세워야 하며 초본은 관리 되지 못하면 6개월 이내에 모두 사라질 수 있으며 매년 동일한 식물을 반복하여 식재하더라도 정원에 활착하지 못하는 식물이 많다.

초기 정원에는 초본보다는 관목 위주로 계획하고 많은 종류의 작은 군락보다는 큰 군락으로 식재하며 특별한 종에 대해서는 생육지를 별도로 조성하여 관리해야 한다. 또한, 주의할 사항은 잡초성 초본은 지양해야 한다. 잡초성식물은 한번 식재되거나 생육을 시작하면 인위적으로 제거하는 것이 어렵다. 다른 정원식물의 생육을 방해하고 심한 경우에는 자라지 못하게 하여 정원관리에 더 많은 노동력이 소요된다. 번식이 잘되는 잡초성 식물의 식재는 신중해야 한다.

구 분	많은 관리가 필요한 식물	잡초성 정원식물
이끼	큰솔이끼, 너구리꼬리이끼, 나무이끼, 꽃송이이끼	털깃털이끼, 들솔이끼 등
초본	금강초롱, 모데미풀, 바람꽃류 등 해발 2,000m 이상의 고산 초본	말류, 달뿌리풀, 갈대, 부들, 물억새, 끈끈이대나물, 질경이품종 등
관목	만병초, 진퍼리꽃나무, 백산차, 암매, 월귤, 시로미 등의 고산 목본	국수나무, 산초나무, 나무딸기, 복분자, 두릅나무 등
교목	부게꽃나무, 사스레나무, 거제수나무, 구상나무, 분비나무	

군락 식재는 관리가 간단하나 우점종이 발생하거나 일부는 퇴화하여 식물종이 단순해지므로 강한 식물과 약한 식물의 적절한 조합과 관리가 중요하다.

다양한 초본류를 식재하였지만 결국 강한 식물만 남게 되므로 많은 종류의 초본류 식재는 초기 정원에서는 철저한 계획이 반드시 필요하다.

단일종을 식재하는 것은 개화기간은 짧지만 규모가 작은 정원에서는 가장 쉬운 관리법이 된다.

1) 나무의 선택

정원에 사용되는 수목은 나무의 생김새인 수형을 우선으로 보는 것은 당연하지만 굴취된 나무의 뿌리 상태를 반드시 확인해야 한다. 정원에서 수형이 좋은 수목을 선택해야 하는 것이 아니라 식재 후에도 살 수 있는 나무를 택해야 한다. 아무리 우수한 형태의 나무라도 정원에 심고 난 후에 죽거나 수형이 훼손되는 것은 또 다른 폐기물을 만드는 것이다.

수목을 선택하는데 있어 중요한 것은 나무의 형태와 목적부합 여부가 되지만 나무가 심겨진 다음의 생사여부는 뿌리의 생김새에 따라 달라지므로 지상부와 지하부의 형태를 고려하여 선택해야 한다. 뿌리가 한쪽으로 발달된 수목에서도 식재 후에 생육이 불량하여 활착하지 못하는 경우가 많으니 뿌리가 과도하게 편향되어 발달된 수목은 좋은 형태를 가진 나무라 할지라도 사용하지 말아야 한다. 나무가 자란 환경은 뿌리에 많은 영향을 주는데 돌이 많은 암반에 자란 나무나 배수가 불량한 곳에 자란 나무는 일반적인 형태의 뿌리가 아니므로 굴취 시 뿌리 형태에 따라 작업해야 하는데 대부분의 현장에서는 정해진 규격으로 뿌리의 형태와는 무관하게 작업되어 식물이 살 수 없는 뿌리만 가지고 식재되므로 환경이 불량한 수목은 전문가의 의견을 구해야 한다.

암반에 있는 나무는 뿌리분을 만들기 어려워 수형이 좋더라도 정원에 사용하지 않아야 하고, 필요한 수목에 대해서는 사전에 뿌리돌림을 시행해야 한다. 물가에서 자라는 버드나무나 귀룽나무 등은 잔뿌리가 없고 얕은 뿌리가 멀리까지 뻗어 있어 일반적인 형태의 뿌리분이 아닌 납작형태로 굴취해야 하며 뿌리분의 크기 또한 근원경의 6배 이상으로 해야 한다.

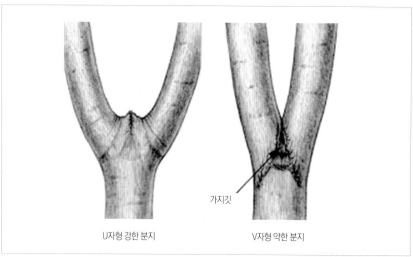

U자형 강한 분지   V자형 약한 분지

가지깃

나무의 가지 형태는 분지되는 형태를 고려해야 한다. 일반적으로 V자형으로 분지가 되는 것은 오랜 시간이 지나면 가지가 많은 하중을 받으면 찢어지는 경우가 많아 사용하지 말아야 한다. 가지가 U자 형태로 분지되는 수목이 좋은 수형으로 느티나무 등과 같이 크게 자라는 수목에서는 주의해서 선택해야 한다.

경사지에서 자란 나무   평지에 심은 나무

수목의 뿌리형태는 땅 모양에 따라 달라지는데 경사지에 자란 나무는 평평한 곳에 놓게 되면 한쪽이 기울어진 모양의 뿌리를 형성하게 된다. 한부분은 깊게 심어지고 다른 부분은 노출되어 과습과 건조의 2가지 피해가 발생되어 결국 고사된다.

낮은 기준으로 식재하면 대부분의 뿌리가 노출되고, 높은 부분을 기준으로 식재하면 깊게 심겨지는 현상이 발생되어 수목은 건조 혹은 과습의 피해를 상습적으로 받아 결국에는 고사하게 된다.

사진과 같이 수형이 아무리 좋은 나무라도 우측과 같이 뿌리 형태가 정상적이지 않은 수목은 선택하지 않아야 한다. 뿌리가 한쪽으로 발달한 수목은 정상적인 뿌리 형성이 어려워 식재 후 활착이 어렵다.

굵은 뿌리 위주로 형성된 수목은 수분을 흡수 할 수 있는 가는 뿌리가 많지 않아 식재 후 고사율이 높아지므로 주의해야 한다.

2) 나무의 굴취와 운반

굴취는 나무를 심기 위해서 캐는 작업을 말하고 운반은 굴취 후에 차량이나 장비로 옮겨지는 것이다. 정원에 심어지는 식물의 생사는 굴취와 운반단계에서 결정된다. 우리나라에서 수목의 굴취는 근원경 (Diameter at Root Collar)이라는 지면 근처의 줄기 직경의 4배로 굴취하는 것이 기준으로 되어있다. 예를 들면 근원경이 10cm인 나무는 뿌리분의 직경이 40cm 이상이면 된다. 하지만, 일본이나 미국의 경우에는 나무의 성숙도에 따라서 뿌리분의 크기가 달라지지만 우리나라는 나무의 크기나 상태와는 무관하게 동일한 규칙이 적용된다.

수목의 뿌리발달을 보면 어린나무일수록 뿌리가 멀리까지 뻗기 때문에 더 큰 뿌리분을 확보해야 한다. 근원경이 작은 나무는 뿌리가 적어도 된다고 생각할 수도 있으나 실제로 우리나라의 식재 현장에서 작은 나무가 가장 많이 고사된다. 금액으로 적은 비율을 차지하기 때문에 많이 죽지 않는 것처럼 보이나 수량으로는 비교가 불가하다. 작은 나무의 작은 뿌리분은 식물이 가져야 하는 최소한의 수분과 뿌리를 가지고 있어 장시간의 운반에 불리한 여건을 가지고 있어 외국에서는 작은 나무에 대해 할증을 추가하고 있는데 우리나라는 크기에 상관없이 동일한 규정을 적용하고 있어 개선이 필요하다.

3) 나무의 굴취 방법

근래 수목의 고사율이 늘어나는 것은 기후변화에 따른 고온이나 건조 등에 의해 고사가 원인이며, 다른 이유로는 장비에 의한 무분별한 굴취작업이다. 사람에 의한 굴취작업은 나무의 뿌리나 형태를 고려하면서 작업 하지만 장비에 의한 굴취는 뿌리 성상과는 상관없는 획일적인 작업이 되고 뿌리가 훼손되는 것도 많다. 굴취작업은 식물을 식재하는 과정 중에서 중요한 요소로 철저한 준비가 필요하다. 굴취 전 토양이 건조된 상태라면 굴취 2일 전에 충분히 관수해야 한다. 뿌리 주변 토양이 건조되면 뿌리분이 만들어지지 않고 이동 중에 건조피해를 받으며, 관수 후에 바로 굴취하면 뿌리분이 깨어지거나 작업이 어렵다. 굴취시 기온이 25℃ 이상이면 작업 편의를 위해 굴취에 지장을 주는 가지는 제거하고 증산억제제는 굴취 후에 바로 살포하여 건조피해를 예방한다. 자생지의 수목은 깊게 묻혀있는 경우가 많지 않지만 농장에서 재배된 수목은 몇 번의 이식작업으로 심식된 경우가 있으므로 굴취 전에 심식 여부를 확인하고 작업해야 한다.

■ 이식시 수목 뿌리분 크기 규정의 국가별 비교

근원경	R8	R10	R15	R20	R40	비고
한국	4D	4D	4D	4D	4D	
일본	6D	5D	5D	5D	4D	
미국	11D	11D	10D	10D	규정 없음	

일본 기준 : 뿌리분 크기 = 24+(N-3)*D[N=근원경, D=상수4(낙엽수 뿌리를 털어서 이식하는 경우 5)

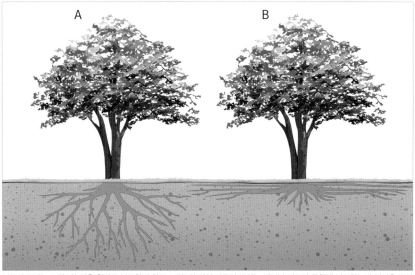

나무의 뿌리는 그림A와 같은 형태로 분포하지 않고 그림B와 같이 나무의 뿌리는 대부분 지표면 근처에 분포하는데 이것은 뿌리가 단순히 수분만 흡수하는 것이 아니라 산소호흡을 해야 하기 때문에 지표면 가까이에서 뿌리가 발생된다.

수목을 장비로 굴취하고 난 후에 조경용 녹화마대 등으로 뿌리를 감싸고 일정 기간이 지나면 토양 중에서 분해되는 끈으로 고정시킨다. 과거에는 고무밴드를 주로 사용했지만 수목의 생장에 좋지 않은 영양을 주는 이유로 점차 사용량이 줄어 들고 있다. 굴취된 나무는 운반 중에 건조나 일소피해가 없도록 50% 이상의 차광망과 같은 덮개를 설치한다. 굴취된 수목은 48시간이 경과하면 살 수 있는 비율이 낮아지므로 굴취부터 식재까지 최단시간 이내에 이루어지도록 관리해야 한다. 굴취 수목이 많은 경우에는 작업 순서에 따라 24시간 이내에 운반되도록 한다. 수목 하차 위치도 중요한데 작업이 편리한 곳에 내리는 것이 효율적이지만 수목의 생육을 생각한다면 그늘진 곳에 내려야 한다. 실제로 운반 후 정원에 도착해서 하차 중에 일소피해나 건조피해를 받는 경우가 많다.

묘포장에서 재배되고 이전에 이식했던 나무는 사진과 같이 대부분 깊게 심겨진 것이 많아 사전에 확인하고 식재해야 한다.

토양오거의 하부의 검은색 흙과 황토색 흙의 차이는 원래 깊이와 심식된 깊이를 나타내는 것으로 황토색의 흙을 제거해야 정상적인 생육이 가능해진다.

4) 나무의 식재

정원에서 나무는 굴취 후 바로 식재하고 즉시 관수해야 하며 수목의 뿌리와 잎의 상태를 고려하여 적정한 전정을 시행하는 것이 중요하다.

① 식재 전 처리

나무를 심기 전에 처리해야 하는 것이 몇 가지 있다. 느릅나무, 이팝나무, 은행나무 등은 특별한 조치가 없어도 이식이 잘 되지만 자작나무, 목련, 쪽동백 등은 식재 전에 조치하지 않으면 잘 살지 못한다. 이들 나무는 뿌리 건조를 방지하기 위하여 운반 중에 뿌리분을 비닐 등으로 감싸거나 잎의 증산 방지를 위해 증산억제제 처리 등의 조치가 필요하다. 자작나무는 고온에 약하고 잔뿌리가 많지 않으며 주로 산에서 재배되는 것이 많아 뿌리분 형성이 불량하여 운반 중에 뿌리가 훼손되는 것이 많다.

사진의 느티나무는 상부의 가지가 고사되었는데 이 증상은 심식의 전형적인 증상으로 깊게 심겨진 뿌리 상부의 흙은 제거해야 한다.

수목이식이 생존율이 낮은 나무에 대해서는 사전에 뿌리돌림작업을 해야 한다. 사진의 수목은 대왕참나무로 1년 전에 뿌리돌림한 상태로 식재시에 가지나 잎을 제거하지 않고 원래의 수형을 유지하여 식재가 가능하다.

목련은 1년에 한 번만 새잎을 만들며 낙엽이나 잎이 제거되면 새로운 잎을 발생하지 않아 새잎이 나오기 전에 옮겨 심거나 뿌리 돌림한 수목을 사용해야 한다. 쪽동백 및 때죽나무는 건조에 약하고 잔뿌리가 없어 뿌리분이 만들어지지 않아 상부는 고사되고 하부에서 맹아가 발생되어 비정상적인 수형이 만들어지며 음지성 수목으로 정원에서 햇볕을 많이 받는 곳에 식재하면 줄기의 껍질인 수피가 타는 일소피해가 나타난다. 이와 같이 이식 후 피해가 빈번히 발생되는 나무를 식재하기 위해서는 용기 재배한 수목을 이용하거나 1~4년 전에 뿌리 돌림해야 하는데 뿌리돌림 후 5년이 지난 수목은 뿌리돌림 하지 않은 나무와 동일하므로 뿌리돌림 5년 이내의 수목을 사용해야 하고 자작나무나 쪽동백은 잎을 90%정도 제거하거나 전정하면 고사율을 줄일 수가 있다. 가지치기는 수형에 영향을 주므로 잎을 제거하는 것이 유리하며 잎의 제거에서 좋은 효과를 볼 수 있는 수목은 단풍나무, 벚나무, 팥배나무, 흰말채나무 등과 같은 낙엽활엽수가 있다. 초본이나 관목에서는 50% 정도 차광하면 활착률을 높이고, 많은 관목은 잎을 제거하는 것만으로도 효과를 기대할 수 있다.

② 뿌리와 공기
수목 식재는 원래 자라던 깊이로 식재를 해야 하는데 야생에서 굴취된 나무는 뿌리분의 상부에 있는 낙엽 정도만 제거하면 되고, 양묘장 등에서 재배되었거나 이식된 나무는 굵은 뿌리가 살짝 보일정도의 높이로 식재하면 된다. 수목 식재시 사용되는 통기관은 뿌리부분에 산소를 공급하여 뿌리 생육을 개선하여 발근이 잘 되게 하므로 배수가 불량한 조건에서는 적절히 사용해야 한다. 또한, 통기관을 통하여 뿌리분 주변의 토양수분과 배수 속도를 개략적으로 알 수 있는어 여러 이점을 가지고 있다.

③ 편분의 식재
편분의 수목은 자연상태의 경사지처럼 지형을 만들고 식재하면 문제가 발생하지 않지만 이를 무시하고 평지에 심는다면 뿌리분이 기울어져 식재 후에는 뿌리의 한쪽은 높게 솟아오르게 되고 반대쪽은 땅속 깊이 심어지게 된다. 줄기와 잎의 형태만 보고 나무를 심게 되면 보기는 좋을 수 있지만 시간이 지나면 생육이 좋지 않거나 고사하게 된다.

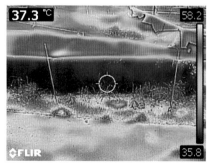

이식한 관목에 사진과 같이 차광하면 식물 온도를 낮추어 이식 스트레스를 감소시켜 식물의 고사율을 감소시킨다.

④ 식재 후 관수

수목을 식재 후 관수작업을 우선적으로 시행해야 한다. 관수를 위해서는 선행되어야 할 작업은 물이 고일 수 있는 작은 물턱과 같은 물집이라는 것을 만들어야 한다. 물집은 뿌리분의 크기와 동일하게 만들고 높이는 여러 가지 조건을 고려하여 15cm 이상이 되도록 한다. 식물 관수방법에는 사람이 관수하는 인력관수와 설비를 이용하는 기계적 관수가 있으며 식재 후에 관수하는 것은 인력으로 관수해야 하지만 유지관리를 위한 관수에는 관수설비를 이용하는 것이 효율적이고 수목의 생육을 개선시킨다. 사람이 관수하는 인력관수는 개인별 차이가 많은 것뿐만 아니라 수목과 토양의 특성을 알지 못하면 관수하지만 건조피해를 받기도 하고 잘못된 관수로 토양이 단립화되어 토양의 통기성이 불량하게 하므로 전문인력이 관수를 해야 한다. 식물에게 관수량은 식물 상태나 주변 환경에 따라 달라지지만 일상적인 조건에서는 식물이 필요한 물량과 증발되는 물량을 합치는 수량을 보충해 주면 된다. 또한, 관수 전에 비가 30mm 정도 내렸다면 관수 필요성이 없지만 이보다 적은 강수량에는 비록 비가 내렸더라도 물을 보충해 주어야 한다. 초본의 경우 통상적인 하루 동안의 관수량은 10~12mm 두께로 관수해야 하는데, 이것은 1㎡ 당 10~12ℓ 의 양으로 관수하는 것을 의미한다. 정원에서 관수량을 계산하거나 물탱크 용량을 산정할 경우에 실제로 식재되는 면적에 초본이 필요로 하는 물량을 곱하면 개략적인 용량을 결정할 수 있다.

식재시 통기관은 뿌리부분에 산소를 공급하여 발근이 잘 되도록 하고 통기관을 통해 뿌리분의 배수 불량여부를 알 수 있다.

주변 지형으로 수목을 이식 할 수 없는 경우는 마른 우물을 만들어 심식에 의한 피해 발생되지 않도록 한다.

사진은 뿌리분의 형태가 기울어져 한쪽부분이 깊게 심어진 것으로 뿌리가 산소호흡을 하지 못하여 사진과 같이 깊게 심겨진 부분이 고사된다.

분의 경우에는 줄기와 잎의 형태를 보고 식재하는 것이 아니라 뿌리의 형태를 우선으로 하여 식재해야 한다.

뿌리분이 기울어진 수목 식재는 오른쪽 사진과 뿌리분의 형태를 고려하여 식재해야 한다.

검토장(Soil Orgar)을 이용하면 심식 정도를 알 수가 있다. 검토장 하부의 검은색부분이 원래 심어진 토양으로 상부의 황토색 부분이 심식된 토양으로 색상이 다른 것을 알 수 있다.

식재 후에는 뿌리분과 기존 토양이 완전히 밀착되고 식재지의 공간을 메우기 위해 물다짐을 해야 한다.

나무 식재 후 수분관리의 효율을 높이기 위하여 물집을 만들어야 하는데 물집은 뿌리분의 크기와 동일하게 만들어야 한다.

■ 관수방법에 따른 특징과 적용 대상

관수방법	특징	적용 대상
인력에 의한 살수법	· 설치 비용이 저렴하다. · 관리가 용이하다. · 식물 특성을 반영하여 개별관리가 가능하다. · 사람에 따라 달라진다. · 건조나 과습피해가 발생할 수 있다. · 관수호스의 이동으로 식물피해가 있다.	· 오래되어 안정된 정원
물집관수	· 설치 비용이 저렴하다. · 관리가 비교적 용이하다. · 식물특성을 반영하여 개별관리가 가능하다. · 물집을 만들어야 한다. · 초본 등에는 사용이 불가능하다. · 뿌리가 훼손 될 수 있다.	· 정원 조성 초기의 수목
스프링클러	· 관리가 쉽고 비교적 저렴하다. · 서리예방에 사용이 가능하다. · 고온기에 식물의 온도를 낮춘다. · 해충의 발생을 줄여 준다. · 경사 10% 이상에서 사용이 불가능하다. · 배수불량 지역에 적용이 어렵다. · 물의 소비가 많다. · 식물병의 전염이 빨라 진다. · 개화 및 결실기에 피해가 발생한다.	· 잔디 식재지 · 초본 식재지의 정원 · 양묘시설 · 만병초원, 이끼원, 열대온실
점적관수	· 물을 절약할 수 있다. · 경사지에서 사용 가능하다. · 식물에 따라서 물량 조절이 가능하다. · 개화 및 결실기에 적용이 가능하다. · 비교적 많은 비용이 소요된다. · 유지관리가 어렵다.	· 정원의 수목 · 전시온실, 수직가든

〈초본의 관수량〉

관수량 통상적으로 12mm/일/포기

수도권의 증발산량 4mm/일 정도이고 식물이 이용하는 물량은 8mm/일 정도로 하루에 필요한 물량은 12mm/일 정도는 되어야 한다.

수돗물량 최대 1.8ton/시간, 30ℓ /분

물 12mm는 1㎡의 면적이면 0.012ton으로 12ℓ 정도가 된다.

12ℓ 는 상수로 관수를 하려면 24초간 물을 주어야 한다.

⑤ 농약 살포

식물은 식재한 후에는 병해충에 취약한 상태가 되므로 식재 후에는 병해충 예방을 위한 조치가 있어야 한다. 수목을 이식하거나 식재하는 기간은 나무에서 해충이나 병에 취약한 상태가 된다. 이식 한 후에 나무좀류와 가지마름병의 발생으로 고사가 되는 경우가 많아 이식 후에는 살충제와 살균제를 반드시 처리해야 한다. 이른 봄이나 겨울에는 토양살충제만 사용하고, 낮 최고 기온이 15℃ 이상이 되면 살충제와 살균제를 수간에 살포한다. 살균제는 침투력이 있는 테부코나졸계나 티오파네이트메틸계를 줄기에 처리하여 가지 마름병을 예방한다. 소나무와 같이 뿌리에 외생근균을 가지고 있는 수종에 대해 토양 살균제처리를 하면 외생근균이 피해를 받을 수 있어 처리하지 말아야 한다. 살균제는 침투력이 있는 테부코나졸계나 티오파네이트메틸계를 줄기에 처리하여 가지마름병을 예방한다.

식재시에 인공토인 펄라이트는 무게가 가벼워 관수시 사진과 같이 펄라이트의 들뜸현상이 발생된다.

⑥ 식재 간격

정원에서 식재 간격은 식물의 특성에 따라 달라져야 한다. 초본과 관목은 식재 후 3년이 경과한 상태를 예상하여 식재 간격을 계획하고 교목은 최소 4~7m 간격으로 식재한다. 정원에서 식재하는 경우에는 식물의 잎이 서로 닿지 않게 해야 한다. 철쭉류나 회양목 등과 같이 군식을 하는 경우는 잎이 살짝 닿는 정도가 적합하고 과도하게 식물체를 붙여 심는 것은 통풍이 좋지 않아 식물병이 발생되고 생육이 불량해진다. 일반적으로 관목의 경우는 잎과 잎 사이의 거리가 20cm 이상을 확보해야 식물이 활착된 후에도 정상적인 생육하다.

⑦ 가지치기

정원에서 가지치기는 아주 사소한 작업으로 생각을 할 수가 있지만 나무에 있어 가지가 잘려나간다는 것은 아주 큰 변화가 된다. 가지를 정리하는 것은 나무의 광합성이나 증산작용 등의 생육에 영향을 미치는 것뿐만 아니라 그 상처로 병원균이 침입하여 생명에 지장을 주기도 한다. 전정에서 중요한 사항은 가지치기의 시기와 방법이다. 가지를 자르는 시기는 꽃이 피고 열매 맺음에 결정적인 역할을 한다. 나무는 꽃을 피우기 위해서는 식물종류별로 가지치기의 시기가 정해져 있다. 가지에서 꽃을 피우는 꽃눈의 위치는 식물에 따라 달라지는데 장미는 새로 발생된 가지 끝에서 꽃봉오리가 생기고, 철쭉은 겨울을 한번 지낸 작년 가지에서 꽃눈이 생긴다. 사과나무나 배나무 같은 과수는 2년 지난 가지에 꽃눈이 생긴다. 따라서 장미는 언제든지 가지치기를 해도 꽃을 볼 수가 있는 반면 철쭉은 작년 가지에 꽃눈이 생기므로 나무의 모양을 잡기 위해서 줄기를 잘라버리면 꽃이 피지 않게 된다.

개화특성에 따른 가지치기 방법은 아래와 같다.

전년도 가지에 꽃이 피는 수목 : 개화 후 바로 가지치기 시행
동백나무, 때죽나무, 라일락, 마로니에, 목련, 산딸나무, 박태기나무, 배나무, 벚나무, 옥매, 이팝나무, 풍년화, 가침박달, 호랑가시, 개나리, 고광나무, 골담초, 괴불나무, 다정큼나무, 동백나무, 단풍철쭉, 때죽나무, 마취목, 말발도리, 매자나무, 목련, 병꽃나무, 분꽃나무, 붓순나무, 수국, 이팝나무, 자주받침꽃, 진달래, 채진목, 초령목, 층층나무, 칠엽수, 칼미아, 황매화 등

새로운 가지에 꽃이 피는 식물 : 특별한 가지치기는 없지만 당해 봄철 시행
장미, 배롱나무, 무궁화, 모감주나무, 협죽도, 미국수국, 능소화, 목서, 불두화, 감나무, 대추나무, 포도나무 등

가지치기 작업시 유의해야 하는 것은 새로운 가지가 지속적으로 발생되는 나무도 있지만 1년에 한 번만 가지를 내는 수목이 있는데, 이들 나무의 가지치기는 신중하게 결정을 해야 한다. 소나무와 같은 침엽수의 가지에서 잎이 없는 부분 자르면 그 가지는 새로운 잎이나 가지를 만들지 못하여 고사되며, 목련도 1년에 잎을 한번 발생하는 수목으로 전정시에 주의해야 한다. 소나무, 목련, 참나무류 등과 같이 단위생장을 하는 것은 1년동안 한번 생장이 있는데 줄기가 1년에 한마디 생장하는 특성을 이용하여 기후를 추리하기도 한다.

가지치기에서 중요한 것은 최소한의 상처를 내도록 해야 하고 가급적 빨리 상처가 회복될 수 있도록 해야 한다는 것이다. 가지치기하는 시기는 수목 특성에 따라 다르지만 단풍나무나 층층나무와 같이 이른 봄 수액의 이동량이 많은 나무는 가을이나 잎이 나온 후인 5월경에 한다. 수액이 흘러 나무가 고사되는 일은 많지 않지만 많은 수액이 흘러 생육이 부진할 수도 있고 미관적으로 좋지 않을 뿐만 아니라 당분을 함유한 수액으로 병원균이 발생하여 이차적인 피해가 발생할 수 있다.

늦겨울이나 초봄에 전정하면 수액이 나오는 나무

금사슬나무, 느릅나무, 단풍나무, 때죽나무, 목련, 버드나무, 뽕나무, 포플러, 자작나무, 굴피나무, 층층나무, 팽나무, 호두나무, 회화나무 등

가지치기는 미국의 사이고박사 개발한 전정법을 따르는데 지륭과 지피융기선을 연결하는 전정법으로 과거의 수직으로 자르는 평절에 비해 까다로운 부분이 있다. 미국의 가지치기 방법에 따르면 상처가 빨리 아물고 가지의 부후가 발생되는 것이 현저히 감소되지만 기존 방법으로 가지치기를 한다면 줄기 전체가 부후하여 수형이 완전히 망가지게 된다. 전정 후 부후가 잘되는 나무인 단풍나무, 버드나무, 벚나무, 포플러, 자작나무, 팽나무 등은 가지치기 후에 바로 상처보호제를 처리해야 하고 직경이 10cm 이상인 가지는 자르지 않아야 한다. 특히 벚나무는 3cm 이상의 가지는 자르지 않는 것이 좋다. 반면 가지치기 한 후에 상처가 쉽게 회복하는 나무인 리기다소나무, 느릅나무, 물푸레나무, 배롱나무, 서어나무, 소나무, 호두나무 등은 일반적으로 본 줄기의 1/3두께인 가지는 전지를 해도 상처가 빨리 회복된다. 일부 학자들은 수목 자체적 생육을 제어하는 능력이 있어 인위적인 가지치기가 필요하지 않다고 주장하기도 하지만 우리나라는 뿌리부분이 과도하게 제거되어 이식 후에 정상적인 생육을 할 수 없는 경우가 많아 식재 후에는 전정을 해야 한다. 수목을 굴취하면 뿌리의 90~95%가 제거되어 5~10%의 뿌리만 가지고 생존하기 때문에 이식하는 수목은 원래의 잎과 줄기를 50~70% 정도는 제거해야 활착을 할 수 있다. 하지만 잎은 증산작용으로 수분을 소비하지만 줄기나 가지는 양분과 수분을 저장하고 있어 줄기부분의 전정은 최소한으로 한다. 줄기를 많이 제거할수록 줄기에서 발생하는 맹아가 많아 수형이 나빠지고 초기 활착하는데도 많은 시간이 소요되므로 줄기를 자르기보다는 잎을 제거하여 식재하는 것이 빨리 활착한다.

소나무는 1년에 한마디 자라는 단위생장수목으로 마디의 개수를 확인하여 이식시기와 생육 불량시기를 알수 있다. 사진의 소나무는 5년째와 6년째 마디가 급격이 짧아진 것을 볼 수 있어 이 시기에 이식되었다는 것을 알 수 있다.

⑧ 지주목 설치

지주목을 설치하면 나무가 높이 자라고 넘어지지 않는 이점은 있지만 뿌리가 약해지고, 지주를 결속한 부분이 조임을 당해 바람에 의해 쉽게 부러지며 줄기에 상처가 생기고 생장은 저해된다. 바람이 없는 지역이나 실내에서는 지주목을 하지 않는 것이 좋고, 설치하더라도 2년째부터는 제거해야 한다. 지주목은 나무 높이의 1/3 이내로 설치하는 것이 나무의 수형이 유지되고 바람 등에 의해 잘 쓰러지지 않는다.

잘못된 가지치기로 인해 형태가 불량해지고 줄기의 부후로 고사되기도 한다.

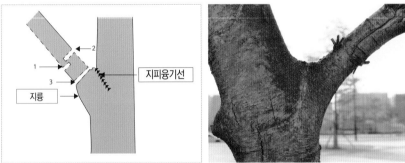

나무의 가지치기는 가지 밑살인 지륭과 가지가 분기하는 지피융기선을 연장한 임의선에 따라 전정해야 한다.

지주목을 장기간 방치하면 조임에 의해 줄기가 함몰되고 약해진 부분으로 강한 바람에의해 부러지므로 2년부터는 제거하고 3년을 넘기지 않아야 한다.

월동

최근에 지구온난화 및 외국에서 새롭게 도입하는 신품종이 증가하는 추세로 식물의 내한성에 혼란의 시기를 맞이하고 있다. 남부지방에서만 가능하다고 여겨지던 나무가 서울과 수도권에서 자라고 있으며, 외국에서 도입된 새로운 나무가 내한성의 검증도 없이 심어지고 있다. 수목의 내한성은 올해 겨울을 견디는 것을 의미하는 것이 아니라 30년 정도는 저온의 피해를 받지 않고 자랄 수 있는 상태를 내한성이 있다고 한다. 나무의 내한성에 대해서는 장시간 검증의 시간이 필요하며 기존의 식재위험지역을 무시한 과도한 식재는 지양해야 한다.

1. 월동 준비

정원에서 새로운 식물을 식재하고 관리하면서 발생되는 어려움은 겨울동안 저온의 피해를 받는 것이다. 우리나라에 자생하는 식물은 겨울 저온에 대한 정보와 식물의 내한성이 확인되지만, 외국에서 도입된 식물은 사전 정보가 부족하여 실패하는 경우가 많다. 외국식물 식재에서 저온에 의한 피해를 줄이기 위해 미국농무부에서 작성한 USDA Plant Hardiness Zone에서 해당 식물의 내한성을 확인해야 한다. 하지만 생육가능 최저기온보다 식재되는 지역 온도가 높아 도입한 식물을 식재하는데 문제가 없을 것으로 판단하고 식재하지만 실제로 정원에서 관리하면 동해를 받거나 고사되는 경우가 적지 않다. 외국에서 도입되는 식물이 겨울동안에 생육이 불량해지는 것은 저온에 대한 피해뿐만 아니라 건조가 원인이 되는 경우도 많다.

우리나라의 겨울은 대륙성 기후의 영향을 받는 탓에 건조한 것이 특징이다. 우리나라에서 건조피해가 발생되는 시기는 2월부터 3월까지로 기온은 식물이 생육을 개시하는 5℃ 이상이나 땅은 얼어있는 상태로 뿌리에서는 수분을 흡수하지 못하여 증산과 수분흡수의 불균형이 원인이 된다. 우리나라의 겨울과 봄철은 아주 건조한 시기일 뿐만 아니라 바람이 잦아 식물의 건조피해는 가중된다. USDA Plant Hardiness Zone 적용시 문제가 발생하는 식물인 꽃댕강나무(Z6~9), 자엽자귀나무(Z6~9), 자엽박태기(Z5~9), 미국산딸품종(Z5~9), 손수건나무(Z6~8), 너도밤나무(Z4~7) 등은 작성된 내한성 기준으로 식재하면 동해 피해를 받는다.

동해방지를 위해 식물 전체를 짚으로 처리하였다. 이것은 온도에 의한 피해와 건조에 의한 피해를 방지한다.

만병초는 내한성이 강한 식물이나 건조한 바람을 막을 수 있는 시설이 필요하다. 사진은 만병초원에 설치는 시설로 바람을 막기 위해 설치되었다.

왼쪽 사진과 같은 시설은 낮에는 온도를 높이나 밤에 온도가 갑자기 떨어져 동해를 받고 낮의 높은 온도로 인해 건조피해를 받게 되어 피해를 받게 된다. 낮 동안에 온도가 상승하지 않도록 상부에 구멍을 내어 기온과 유사한 온도를 유지하게 하고 겨울의 차고 건조한 바람이 식물에 직접 닿지 않도록 관리하는 것이 중요하다.

식물이 건조한 바람을 직접 닿지 않고 잎의 건조를 방지하기 위해 방풍시설과 보온을 위한 낙엽을 같이 처리해 준다. 사진은 만병초를 보호하기 위해 까치망에 식물의 수고 만큼 활엽수 낙엽을 채웠다.

2. 최저초상온도

겨울동안의 식물이 동해를 받는 것은 낮은 기온과 건조에 의한 피해뿐만 아니라 낮은 지면의 온도도 많은 영향을 준다. 지상의 온도인 기온은 측정되는 위치가 높을수록 기온은 낮아지고 지면에 접한 부분에서 온도가 가장 높을 것으로 생각하지만, 실제로는 지면과 접하고 있는 지면에서 10cm까지의 온도가 가장 낮다. 이것은 최저초상온도라고 하여 지면의 복사열로 인해 낮은 온도를 나타내고 식물체 저온피해는 지면 가까이에서부터 받는 원인이 된다. 식물의 월동을 위한 처리에서도 지면의 처리가 중요해지는 이유이기도 하다. 최저초상온도에 의해 뿌리분에서 가장 낮은 온도로 뿌리가 동해를 받

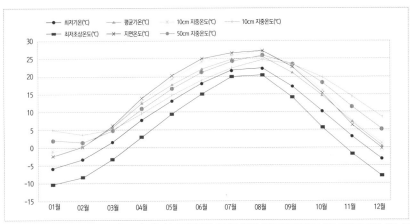

서울에서 30년간 기온과 지온의 변화는 그래프와 같으며 가장 낮은 온도인 최저초상온도를 기준으로 식재 식물을 정해야 하며, 최저기온보다 5℃ 정도 낮은 온도로 반영하면 된다.

아 수목이 고사되므로 뿌리분의 보호가 필요하다. 뿌리분의 보호를 위해서는 뿌리분의 크기보다 넓게 동해방지하고 기온이 0℃ 이상이 되면 관수도 시행해야 한다. 뿌리분을 덮은 피복재는 2월에 기온이 5℃ 이상이 지속되면 피복재를 제거하여 뿌리주변의 토양이 녹을 수 있도록 조치해야 한다. 특히, 상록수는 기온이 5℃ 이상이 되면 광합성과 증산작용을 하지만 뿌리부분의 지온이 0℃ 이하로 토양이 결빙되어 뿌리가 수분을 흡수하지 못한다. 이와 같이 뿌리의 수분흡수와 잎에서 증산작용의 균형이 깨어지면서부터 건조피해를 받게 되므로 기온이 오르는 봄이 되면 지온상승을 위한 노력이 필요하다.

식재된 나무에서 가장 많은 저온피해를 받는 부분은 땅과 접하는 지제부위로 이것은 최저초상온도와 밀접한 관련이 있다. 사진과 같이 겨울저온에 약한 것으로 예상되는 수목은 줄기뿐만 아니라 뿌리부분까지 보온을 해야 한다.

이식 수목이나 생육이 좋지 않은 수목은 이른 봄에 건조피해를 받는 경우가 많은데 이를 방지하기 위해 뿌리가 조기에 생육할 수 있도록 지온을 상승시켜야 한다. 지온은 토양멀칭을 제거하고 사진과 같이 투명한 비닐을 이용하여 온도를 높인다. 투명한 비닐은 5월 이전까지 사용하고 이후 고온이 지속되는 5월 이후에는 검은색 비닐이 식물의 생육을 촉진시킨다.

내한성이 약한 초본류는 사진과 같이 처리하여 저온피해를 감소시킨다. 이른 봄에 연약한 새순을 동물이 가해하는 것을 막는 용도로 사용 될 수 있다.

3. 줄기의 보호

겨울동안에 수목을 위한 보온대책은 줄기의 1.5 ~ 2.0m 높이까지 녹화마대나 볏짚 등의 보온재로 처리해야 하며 줄기의 동해방지를 위한 재료에서 비닐 등과 같이 공기가 통하지 않는 재질은 사용하지 않는다. 공기가 통하지 않는 재료인 비닐로 보온한 경우는 겨울인데도 불구하고 낮 동안의 온도가 20℃ 이상으로 상승하고 반대로 밤이 되면 0℃ 이하로 낮아져 나무의 줄기에서 기온차이에 의한 저온피해가 발생된다.

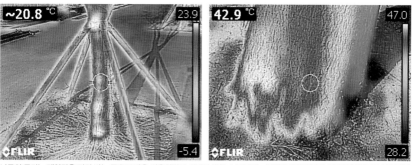
나무의 줄기는 태양광을 직접 받는 곳으로 많은 기온차이로 수피가 약한 수목에서는 햇볕에의한 피해가 빈번히 생기므로 주의해야 한다.

겨울의 줄기보호 처리는 줄기를 보온해 주는 역할을 하는 것뿐만 아니라 줄기에 태양광이 직접 닿지 않게 하여 낮 동안 줄기의 온도가 올라가지 않도록 역할하는 것으로 겨울에 발생되는 상렬(저온으로 줄기가 세로로 갈라지는현상)을 방지한다. 겨울 동안 많은 식물이 낮은 기온에 의한 고사보다는 높은 일교 차이에 의해 동해를 받는다. 낮 동안의 5℃ 이상의 온도에 의해 식물은 생장을 개시하나 저녁이 되면 줄기의 온도가 0℃ 이하도 떨어져 줄기의 수분이 결빙하여 세포가 파괴되어 동해를 받게 된다. 이러한 줄기 내의 온도차이에 의한 동해를 방지하기 위해서 줄기보호 작업을 시행해야 한다. 겨울동안의 보온자재는 최저기온이 0℃ 이상이 되면 바로 제거를 해야 한다. 줄기에 설치한 보온자재는 해충이 잠복하여 봄이 되면 다시 수목을 가해하는 것뿐만 아니라 늦게까지 보온자재를 제거하지 않으면 줄기가 연약해져 태양광에 의한 일소 피해를 받게 된다.

건조한 환경에 취약한 만병초와 같은 상록수는 2월을 지나면서 생육이 급격히 나빠지는 것을 볼 수가 있다. 이런 수목을 위해서는 북풍과 서풍을 막을 수 있는 차폐시설을 설치하거나 북쪽과 서쪽이 막힌 지역에 식재를 해야 한다. 건조한 바람을 막는 시설은 상록수의 잎이 있는 식물 전체를 보호해야 하며, 공기 유통은 잘 될 수 있도록 식물 전체를 덮지 말아야 한다. 또한, 여름식재에서 수피가 약한 수목인 마가목, 칠엽수, 산딸나무, 왕벚나무, 느티나무 등은 식재 후에 수피의 고온피해를 예방하기 위해서 수간에 녹화마대 등으로 보호조치를 해야 한다.

얇은 수피를 가진 칠엽수는 태양광에 의한 피해를 쉽게 받는 수목으로 식재시 줄기에 녹마마대 등으로 보호조치를 취해야 한다.

시비

식물의 빠른 활착과 생육 개선을 위해서 양분을 추가로 보급해야 하는데 유기질비료나 화학비료가 사용된다. 유기질비료는 토양의 물리성을 개선하고 양분을 서서히 공급하여 식물이 안정적으로 생육하고 화학비료는 식물에 필요한 성분만 공급하여 토양의 물리성 불량 및 양분의 불균형이 발생하기도 하여 정원 조성초기에는 유기물을 토양과 혼합하여 조성하는 경우가 많다. 하지만 정원에 사용되는 유기물 중에 저렴하거나 품질이 불량한 것을 사용하면 많은 잡초와 해충으로 정원이 황폐하게 된다.

유기물은 적당한 토양습도와 양분을 가지고 있어 잡초가 발아하기 좋은 환경이 되어 식재된 식물보다 잡초가 번성하여 많은 노동력을 필요하게 된다. 유기물에 포함된 해충의 알이 부화하여 식물을 가해하는 경우가 있으므로 품질에 확신이 없는 경우에는 유기물을 사용하지 말아야 한다. 정원에서 초기에는 유기물을 혼합하여 양분을 공급하는 것보다는 비료성분을 1,000배로 희석한 엽면시비가 효과적이다. 유기질비료는 토양개량이 필요한 일부 정원에 제한적으로 사용하거나 안정된 정원에 유기질비료의 품질이 확인된 제품만 사용한다. 품질이 불량한 유기물은 사진과 같이 식재된 식물이 퇴비의 미숙으로 암모니아가스 피해를 받기도 하고 유기물 속의 유해한 병해에 의해 부패병이 발생되기도 한다. 특히, 좋지 않은 유기질비료는 정원을 잡초밭을 만들어 식재된 식물은 퇴화되어 사라지고 많은 노동력을 추가로 투입해야 하므로 넓은 면적의 정원에서는 유기물 사용을 최소로 한다.

초기 정원에서는 화학비료가 효과적인데 식물에 필요한 화학비료에는 16개의 필수원소 성분이 있고, 이것은 다량원소와 미량원소로 구분 할 수 있다. 식재 초기에는 16가지 원소의 양분 중에서도 뿌리와 잎의 발달에 많은 영향을 미치는 칼슘(Ca), 칼륨(K), 인산(P), 마그네슘(Mg)의 공급이 중요하다. 특히, 칼슘은 뿌리 발생을 좋게 하여 식물이 조기에 활착할 수 있도록 하고, 마그네슘은 엽록소를 만들어 잎이 충분한 광합성을 할 수 있게 한다. 식재 초기의 질소질 비료는 식물을 약하게 만들고 뿌리 보다는 잎 발생을 촉진하여 환경 스트레스에 대한 내성이 감소하여 생육이 불량해진다. 새롭게 식재하거나 이식하는 식물은 정상적인 비료의 양보다 30% 이하의 농도로 시비해야 하며, 식물이 약해지거나 생육 개선이 필요한 경우가 아니라면 식재 후 1년 동안에는 비료를 주지 않고 스스로 환경에 적응 할 수 있도록 관수관리에 집중한다.

정원 조성초기에 유기물과 식재지 토양을 혼합하여 토성을 개량한다.

유기질비료를 잘못 사용하면 사진과 같이 식물이 죽는 현상이 발생되는데 사용하는 유기질 비료에 대해서는 부숙도 검사 등을 사용 전에 해야한다.

정원초기에 품질이 떨어지는 유기물을 사용하면 사진과 같이 많은 잡초가 발생되므로 초기 정원에는 유기물을 최소한으로 사용하여 잡초에 의해 식재된 식물이 퇴화되지 않는다.

정원에서 관수시설

정원에서 식물에 물을 공급하기 위한 모든 것을 관수시설이라고 한다. 정원의 관수시설은 급수설비, 저수설비와 관수설비로 구분할 수 있는데 규모와 형태는 식재 면적과 관리방법에 따라서 결정된다.

1. 급수설비

정원을 계획하고 조성하기에 앞서 식물을 관리하기 위한 물 공급에 대해 검토해야 한다. 급수하는 방법에는 지하수, 하천수, 빗물, 저수지, 상수, 중수 등이 있으며, 이들 중에서 지하수와 하천수가 주로 활용된다.

지하수 사용은 초기 개발 비용이 발생하나 지속적으로 사용이 가능하고 관리비가 저렴하여 정원에서 주로 사용되는 방법이다. 하지만, 지하수의 용량이 정원에서 충분히 사용 가능할 정도의 물량을 보유해야 하지만 대부분의 정원에서는 물이 없거나 부족한 지역이 많다. 많은 정원에서 지하수가 부족하여 식물을 위한 관수가 적절히 이루어지지 않고 있으며, 용량이 부족한 정원에서는 저수설비를 별도로 만들거나 하천수나 상수로 보충하는 방법을 검토해야 하며 물을 저장할 수 있는 저수설비에는 물탱크뿐만 아니라 연못이나 저수지도 포함이 된다.

하천수를 이용하는 방법은 비용이 적게 소요되고 이용이 간단하지만, 하천은 국가 소유로 사용료를 지불해야 하고 많은 관수가 필요한 갈수기에는 하천에도 물이 없는 경우가 있어 건조한 시기를 대비한 대책도 별도로 계획해야 한다.

작은 정원에서는 수돗물을 사용하기도 하는데 비용이 발생하지만 갈수기에도 안정적으로 사용이 가능한 방법으로 비상용수로 적합하며 정원의 모든 저수조에 상수배관을 연결 할 수 있도록 계획하고 시공해야 한다. 빗물을 저장하여 관수하는 방법은 친환경적이고 관리비용이 저렴한 이점이 있지만 우리나라에서 빗물은 여름에 집중적으로 내리고 있어 식물에게 많은 물이 필요한 갈수기에는 이용이 불가능하여 설치비용 대비 효과적이지 못하다. 정원에서 식물에게 관수를 위한 급수시설은 한 가지로만 설치해서는 안 되며 2가지 이상 병행할 수 있도록 계획해야 한다. 최악의 상태를 예상하고 급수시설을 계획해야 정원식물을 효과적으로 관리 할 수 있다.

2. 저수설비

정원에서 물을 효과적으로 사용하기 위해서는 충분한 저수설비가 확보되어야 한다. 물을 저장하는 방법에는 인공구조물을 이용한 방식인 물탱크와 지형과 자연을 이용한 연못과 저수지 등에 의한 방법이 있는데 정원에서 2가지 방법을 병행하여 사용해야 한다. 작은 정원에서 수돗물인 상수를 이용하는 시설이라면 별도의 저수시설이 필요 없을 수도 있지만 일반적인 정원에서는 식물관리를 위해서는 필요하다.

1) 저수용량

저수설비는 규모를 크게 하여 단일 시설로 운영하는 것보다는 작은 규모로 여러 곳에 분산시켜 운영하는 것이 효율적이다. 저수설비는 관수 범위가 200m를 넘지 않아야 하며 거리가 멀게 되면 관수 펌프나 급수 배관 규격이 커지게 되어 많은 비용이 소요될 뿐만 아니라 시설물의 수리 등을 위한 유지관리 비용도 부담이 될 수도 있다. 저수설비의 용량을 결정하기 위해서는 우선 정원에 필요한 물량을 산출해야 하며 이를 근거로 정원 내에서 저수설비를 몇 개의 시설로 나누어 관리할 것인지 계획해야 한다. 큰 정원에서는 구조물 등을 이용한 저수시설 외에도 위급상황에 사용할 수 있는 예비용 물을 확보해야 한다.

식물에 필요한 관수량 계산법

1) 증발산량 기준에 의한 관수량 계산
  = 관수면적 × (증발량 + 증산량) = 식재면적 × (4mm + 8mm)

우리나라의 증발량은 일반적으로 4mm로 계산하며, 증산량은 식물에 따라 달라지나 초본류를 기준으로 계산하면 8mm 정도가 된다.

일일증발량(농촌진흥청 농업기상정보)

구분	월(단위 : mm)												평균
	1	2	3	4	5	6	7	8	9	10	11	12	
2019년	2.2	2.5	3.6	4.5	6.9	5.3	4.6	5.1	3.6	3.5	2.5	1.9	3.9
평균	1.5	1.9	2.7	4.0	4.5	4.4	3.9	4.2	3.5	3.0	2.0	1.5	3.1

2) 토양수분량 기준에 의한 관수량 계산
  = 관수면적 × 관수토양 깊이 × [목표수분량(%) − 현재수분량(%)]
  = 식재면적 × 200~300mm × [40~50% − 현재 수분량(%)]

■ 정원의 관수시설

정원의 연못은 갈수기에 정원 전체를 2주 동안 관수 할 수 있는 물을 확보하는 것이 이상적이다.

산지라면 우선 지하수 개발 가능성을 확인해 보아야 한다.

FRP 물통은 정원에서 쉽게 저수조를 설치하는 방법으로 간단한 설치가 가능하며 별도의 차폐시설을 보완하여 경관을 개선하고, 겨울동안 물이 얼지 않도록 보온시설 등이 필요하다.

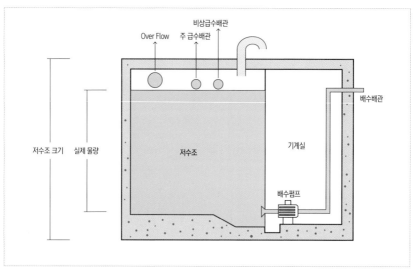

저수설비는 최대 높이에서 1m 정도와 바닥에서 0.5m의 물은 이용 없어 저수용량 계산시에 제외해야 한다. 물을 공급하는 급수원은 2개 이상 확보하고 연결해야 한다.

2) 저수설비의 계획

저수설비를 설치하기 위해서는 우선 정원 내에서 적당한 위치, 적정한 규모로 계획이 되어야 한다. 저수설비의 규모는 앞서 언급한 것과 같이 정원의 규모와 급수원을 고려하여 계획해야 하나 식물관수에 피해가 발생하지 않도록 충분한 규모로 설치해야 한다. 정원 내 저수조의 총 담수량은 1주일 동안 급수되지 않더라도 정원에 관수할 수 있는 용량을 확보하여 식재된 식물이 수분에 의한 스트레스가 발생하지 않도록 계획해야 한다.

3) 저수설비의 위치

작은 정원에서는 저수설비의 위치가 중요하지 않을 수 있으나 규모가 있는 큰 정원에서는 적절한 곳에 위치하지 않으면 사용에 불편한 점이 많다. 일반적으로 가장 높은 곳에 설치하여 자연 수압에 의해 관수하는 것이 합리적인 것으로 생각을 하지만 실제로는 그렇지 않다. 가장 높은 곳에 물을 공급하는데도 펌프가 필요하며, 낮은 곳으로 물을 내리고자 할 때도 펌프가 필요해진다. 자연수압으로 관수를 하는 것은 관수시설인 스프링클러 등을 사용할 수가 없고 낮은 수압으로 인해 불편한 점이 많다. 저수설비는 지형을 고려해서 설치해야 하며 펌프의 사양에 따라 차이가 있을 수 있지만 높이 차이가 50m 이상 또는 수평의 길이가 200m 이상이 된다면 추가로 물을 담을 수 있는 저수시설이 필요하다.

4) 저수설비의 설치

저수설비는 급수장비, 관수장비, 배수장비와 수위를 조절할 수 있는 센서가 중요한 역할을 한다. 물을 담을 수 있는 저수조인 물탱크 크기는 내부 담수량이 70톤 이상이 되도록 계획해야 하며 이보다 적은 담수량은 효율이 떨어진다. 1만평이상의 큰 정원에서는 200톤 이상으로 계획한다. 저수조의 담수량은 외부규격으로 담수량을 계산하는 것이 아니라 실제로 물이 담기는 내부의 크기를 토대로 해야 한다. 저수조에서 최대 담수 높이는 펌프가 최대한 흡입할 수 있는 바닥 높이에서 물이 넘치는 Over Flow까지의 높이가 된다.

5) 급수장비

급수장비는 물을 공급하는 것으로 급수배관은 저수조의 가장 상단에 위치해야 하며 주 급수배관, 비상 급수배관, 예비 배관 등으로 구성해야 하고 주 공급배관은 지하수나 하천수 등 지속적으로 사용이 가능한 급수원을 연결하고, 비상 급수배관은 상수나 중수 등을 연결해야 하며, 예비 배관은 갈수기 등의 위급 시기에 사용하거나 추가 급수원을 연결할 경우 사용한다. 모든 배관의 시작 지점과 끝 지점에는 밸브를 설치하여 연결과 분리가 용이하도록 해야한다.

6) 배수장비

배수장비는 Over Flow와 배수펌프, 배수배관 등이 있으며, Over Flow는 저수조에서 급수 배관 위에 위치하며 외부로 배출되는 물은 노출을 시켜 육안으로 확인이 가능하도록 한다. 저수조에서 센서 불량과 같은 설비의 오류로 인해 물이 지속적으로 공급되어 물이 넘치는 것을 확인하기 위해 노출을 시켜야 한다. 배수되는 물은 하수관에 연결하여 버리기보다는 계류나 연못 등에 연결하여 재 사용할 수 있도록 한다. Over Flow관은 급수관보다 2배 이상 큰 직경으로 계획을 해야 하는데 급수배관은 펌프 등에 의해 압력이 있는 상태로 공급되지만 Over Flow관은 자연상태로 배출되어 동일한 관의 지름이라 하더라도 물량이 달라지므로 고려해야 한다. 배수펌프는 기계실의 침수시나 저수조의 청소를 위한 시설로 지중에 매설된 저수조에 주로 적용한다. 기계실의 배수펌프는 센서에 의해 자동적으로 작동되도록 하고 저수조의 배수펌프는 청소나 물의 교환 등에 사용되는 것으로 강제작동하도록한다. 배수펌프는 바닥보다 낮은 피트를 설치해야 바닥에 물을 남기지 않는다.

7) 기계실

기계실은 펌프의 개수에 따라서 면적이 결정되어야 하며 펌프는 3개가 하나의 세트로 구성되고 정원별로 용량이 다른 펌프를 사용하는 경우에는 용량별로 펌프 세트를 구성해야 한다. 펌프는 압력에 의해 가동되는 부스터펌프를 이용하여 관수량에 따라 다르게 작동되도록 계획하고 3대의 펌프가 교대로 운영될 수 있도록 시스템을 만들어야 한다. 압력에 의해 가동되는 부스터펌프가 아닌 경우에는 관리운영에서 불편할 뿐만 아니라 펌프가 많은 부하를 받아 작은 고장의 원인이 되기도 한다. 관수 높이나 거리에 따라서 적당한 용량의 펌프를 사용해야 효율적인 관수가 되고 고장이 적어 오랫동안 활용이 가능하므로 정원 내의 지형을 고려한 펌프설치 계획이 이루어져야 한다. 펌프와 함께 관수시설에서 중요한 것은 제어판으로 펌프를 가동하고 멈추며 원거리에도 제어 할 수 있도록 하는 시설이다. 제어판은 습기에 약하므로 지상에 방수가 가능한 함체(케이스)로 설치하는 것이 원칙이지만 기계실 내부의 환경이 제어되는 곳에서는 내부에 설치하는 것도 가능하다. 제어판은 원거리에서 원격제어 및 가동펌프 등의 고장 유무를 알 수 있도록 통신을 연결하는 것이 사용에 유리하다. 기계실에 여유분의 전원시설을 계획하여 펌프의 추가 등을 용이하게 하고, 인근에서 전기가 필요할 경우 사용할 수 있도록 준비해야 한다. 정원에서 여러 곳에 전기를 사용할 수 있도록 준비하는 것이 필요하다. 기계가 많은 공간은 환기시설을 설치하고 민감한 기계가 있는 공간에는 공조장치를 설치하여 과습에 의한 고장이 발생하지 않도록 한다.

펌프 3개가 한 세트로 과거에는 2개를 가동하고 1개는 가동하던 펌프가 고장나면 예비펌프로 사용하였지만 최근에는 3개의 펌프를 교대로 가동하여 사용 연한을 늘리는 방식을 택한다.

관수량과 시간의 계산

식물의 관수량에 따라 펌프의 가동시간을 설정하는데 스프링클러의 크기와 관수강도 등에 따라 달라진다.

(1) 1일 용수량 : 15mm/day (5mm 3회)

(2) 스프링클러 : NOZZLE No.4 살수량 1㎥/hr

　　　　　　　압력 3.5kg/㎠, 각도 40°~360°, 반경 10.7m

(3) 관개 강도 : I = (60 × g × n)/A(mm/Hr)

　　　　　　g = 살수량(Lit/min), n = 스프링클러 수량, A = 관개면적(m2)

　　　　　　I = (60 × 16.66 × 100)/9.246 = 10.81mm/Hr

(4) 관개 소요 시간(T) = D/I × 60(min)

　　　　　　　D = 용수량(mm/day), I = 관개강도(mm/Hr)

　　　　　　　T = 15/10.81 × 60 = 83분

　　　　　　　1일 관개시간 : 83분 (1일 3회 관수 / 1회 28분)

(5) 관개용수의 예시

지 역	스프링클러		관개 시간	1일 살 수 량	
	수량	살수량(개당)		계 산 식	살 수 량
정원 1	50개	16.66 LPM	28분	50개 × 16.66LPM × 83분	69,139 Lit/day
정원 2	50개	16.66 LPM	28분	50개 × 16.66LPM × 83분	69,139 Lit/day
계				138,278 Lit/day ≒ 138㎥/day	

POND 1 펌프설치 상세도

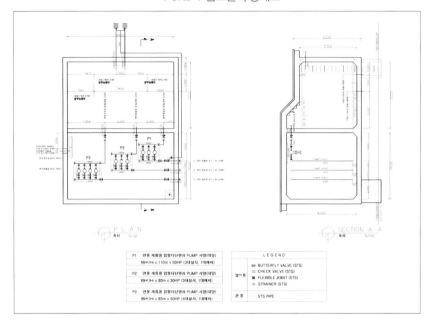

배수지 펌프설치 상세도

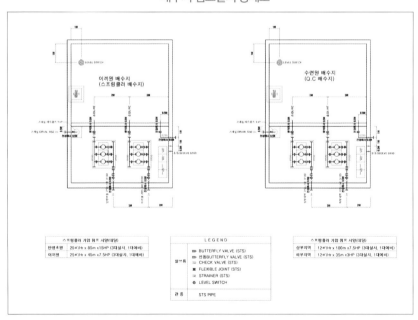

3. 관수설비

정원관리에서 중요한 것은 심겨진 식물에 물을 주는 작업으로 초기 정원에서는 식물의 뿌리가 불완전하여 관수는 식물의 생육을 결정하는 요인이 된다. 식재 초기에는 건조와 과습에 취약한 상태가 되어 건조에 의하거나 과습에 의해 식물이 제대로 살지 못한다. 과거에는 식물에 물을 주기 위해서는 사람이 부지런히 움직여야 한다고 여겼다. 하지만, 정원문화가 발달하면서 다양한 관수설비가 생겨났으며 사람에 의한 관수보다 관수설비에 의한 것이 세밀한 관수가 이루어지기도 한다.

1) 관수방법
관수시스템은 갈수기에 효과적으로 운영 할수 있는 방법을 선정해야 하며 관리자가 불편한 시설은 식물에 수분 스트레스를 유발할 수 있으므로 사용이 편리한 관수방법을 계획해야 한다. 정원에서 사용하는 관수방법에는 살수기, 스프링클러, 점적기, 물주머니 등이 있다. 외국에서는 정원에서 주로 점적기를 이용하여 관수하지만, 우리나라와 같이 큰 나무 위주의 식재에는 적합하지 않아 살수기에 의한 관수를 계획하는데 이것은 관리자에 따라 편차가 심하여 식물의 생육을 불량하게 하는 원인이 되므로 무작정 살수기에 의한 관수방법을 계획하는 것은 지양해야 한다.

정원의 환경과 관리의 특성에 따라 관수방법을 달리해야 하는데 그 특징은 아래 표와 같다.

■ 관수방법의 비교

구 분	장 점	단 점
살수기 (QC밸브)	·공사 중 설치 용이 ·넓은 면적 관리 용이	·관리자에 의해 관수량 편차 큼 ·토양 유실과 물리성 악화
스프링클러	·관수효율이 비교적 높음 ·균일한 수분분포 유지 ·비료를 혼합한 복합관수 가능	·높은 설치 비용 발생 ·병해조장의 우려가 있음 ·토양유실과 물리성 악화
점적기	·높은 관수 효율로 물 절약 ·특성에 따라 관수량 조절 가능 ·비료를 혼합한 복합 관수 가능	·시설 설치비 고가 ·관리가 어렵다. ·여과기 필요
물주머니	·설치 용이하고 비용이 저렴 ·일정량 관수 가능	·장기간 사용 불가 ·물 막힘 발생으로 임시 사용

2) QC밸브

정원에서 살수관수는 주로 QC밸브 관수에 의한 것이 많다. QC밸브 관수는 정원에서 일반적으로 사용하는 관수방법으로 수돗물인 상수보다는 많은 물량과 높은 수압으로 넓은 면적을 효율적으로 관수할수 있는 방법이며, 설정된 압력에 따라 펌프가 가동되는 부스터펌프를 사용해야 한다. 물탱크의 위치에 따라 펌프의 용량과 규격이 달라져야 하며 높은 곳에 물을 보내는 것과 낮은 곳에 물을 보내는 것을검토하여 계획해야 한다.

QC밸브 설치시 유의해야 할 사항은 설치하는 간격과 위치이며 동선과 지형을 고려해야 한다. 설치 간격은 QC밸브에 사용하는 호스의 길이에 따라 결정이 되기도 하지만 관수하는 관리자가 불편하지 않도록 해야 하며 평지는 20~30m 간격으로 설치한다. 하지만 지형의 변화가 많고 동선이 복잡한 경우라면 10m 간격으로 설치한다. 특히 전시온실과 같이 집약된 정원에서는 설치간격이 멀지 않도록 계획해야 한다. QC밸브의 설치 간격이 먼 경우에는 관수를 위해 2명 이상이 필요하기도 하고, 관수로 인해 식재된 식물이 훼손되기 때문이다.

QC밸브의 설치 위치는 동선에서 가까워야 하는데 동선에서 멀게 되면 관수작업으로 인해 식재공간을 훼손하게 되고, QC밸브 등의 관리나 수선으로 인해 식물이 피해를 받게 된다. 하지만, 동선에서 너무 가까운 경우에는 경관이 좋지 않기도 하고 조성시 혹은 관리시 차량 등에 의해 훼손이 될 수 있으므로 동선에서 1m 정도 떨어진 곳에 설치한다. QC밸브를 위한 배관은 동선을 따라 설치해야 다른 작업에 의한 피해를 방지할 수 있으며, 매설되는 깊이는 겨울철의 동결심도를 고려해야 하는데 최소 0.6m 이상이 되어야 한다. 지상에 노출된 QC밸브가 겨울 결빙으로 인해 파손되는 사례가 많은데 이를 방지하기 위해서 월동작업으로 배관 내 물을 제거해야 한다. 배관 내 남은 물의 제거는 낮은 지점에 퇴수밸브를 설치하여 자연압력을 이용하거나 고압의 콤프레셔를 이용하여 강제로 제거하는 방법이 있다.

퇴수밸브는 현장에서 가장 낮은 곳에 위치하는 QC밸브에 설치하는데 실제로 관수용 배관은 지형에 따라 굴곡이 발생하므로 배관 내 퇴수시설은 충분히 계획해야 한다. 퇴수하지 않으면 배관 속의 물이 동결되고 팽창하여 연결부위의 파손으로 봄철에 누수가 되거나 QC밸브를 교체해야 하는 경우가 발생된다.

정원에 사용하는 살수기는 물량이 많은 것을 사용해야 하고 노즐에서 수압 및 물의 형태를 조절하여 관수하는 거리를 임의로 조정할 수 있는 살수기를 사용한다.

물량이 적절하지 않은 관수는 표면이 젖어 있어 관수 한 것으로 잘 못 판단할 수 있어 지양해야 하며, 물량이 많은 살수기를 사용하고 사진과 같이 농약살포기 등은 관수용도로 사용하지 않아야 한다.

살수기를 이용하는 관수에는 QC밸브나 수전을 사용하는데 QC밸브관수는 관경이 25mm 정도로 수전보다 관경이 크고 내구성이 우수한 PE관을 사용하는 것이 적합하고 상수를 사용하는 것은 비상급수 용도나 작은 정원에 사용한다.

정원을 관리를 위해 중요한 요소는 식물을 위한 관수시스템으로 적재적소에 다양방법으로 관수시스템이 적용되어야 하며, 관수시스템과 물을 공급할 수 있는 심정이나 물저장시설이 충분히 계획되어야 한다.

3) 스프링클러

스프링클러는 많은 물량과 높은 펌프 사양이 필요하므로 정원 전체를 관수하는 용도로 사용하기보다는 집중관리가 필요한 정원에 적합하다. 주로 사용되는 장소는 잔디식재지, 암석원, 고산식물원, 이끼/고사리원, 전시온실, 수직정원 등이 있는데 식물에 수분 공급하고 높은 공중 습도가 필요한 정원에 주로 사용된다. 스프링클러는 관수용도로 사용되는 것뿐만 아니라 습도 유지와 온도조절 등을 위한 목적으로 사용하기도 한다. 스프링클러 종류는 전시온실이나 재배온실 등의 공중에 주로 설치하는 소형스프링클러와 잔디에 설치하는 대형의 팝업식, 위치를 옮길 수 있는 이동식 스프링클러 등으로 구분할 수 있으며 스프링클러는 정원의 특징과 펌프의 사양을 고려하여 계획해야 한다. 스프링클러는 수압이 약하거나 경사지서는 균일하게 관수되지 않아 위치별로 관수량에서 많은 차이가 있으므로 적정 압력이 되도록 펌프 수와 사양을 준수해야 하고 경사지에서는 가급적 사용하지 않거나 수직으로 설치해야 한다. 스프링클러의 설치에서 관수 반경이 서로 중첩되도록 설계해야 동일한 물량을 공급 할 수 있다.

■ 크기에 따른 스프링클러 특징

구 분	특 징	용 도
대형스프링클러	· 많은 물량과 넓은 살수반경(10m 이상) · 높은 수압과 큰 용량의 펌프 필요	골프장, 잔디 등
소형스프링클러	· 적은 물량과 좁은 살수 반경(5m 이하) · 소형의 펌프로 가능	온실, 정원 등
이동형 스프링클러	· 임시시설로 이동이 가능	임시용
미스트	· 작은 입자로 살포되어 바람에 영향 · 좁은 살수 반경(2m 이하)	이끼원, 증식온실
포그	· 아주 작은 입자로 공중에서 증발 · 고압 펌프 사용	습도 및 온도조절

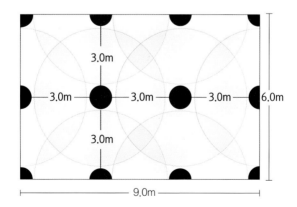

스프링클러는 물을 주는 반경인 살수반경의 50% 정도를 중첩시켜야 전체가 균일한 관수가 가능하다.

4) 점적관수

점적관수는 지면에서 식물에 필요한 수분을 공급하고 사용하는 물량이 적어 낮은 사양의 펌프를 사용하는 것으로 정원에서 이상적인 방법이다.

우리나라 정원에서는 많이 사용하지 않지만 해외에서는 적극적으로 도입하여 사용하고 있다. 영국이나 미국에서는 정원이나 식물원을 오랜 시간동안 계획을 세우고 조성하여 하는 탓에 큰나무 위주의 우리나라와는 달리 작은 나무와 넓은 식재 간격으로 조성되었기 때문에 지면에 설치하는 점적관수를 쉽게 적용할 수 있다. 하지만 우리나라의 정원은 초기부터 큰 나무를 심고 공사 준공부터 보기 좋은 상태가 되어야 하므로 식물의 특성에 적합한 관수시설을 추가로 설치하는 것은 불가능하게 된다.

점적관수 시설은 땅속에 매설하는 방법과 지상에 노출시키는 방법이 있다. 정원에서는 땅속에 매설하는 것이 경관적으로 좋지만, 일반적인 점적관은 물이 나오는 구멍이 작아 막히는 경우가 많이 있어 땅속에 매설하는 것은 5년 이내에 교체해야 하는 번거로움이 있다. 땅속에 매설하는 경우 점적시설을 교체하기 위해 정원이 훼손되는 사례도 있어 국내에서는 잘 사용하지 않는다. 지면에 노출하는 방식은 경관이 좋지 않아 건조한 시기에 임시 관수를 위한 용도로 사용된다.

점적시설은 관수범위가 1~2m 정도밖에 되지 않아 2~4m 간격으로 설치하거나 식물이 있는 필요한 곳에 집중적으로 설치한다. 또 다른 점적의 방식에는 가는 튜브의 끝에 물이 나오는 방식이 있는데, 물이 나오는 부분을 점적드립퍼라고 부르고 이것을 원하는 식물에 설치하는 방식으로 물의 양은 점적드립퍼의 개수로 조절을 한다. 이 방법이 외국에서는 정원에서 주로 사용하는 방법으로 주 배관이 지나가고 가는 튜브를 연결해서 원하는 식물에 관수를 한다.

점적테이프는 관수배관 대부분을 교체해야 하지만 점적드립퍼방식은 일부 시설만의 교체로 운영이 가능한 장점이 있다. 하지만 점적드립퍼는 점적테이프보다는 경관적으로는 좋지만 설치가 어려운 단점이 있다.

5) 물주머니

물주머니는 식물에게 관수하는 물을 비닐소재의 주머니에 일정량을 담아 적은 양을 지속적으로 공급하는 방식으로 가로수에 주로 사용하는 임시적 방식이다. 설치가 간단하고 비용이 저렴한 장점이 있지만 물을 자동으로 공급하는 것이 불가능하여 별도의 물 공급에 대한 인력이 필요하고, 시간이 경과되면 녹조 등에 의한 물 막힘이 발생하여 물량 조절이 어려운 단점이 있다. 정원조성 후 임시적인 방안으로 사용하기에 적합하다.

관련 공종의 작업에 의해 배관의 훼손이 발생하므로 매설시 규칙을 정해야 한다. 사진은 식재 공사 중에 QC밸브 관수를 사용을 위한 PE배관을 훼손된 것으로 사전 확인 및 협의가 중요하다.

점적으로 관수하는 방법으로 점적 드립퍼의 개수로 관수량을 조절한다. 적은 물이 소요되고 물과 영양액을 동시에 공급할수있지만, 설치가 복잡하여 국내 정원에 사용하는 경우는 많지 않다.

이동이 가능한 스프링클러는 임시 관리시설이나 재배시설에 사용된다.

식재 초기의 임시 관수방법으로 물주머니를 활용하여 관수하면 간단하게 설치할수있다.

4. 관수 주기

식재 초기 식물의 수분공급량이 부족하면 아랫잎에서 낙엽되거나 어린 가지가 고사되어 나무의 형태가 불량해지므로 수분 스트레스를 받지 않도록 관리해야 한다. 식재하고 3년이 경과하지 않은 나무는 2주일 동안 30mm 이하로 비가 내렸다면 별도로 관수해야 하는데, 관수주기 및 관수량은 토양의 성질에 따라 달라지며 모래가 많은 사질토는 4일 간격으로 20mm/㎡, 양토는 7일 간격으로 30mm/㎡, 점질토는 9일 간격으로 35mm/㎡를 관수해야 한다. 식재된 경과 연수에 따라 관수 횟수가 달라져야 하는데 식재 후 1년 차에는 1주일에 2~3회 토양 수분상태의 점검 및 관수를 시행하고 2년 차는 1주일에 1회, 3년 차는 2개월 1회 정도 관수하는 것이 적당하다.

5. 관수용수의 관리

낮은 온도의 물속에는 많은 양의 산소가 녹아 있어 식물이 이용하기 편리하여 뿌리 생육에 도움이 된다. 하지만 기온과 많은 차이가 나는 물은 저온 피해가 발생되며, 적정한 물의 온도는 기온과 ±5℃ 내의 차이가 적합하다. 너무 낮은 물 온도는 냉해를 유발시켜 일시적인 휴면이 되기도 하고 높은 온도의 물은 열해를 받기도 한다.

지하수나 하천수를 이용하여 관수하는 경우에는 수질 분석하여 염도(EC)가 0.8ds/m 이하이고 pH가 7.0 이하인 물을 사용해야 한다. 물의 염도가 높거나 pH가 높은 물은 식물의 생육을 저해하며 높은 염도(EC)는 식물이 고사되기도 한다.

관련공종 협업(전기, 통신, 기타)

정원에서 관련 공종이 크게 영향을 미치지는 않으나 외부로 노출되는 맨홀이나 판넬 등은 정원에 적합한지를 사전에 체크를 해야 한다. 실제로 전기나 통신의 경우에는 조경공종과 달리 외부 경관을 보기보다는 실용적인 부분을 중시하여 다른 공종의 시설물로 인해 경관이 의도치 않게 되는 경우가 많다. 판넬의 경우에는 수량을 최소한으로 조정해야 하고, 정원 내에 위치하는 것보다는 구조물이나 건축물에 설치해야 한다.

정원에 설치는 배관과 배선은 동선을 중심으로 설치해야 하고 각 공종간 정확한 위치와 같이 등을 협의하고 정하여 공사 중에 매설된 배관이 훼손되지 않도록 해야 한다.

맨홀은 관리 및 설치의 용이성을 위해 동선에 설치하는데 일반적인 콘크리트나 아스콘 포장에서는 큰 문제가 되지 않으나 판석이나 포장에서는 맨홀로 인해 경관이 불량해지는 경우가 적지 않다. 자주 사용하는 맨홀은 동선에 위치하는 것도 가능하지만 사용량이 적은 맨홀은 정원의 녹지에 계획해야 한다.

전시온실

열대식물이나 야외에서 자라지 못하는 식물을 전시하는 공간인 전시온실은 야외 정원과는 다르게 냉난방시설 등이 필요하다. 우리나라에서는 겨울이 춥고 건조하기 때문에 다양한 식물을 전시하기 위해서는 겨울에도 온도를 유지할 수 있는 난방시설이 필요하다. 하지만 지구 온난화가 되면서 겨울철 난방뿐만 아니라 여름철의 냉방도 검토해야 한다. 과거에는 온실이 단순히 열대식물을 전시하는 공간으로 겨울에만 가는 곳으로 여겨졌지만 갈수록 더워지는 날씨로 시원한 온실을 설치해야 한다.

전시온실은 이점은 외부 기상이나 기후에 관계없이 시설을 활용할 수 있고 방문객은 관람하기 좋은 조건에서 쾌적한 이용이 가능하다. 전시온실에 필요한 시설로는 난방시설, 냉방시설, 환기시설, 관수시설, 차광시설, 조명시설, 수경시설, 배수시설 등을 계획해야 한다. 단순히 온실 식물을 전시하는 장소가 아니라 생태적 특성이 유사한 식물종을 전시하거나 이용목적이 유사한 식물을 전시하는 등 다양한 방법이 있으며, 자라는 환경이 유사한 식물을 수집하여 전시하는 것이 유지 관리의 이점이 많다. 식물의 전시는 생육지로 나누어 구분하기도 한다. 예를 들면 호주식물, 아프리카식물, 동남아시아식물, 남아메리카식물 등으로 지역별로 구분하기도 하고, 지중해성기후, 사막기후, 열대기후, 냉대기후 등 기후로 구분하여 전시하는 방법도 있다. 일부 지역의 온실은 고산지역에 생육하는 식물을 전시하는 알파인하우스(Alpine House)가 있기도 하다. 앞으로는 우리나라에서도 난방을 위한 온실보다는 냉방이 필요한 온실이 효용이 높을 것으로 예상된다.

1. 피복재의 선택

전시온실은 유리온실을 기본으로 만들었지만, 시대가 변함에 따라 PC, ETFE 등 다양한 재료를 사용한다. 유리온실은 유지관리는 용이 하지만 다양한 형태로 만들기 어렵고 유리 자체의 무게로 인해 하중을 견딜 수 있는 많은 골조가 필요하여 미관적으로 한계가 있다. 그 외의 플라스틱을 기본으로 하는 온실은 내구성이 유리보다 떨어지지만 다양한 형태로 만들 수 있는 장점이 있다.

PVC필름(PolyVinyl Chloride)
비닐의 유래가 되었던 초기에 사용된 필름으로 보온력과 투명도는 양호하지만, 저온에서 내구성이 떨어져 내부 비닐로 사용한다.

PE필름(PolyEthylene)
대부분의 비닐하우스 재료로 투명도는 낮으며, 광선투과율이 높고 물방울이 적게 맺히며 여러 겹으로 사용한다.

EVA필름(Ethylene-Vinyl Acetate)
초산이 함유된 필름으로 PVC필름을 대체하기 위해 생산되는 것으로 주로 유럽에서 사용량이 많고 열보존성, 투광성이 높은 고성능비닐로 사용된다.

PO필름(PolyOlefine)
일본에서 주로 생산되는 필름으로 투과성과 물방울 맺힘이 적어 내구성이 강해 장기간 사용이 가능하다.

ETFE필름(Ethylene TetraFluoroEthylene)
염가소성 불소수지라고 불리며 건축 재료로 많이 사용되며 무게가 가볍고 구조가 안정적으로 골조의 설계가 간단하여 다양한 형태로 제작 가능하고, 가시광선 투과율 90.5%, 자외선 투과율 83.5%로 유리보다 광투과성이 높다.

PC판(Poly Carbonate)
충격에도 파손이 적고 내열성과 내한성은 좋으나 자외선 광투과율이 낮아 일부 식물에 적합하지 않고 재배온실이나 연구시설에 주로 사용되며 렉산으로 불리기도 한다.

유리(Glass)
오랫동안 사용되어 온 온실의 재료로 내구성과 보온력이 좋고 투명하여 고가의 온실에 주로 사용되고, 코팅된 복층유리가 많이 사용되고 있으며 코팅에 의해 적외선이 차단되는 제품도 있으므로 식물의 특성을 고려하여 반영해야 한다.

전시온실은 형태적으로 외형 디자인이 중요할 뿐만 아니라 온실의 환경을 일정하게 유지할 수 있는 기능적인 부분이 필요하다. 온실은 난방을 위해서는 밀폐가 잘되는 구조가 되어야 하며, 냉방을 위해서는 환기가 원활할 수 있는 형태가 필요하다. 우리나라는 밀폐의 중요성은 인지하고 있지만 환기를 위한 조치는 반영하지 않는 사례가 많다. 실제로 온실을 운영하면 환기가 제대로 되지 못해 전시온실의 기능을 상실하는 경우가 있다. 많은 식물원이나 정원에서 환기되지 못하고 여름철에 온도가 제어되지 않아 사용 할 수 없는 온실도 있다. 온실에서 관수는 식물의 유지관리에서 필요한 사항이나 시설을 구조물에 설치하여 공중에서 관수하거나 지상에 설치하여 바닥에서 관수하는 방법이 있고, 사람이 살수기를 이용해서 물을 주기도 한다. 관수시설을 설치하기 위해서는 온실 디자인단계부터 계획해야 한다. 일반적으로 지상에 관수설비가 있는 경우에는 온실의 구조적인 문제와 상관이 없지만, 구조물에 부착되는 시설은 유지관리가 용이하도록 계획해야 한다. 관수설비는 막히거나 작동이 되지 않는 등 여러 가지 문제가 발생 될 수 있으므로 유지관리를 위한 동선을 계획해야 하고 동선이 어려운 경우는 다른 차선의 방법이 가능하도록 해야 한다.

적도의 나라인 싱가포르는 냉방온실을 만들어 많은 사람을 방문하게 한다. 지중해관과 열대 고산지대에 자라는 식물을 식재하여 쾌적한 관람이 가능하다.

ETFE필름은 내하중이 높아 적설량 1.0m 정도를 견디며 10년 이상 50년 정도 사용이 가능하며 무게가 가벼워 다양한 디자인적용이 가능한 장점이 있으며, 겨울의 물방울 맺힘현상이 있어 적정한 지붕경사를 유지해야한다.

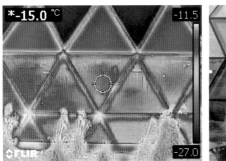

유리로 된 온실은 겨울철 열 손실 방지를 위한 다양한 방안을 찾아야 하며, 2중 유리와 3중 유리의 보온력 차이는 많다.

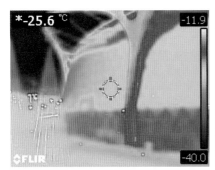

전시온실 골조에서 열손실이 발생되어 프레임에 단열을 위한 조치를 반영해야 한다.

2. 온실 출입문

전시온실 출입문의 계획은 신중해야 하며 출입문에는 이용객이 다니는 출입문이 있고, 차량이나 장비가 운행하는 장비 투입구가 있다. 일반적으로 공사 중에만 차량을 위한 장비투입구가 필요한 것으로 판단할 수 있지만 공사 완료 후에도 차량이나 장비가 운행하는 일이 많다. 대형수목이 고사되어 교체하거나 온실 내 설비를 점검하는 등 많은 장비가 준공 이후에 운행해야 하므로 대형 장비를 위한 투입구를 반영해야 한다. 방문객이 이용하는 출입문은 일반적인 건축기준에 따라 계획하면 된다. 단지 출입문이 외부와 연결되어있거나 기후가 완전히 다른 조건과 접한다면 에어커튼 혹은 방풍실 등이 필요하다. 장비를 운행하는 출입구는 온실에 식재된 수목이나 설비의 크기에 따라 결정되지만, 일반적으로 굴삭기 06W 정도의 장비가 운행할 수 있도록 해야 한다. 장비가 운행한다는 것은 단순한 이동을 요구하는 것이 아니라 작업이 가능한 출입구가 필요하다. 출입구는 높이와 폭이 4m 이상은 되어야 하고, 상시 사용하는 것이 아니므로 복잡한 형태보다는 간단한 형식으로 냉난방에 문제가 없고 사용이 편리하도록 계획해야 한다. 지하주차장에 연결되거나 다른 동선이 추가로 계획되어야 한다면 장비의 크기와 작업 반경을 고려해서 계획해야 한다.

대형의 수목 식재를 위해 입구의 크기를 충분히 반영해야 하는데 높이는 4.0m 이상, 폭은 4.0m 이상 개폐가 가능하도록 해야 한다.

온실 내부에서 수목을 적재한 차량이 진입하여 작업이 가능하도록 계획해야 한다.

조성 초기에는 다양한 볼거리 제공을 위해 많은 동선을 계획하지만, 편의성과 식물관리로 인해 관람 동선을 제한하고 관람 방향을 지정하여 일방 통행하도록 관리해야 한다.

동선 폭 3m는 온실 내에서 작업하는 굴삭기 06W의 운행이 가능한 폭으로 온실 내에서 대형목 이식 등을 위해서는 굴삭기 06W정도를 운영 할 수 있어야 한다.

3. 온실의 동선

온실의 동선은 야외와 다른 관점에서 계획하고 조성해야 한다. 실내는 야외공간보다 단순한 동선을 계획해야 한다. 온실의 좁은 면적을 효율적으로 이용하기 위해서는 많은 동선으로 다양한 곳을 안내하기보다는 일방통행으로 관람하게 하고 동선에서 선택할 수 있는 부분을 최소화하여 식재공간을 확보해야 한다. 온실 내 동선은 방문객만 이용하는 것과 작업차량이 이용할 수 있는 동선으로 구분하여 계획해야 한다. 방문객만 이용하는 동선은 2m 이내로 계획하고, 온실의 규모가 크지 않고 한 방향 관람으로 운영하면 1.5m 정도의 동선 폭도 가능하다. 관리차량을 운행하는 동선은 3m 정도가 적당하며 넓은 동선은 경관적으로 좋지 않고, 좁은 동선은 작업장비의 운행이 불편하다.

온실 내에서는 관리자용 동선은 식물이나 시설물을 관리하기 위한 작은 동선으로 방문객은 이용하지 않는 동선이다. 관리자 동선은 인위적인 시설보다는 디딤돌이나 야자매트와 같은 가변적이고 눈에 띄지 않는 소재로 해야 하며 한사람이 다닐 수 있는 0.4 ~ 0.6m 폭이 되어야 한다. 정원에서 관리자가 다니는 동선은 충분히 확보해야 관리적인 측면에서 이점이 많으며 계획단계에서 준비할 수도 있지만 운영 중에 필요한 공간에 추가할 수도 있다. 온실 천정에는 공기 순환팬, 관수장치, 조명, 창문 개폐장치, 차광시설 등이 설치되는데 유지관리나 수리 불가능으로 방치하는 사례가 있으므로 충분한 검토가 필요하다. 전시온실에서 공중을 걸으면서 하부를 관찰할 수 있는 스카이워크가 반영된 시설이 많다. 높은 곳에서 다른 관점으로 식물을 볼 수 있고 전체를 한눈에 볼 수 있어 만족도가 높고 포토존으로 활용된다. 스카이워크가 온실의 가운데를 지나면 작업 동선과 간섭 여부를 확인해야 한다. 온실에서 식재하고 관리하기 위한 높이는 4.0m 이상으로 이보다 낮으면 작업차량이 이동할 수 없어 동선이 지나는 곳은 적정 높이를 확보해야 한다. 온실은 외부환경의 영향을 적게 받는 공간으로 기상이 좋지 않으면 관람객이 특히 많은 시설로 거동이 불편한 방문객의 수가 적지 않다. 온실을 이용하는 유모차나 휠체어 등의 이동을 위하여 계단을 최소로 하고 경사지 설치 기준을 준수해야 한다.

식재지가 훼손된 것은 관수나 시설물 설치 등으로 관리자에 의해 훼손된 것으로 정원 내에는 지속적인 관리가 필요한 시설물은 지양하고 필요한 구간에 대해서는 오른쪽 사진과같이 디딤석 등을 이용하여 관리자만의 동선을 마련해야 한다.

전시온실에서는 식재지와 관람하는 공간의 적절한 구획이 필요하며, 이로인해 이용객이 불편한것이 아니라 다양한 편의를 제공하는 수단이 되어야한다.

식물이 심겨진 식재지와 동선의 높이를 달리하여 식물을 보호하고 다양한 경험 경관을 제공하는 공간을 만들수 있다.

식재지의 자연스러운 분위기 연출을 위해 동선과 동일한 높이에 조성하면 경계가 될 수 있는 식물을 식재하여 구별할 필요가 있으나 작은 초본과 같이 쉽게 훼손되는 식물종보다는 소관목과 돌 등을 적절히 활용하여 피해를 방지해야 한다. 식재지와 이질감이 있는 돌 등을 연속하여 배치하는 것은 전반적인 분위기에 어울리지 않는다.

장비가 투입되는 곳과 보행을 위한 것은 별도로 조성하고 온실은 온습도 및 병해충의 세심한 관리가 필요한 공간으로 공간을 분리할 수 있도록 해야 한다.

온실 지붕과 상부에 설치되는 시설물의 관리를 위한 동선을 계획해야 하는데 경관을 위해 관리동선을 최소한으로 반영하는 경우에는 고소작업차량의 운용이 가능하도록 동선을 계획해야 하고 차량 동선의 확보가 어렵거나 작업해야 하는 곳의 높이가 20m 이상이 되는 온실은 상부에 설치된 작업동선인 캣워크(Cat walk)를 반영해야 한다.

동선 폭이나 재질이 다중이용시설 등에 적합하게 되어있고, 난간에 덩굴식물이 자라게 하여 자연스러운 경관이 되도록 하였다.

온실은 지붕이나 상부에 동선(Cat walk)은 설치된 설비 등을 유지 관리하기 위한 것으로 고소장비 없이도 기본적인 관리가 가능하도록 계획해야하며 경관보다 기능성 위주로 설치해야 한다.

스카이워크의 높은 위치에서 나무의 상부를 관찰하여 하부 전경을 위치별로 볼 수있다.

싱가포르 가든스바이더베이의 포레스돔의 스카이워크로 상부로 이동하기 위해 승강기를 이용하고 자연스럽게 내려오는 동선으로 되어있어 노약자의 이용에도 불편함이 없다.

정원에서는 휠체어나 유모차 등의 이동이 편리하도록 적정한 포장재질을 사용하고 계단이나 급경사는 가급적 설치하지 않는다.

4. 온실의 환기

우리나라에서 전시온실은 난방을 위한 시설로 인식되지만 여름 온도가 높아지고 있는 기후와 관련하여 온실 냉방 계획을 수립해야 한다. 냉방을 위해 공조설비나 차광설비 뿐만 아니라 환기와 공기순환도 중요하다. 자연환기는 바람의 속도가 2m/sec 이상일 경우에는 풍압만으로 환기되고, 바람의 속도가 1m/sec 이하에서는 기온차에 의한 대류현상에 의해 환기가 이루어진다. 온실의 환기는 측창으로 환기하는 것보다 지붕인 천창에서 환기하는 것의 효율이 35% 정도 높으며, 천창의 크기는 바닥 면적의 15% 이상을 확보해야 효과적인 성능을 기대할 수 있다. 건축설계에서는 온실의 미관을 중시하여 천창보다는 측면에 설치하는 측창을 선호하는 경향이 있으나 이러한 온실은 환기가 불량하여 여름철 온도제어가 어렵고, 겨울철에는 결로가 심할 수 있으므로 효과적인 환기를 위해 지붕에 설치하는 천창을 반영해야 한다. 공기 순환팬은 온실의 하부와 상부의 공기를 순환시켜 온실 내 공기 순환(교반), 실내 환경(온도, 습도, CO_2농도 등)의 온실환경을 균일하게 하는데 온실에 사용하는 공기 순환팬의 유동 속도는 20cm/sec~50cm/sec가 적당하다.

온실의 환기 횟수 및 환기율

$n = Q/V(h-1)$

$q = Q/Am^3m^2.min$

n : 환기횟수, q: 환기율, Q : 환기량(m^3/hr), A : 면적(m^2), V : 온실의체적(m^3)

5. 온실의 배수

전시온실은 자연 강우가 없어 야외보다 적은 용량의 배수시설이 필요할 것으로 생각을 할 수 있으나 실내에서는 물청소와 같이 내부 청소하는 빈도수가 많으며, 좁은 면적에 식물을 집약적으로 식재하여 토양이 답압되어 야외 정원과 다르게 반영해야 한다. 우배수시설은 외부 정원에 비해 집중호우와 같은 폭우가 내리지 않아 우수배관의 용량은 적게 반영하고 설치하는 수량은 외부 정원보다 많게 계획을 해야 한다. 배수를 위한 집수정이나 트렌치 등은 물이 모이거나 고이는 지점에는 모두 설치를 해야 한다. 전시온실은 식물이 심어지는 정원이기도 하지만 물을 많이 사용하는 실내라는 점을 감안해야 한다. 물이 모이거나 배수시켜야 하는 부분에 작은 용량으로 많은 수량을 설치해야 전시온실 내 우배수 관리가 용이해진다. 전시온실은 큰 규격의 배수시설이 필요한 것이 아니라 작은 시설로 여러 개를 설치하는 것이 중요하다. 일부 온실은 하부가 콘크리트 구조물로 막힌 이런 시설에서는 배수에 대한 세심한 계획이 필요하다. 설령 하부가 지반과 연결되어있더라고 배수시설인 집수정 등이 필요하다.

측창환기는 일반적으로 소형온실에 유효하나 대형온실에는 기능을 하지 못하는 경우가 있으며, 오히려 측창의 국부적인 환기로 불균일한 환경으로 고온피해가 발생할 수도 있다. 따라서, 배기팬이나 흡기팬으로 강제로 환기하는 방법과 차광시설로 태양광을 감소시켜 온도를 조정해야 한다.

공기 순환팬은 온실 내의 공기가 유동하여 상층기류와 하부기류가 서로 이동하여 온실 내부를 높이차에 의한 온습도의 편차가 최소가 되도록 한다.

전시온실은 실내 공간으로 물을 이용하는 청소작업이 많이 있어 적정한 수량의 우배수시설이 필요하다. 온실의 동선 주변으로는 측면배수가 가능하도록 계획하여 동선 청소시 배수가 수월하고 동선상의 이물질이 식물에 피해를 주지 않도록 한다.

6. 온실의 관수

전시온실은 자연적인 강우 없이 인공적인 급수에만 의존한다. 대부분의 온실에서는 사용하는 점적이나 스프링클러에 의한 관수방법은 관수 효율을 위한 것도 있지만 온실 내 관수는 야외보다 까다로워 인력에 의한 관수보다는 점적 등에 의한 설비를 사용하는것이 식물생육에 유리하다. 야외 정원에서는 멀리 그리고 많은 양의 물을 관수하므로 QC밸브(주로 25mm) 관수설비를 설치하거나 잔디나 초본류의 식재지에는 스프링클로 한 번에 넓은 면적을 관수 할 수 있는 설비를 설치하지만 온실은 정확한 관수가 필요하다. 관수를 위한 설비는 동선에서 인접하여 바로 사용할 수 있도록 해야 식물의 관리가 편리하고 수전의 형태가 경관적으로 좋은 것을 사용해야 한다. 온실은 병균이 발생되면 전염되기 좋은 환경을 가지고 있으므로 물이 고이지 않도록 관리해야 하므로 급수 및 관수시설이 있는 곳은 반드시 배수설비를 추가해야 한다. 식물의 효율적인 관리를 위해서는 점적관수를 계획하고 시공하는 것이 좋으나 설치가 어려운 단점이 있다. 점적시설은 급수시설, 배관작업, 점적기 설치와 같은 작업이 일시에 되는 것이 아니라 식재기반 조성, 수목식재, 초본식재 등과 같은 공정에 따라 순차적으로 작업해야 한다. 그러나 배관의 노출이 가능한 정원에는 식재가 완료 후 작업이 가능하므로 설치가 용이하다. 온실에서 스프링클러 관수는 일시 작업을 할 수 있고 설치가 비교적 용이한 장점은 있으나 높은 비용과 살수로 인한 병이 쉽게 전염되는 단점을 가지고 있다. 멀칭되지 않은 정원에서는 토양이 단립화되고 토양 물리성이 불량해져 식물이 자라지 못한다.

7. 온실의 난방

전시온실의 난방은 온도가 낮은 기간에 생육을 가능하게 하는 시설로 온실 내 온도를 유지하고 방문객에게 불편을 제공하지 않아야 한다. 식물을 유지관리하기 위한 적정온도는 최소한 15℃ 이상의 온도를 확보해야 한다. 열대식물은 실내온도 5℃에서도 생존하지만 15℃ 이하의 온도가 지속되면 식물은 나뭇잎을 떨어뜨리고 월동 준비를 한다. 전시온실의 높은 난방비가 부담되면 고사하지 않을 정도의 온도인 5℃ 이상으로 관리한다. 특히 높은 온도가 필요한 열대식물보다는 지중해에 자라는 식물이 온도관리에 유리하다. 전시온실의 난방은 주로 사용하는 난방시설 외에도 유사시에 사용하는 예비난방기기를 반영해야 한다. 정전 등으로 난방기가 가동하지 않아 5℃ 이하에서 1시간 이상 열대식물이 노출되면 저온 피해를 받으므로 비상난방을 계획해야 한다. 전시온실의 겨울관리를 위한 난방기의 성능을 높이는 것도 중요하지만 연료를 효율적으로 사용하기 위해서는 외부로 새는 열기를 최소로 하는 보온 방법에 대해서도 검토해야 한다. 겨울철에 높은 온도를 요구하는 열대식물을 전시하는 공간이라면 반지하형태로 온실을 조성하면 겨울에는 난방비가 절약되고 여름 냉방에도 유리한 부분이 있다. 하지만 태양광이 충분하지 않을 수 있으므로 식물의 특성을 고려하여 계획해야 한다.

온실에는 한 번에 많은 물량으로 관수 할 수 있는 QC밸브관수보다는 16mm 배관을 이용한 관수가 적합하다. QC밸브설비는 많은 물을 관수할 수 있는 장점이 있지만 온실과 같이 집약적인 정원에서는 관수 장비가 무겁고 부피가 있는 QC밸브용 관수호스는 식물이나 식재지를 훼손하므로 작고 가벼운 상수용 호스를 사용하여 관수하는 것이 적합하다. 수전(수도꼭지)은 식재지의 형태에 따라 달라질 수 있지만 10.0m 간격으로 동선 주변에 설치하는 것이 관수작업이 편리하다.

온실 내에서는 16mm인 급수라인인 수전으로 관수하고, 많은 물과 수압이 필요한 작업을 대비하여 QC밸브도 반영해야 한다. 일반적으로 수전과 QC밸브는 동일한 급수배관에서 공급되므로 서로 인접한 위치에 동일한 수량으로 하는 것이 설치작업과 운영이 편리하다.

등유나 나무를 이용한 난방기는 설치나 유지관리비용은 저렴하지만 연기를 발생하거나 냄새로 방문객에게 불편을 제공하므로 적합하지 않고 온수를 이용하여 난방하거나 지열 등을 이용하기도 한다.

〈난방부하의 계산〉

전시온실의 목표 기온을 설정하고 기온 유지를 위해 난방한다. 난방은 온실외부로 방출되는 전체 열량 중에 난방설비로 공급해야 하는 열량을 난방부하라 한다.
난방부하는 최대난방부하와 기간난방부하로 구분하는데 최대난방부하는 난방기의 용량을 결정하고, 기간난방부하는 연료소비량을 예측한다.

1) 최대난방부하
난방부하계수, 온도차, 보온피복의 열절감율을 반영하여 계산하고 난방기의 규모를 정하는데 사용된다.

① 최대난방부하 산정
산출식 1. $qg = Ag.U.(Tin-Tout)(1-fr)$

qg : 최대난방부하(Kcal/hr)
Ag : 온실의 표면적(m^2)
U : 난방부하계수(Kcal/m^2.hr℃)(유리온실 5.3, 비닐온실 5.7)
Tin : 설정 실내기온 또는 목표온도
Tout : 최저 외기온(최근 20년간의 최저 외기온도)
fr : 보온피복에 의한 열에너지 절감율(유리 0.4, PVC 0.45, PE 0.4)
산출식 2. $Qg = [Ag(qt+qu)+As.qs].fw$
$qt = ht(Ts-Ta)(1-fr)$, $qu = hu(Ts-Ta)$, $qs = hs(Ts-Tg)$

Qg : 최대난방부하(kcl/h),
Ag : 온실 피복 면적(m^2), As : 온실 바닥 면적(m^2)
qt : 관류열 부하(kcl/m^2.h)
ht : 열관류율(kcl/m^2.h.℃), Ts : 난방 설정 온도(℃), Ta : 설계 외기 온도(℃)
fr : 보온 피복의 열 절감율
qu : 환기전열부하
hu : 환기전열계수(kcal/m^2.h.℃)
qs : 지중전열부하
hs : 지표면 전열계수(0.244kcal/m^2.h.℃), Tg : 지중 온도(℃)
fw : 풍속 보정 계수

② 온수 난방기 설치 용량 산정

  산출식 1. qb=qg.fh(1+r)

qb : 온수난방기 용량(Kcal/hr), qg. : 최대난방용량(Kcal/hr)
fh : 송풍방식에 의한 보정계수(0.9~1.1), r : 안전계수(0.1)

  산출식 2. Qh = (Qg.fh+Q Loss).(1+r)

Qh : 보일러 용량(kcal/h), Qg : 최대난방부하(kcal/h), r : 안전계수(0.2 ~ 0.3)
fh : 배관 방식에 따른 보정 계수, Q Loss : 온실 외부배관의 열 손실량(kcal/h)

2) 기간난방부하
재배기간 동안 발생되는 난방부하로 연료사용량 즉 사용비용을 예상할 수 있다.

  qn=AgU(1-fr)DHy

qn: 기간난방부하(Kcal)
Ag : 온실 표면적(㎡)
U : 평균난방부하계수(kcal/㎡.hr.℃) = 0.75 × U(U :   유리 5.3, 비닐 5.7)
fr : 보온피복에 의한 열에너지 절감율(유리 0.4, PVC 0.45, PE 0.4)
DHy:연간 기간난방(℃hr)

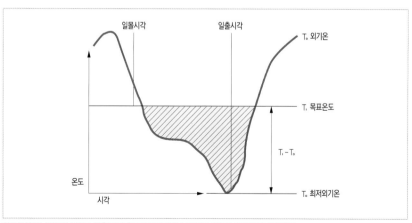

하루동안의 난방부하 변화로 일출 전에 온도가 가장 낮아 난방기의 가동이 가장 많은 시점이다.

8. 온실의 냉방

전시를 목적으로 하는 온실에서는 식물이 자랄 수 있는 환경을 제공하는 것은 물론 방문객이 쾌적한 환경에서 관람 할 수 있도록 온도와 습도를 조절해야 한다. 관람을 위한 온실 환경에서 온도는 30℃ 이하 습도는 60% 정도에서 쾌적함을 느낀다. 우리나라는 5월부터 10월에 전시온실 내의 높은 온도와 습도로 인해 불쾌감이 생기므로 환경 제어를 위한 냉방과 제습시설을 설치가 필요하다. 냉방은 우리나라에서는 신경을 쓰지 않는 부분이나 장기적으로는 냉방온실이 필요 할 것으로 예상한다. 냉방온실은 지중해성 식물이나 고산식물을 전시하는 공간으로 겨울은 따뜻하고 여름은 시원한 환경을 제공하는 공간이다. 지중해식물을 전시하는 공간은 28℃ 미만으로 온도관리하고 습도를 낮추는 제습 혹은 환기설비 설치해야 한다. 온실의 온도관리에서 유의해야 하는 사항은 최고온도가 38℃ 이상이 되지 않도록 관리해야 하는데 온도가 38℃ 이상이 되면 식물체 내의 단백질이 응고하여 세포가 파괴되어 생육이 불량해지고 심하면 고사하게 된다. 우리나라도 야외 온도가 38℃까지 올라가는 사례가 있어 고온기에 온실 내 온도가 과도하게 상승하지 않도록 해야 한다. 온실의 효율적인 냉방을 위해서는 개폐가 가능한 측창, 천창 등의 밀폐에 주의해야 하고, 온실의 골조와 지면이 접하는 부분에는 단열재를 충분하게 반영되어야 외기 차단이 가능해진다. 온실의 계획에서 냉난방계획은 건축물 설계기준에 따르기보다는 농업용 온실의 설계 기준을 반영하는 것이 적정한 식물생육 환경을 효과적으로 조성할 수 있다.

여름에 태양광을 65% 정도 차광하면 온실 내 온도를 낮추고 관람환경이 쾌적하게 되므로 차광시설을 별도로 계획해야 하며, 차광시설은 온실의 외부에 설치하는 것이 온도를 낮추는데 효과적이다.

가든스바이더베이의 플라워돔(지중해)는 낮기온 23~25℃, 최저온도 17℃로 관리하여 공중습도는 70%를 유지하며, 포레스트돔
(열대고산식물, 해발 1,000~3,500m)은 습도는 80% 이상으로 관리한다.

포그설비는 온실의 습도를 유지하는 주목적이 있으며 여름 고온기에는 기화열을 이용하여 온도를 낮춘다.

온실 내의 온도를 낮추기 위하여 공조시설을 가동한다. 사진은 가든스바이더베이의 포레스트돔으로 열대고산지대에 생육하는 식
물을 위해 습도가 높은 냉기를 지속적으로 공급한다.

냉방 방식	작동 원리
Pad & Fan 시스템	잠열 냉각방식으로 시설 외벽의 한 면에 Pad를 부착하고 물을 흘리면 차고 습한 공기가 실내로 유입되고, 반대편 벽에 Fan을 설치하여 더워진 실내 공기를 밖으로 뽑아낸다. 외기가 건조한 경우 효과가 크다.
Fog & Fan 법	온실 내에 20μ 이하의 물 입자를 고압 분사시키면 안개가 실내에 부유하면서 증발 주변의 열을 빼앗는다.
Heat Pump	응축과 증발 과정에서 발생하는 열의 방출 및 흡수 원리를 이용하여 열전달 매체의 온도 차를 냉난방에 이용한다.
지붕 스프링클러	지붕 피복면에 물을 뿌려 피복재면 자체를 냉각시키고 물이 증발하면서 지붕 주변의 열을 빼앗아 실내온도를 낮춘다.
외부차광 커텐	내부차광은 빛 에너지가 온실 내로 들어온 후에 차광하므로 냉방효과가 미약하나, 외부차광은 지붕 외부에서 빛 에너지를 차단하여 일부만 투과시키므로 냉방효과가 높다.

9. 온실의 토양

전시온실에서 온도관리만큼 중요한 것은 식재를 위한 토양관리이다. 온실은 자연적인 강우가 없는 인위적인 관수에 의해 식물에 수분이 공급된다. 실외정원과 관수방법은 동일하지만 온실은 인위적인 관수가 없으면 토양 건조로 피해를 받을 수도 있어 지속적이고 전문적인 토양관리가 필요한 시설이다. 토양은 소수성(Hydrophobicity)이라고 하는 물을 멀리하는 성질을 가지고 있다. 소수성(疏水性)은 토양이 건조할수록 소수성은 증가하고 친수성이 감소된다. 토양에 유기물을 가진 토양은 소수성이 커져 관수하면 물이 토양에 흡착하고 흡수되는 것이 아니라 물과 토양이 분리된다. 이것은 물과 토양의 입자에 의해 전극이 형성되어 서로를 밀어내는 것이다. 토양의 소수성을 없애고 친수성으로 변환하기 위해 토양계면활성제를 사용하기도 한다. 토양은 모래, 미사, 점토 등으로 구성이 되어있으며, 특히 점토는 전하를 가진다. 진흙인 점토가 많거나 토양 내 유기물이 많은 경우 물에 대해 소수성을 가진다. 특히 점토나 유기물이 건조되면 소수성이 증가된다. 온실 식재식물의 활착을 위하여 유기물 등을 혼합하여 식재용토를 만들고 토양의 pH조절을 위해 강산성의 피트모스와 알칼리성분의 석회가 사용된다. 전시온실에서 식재토양을 조합하고 식재기반을 만들기 위해 자생하는 곳의 기후와 환경을 반영해야 한다. 비가 많은 열대지역은 양분이 용탈되어 산성 토양되고, 지중해지역과 같이 건조한 곳은 알칼리성토양으로 구성되어 있어 식재되는 식물의 특성을 반영하여 토양을 계획해야 한다.

열대식물을 위한 식재토양은 사질토양과 피트모스를 혼합하여 조성하며 사질토양의 화학성이 pH6.0보다 낮은 산성을 나타내고 배수력이 좋은 경우라면 사용되는 피트모스는 pH6.0으로 개량된 것을 사용하고 pH7.0 이상인 중성이나 알칼리토양인 경우에는 pH4.0 정도의 강산성의 피트모스를 사용하여 토양을 개량한다. 마사토는 심토층의 토양을 일반적으로 지칭하는 것으로 사질토양과 점질의 점토가 혼재되어 있어 점토 없는 정제마사토가 식재토양으로 적합하다. 정제마사토가 아닌 직접 채취한 마사토는 세척하여 진흙인 점토를 제거하고 사용해야 한다.

토양 배합은 모래의 사질토와 유기물토양인 피트모스나 코코피트를 혼합하고 필요한 양분은 유기질비료를 이용해서 일부 보충을 해야 한다. 유기질비료는 전체의 10%가 넘지 않도록 해야 하며, 사질토와 유기물토양은 식물의 특성에 따라 비율을 달리해야 하지만 유기물토양이 40%를 넘지 않게 해야 한다. 온실토양의 소수성 방지를 위해 피트모스는 습윤제가 포함된 것을 사용하고 토양이 완전히 건조하지 않도록 수분관리해야 한다. 적은 양을 자주 관수하는 것은 입단이 파괴되어 초기 투수가 불량해지므로 한번 관수시에 충분히 관수해야 한다.

지중해지역의 기후는 건조하고 토양은 알칼리성이며 유기물은 적고 배수력이 좋은 사질토로 되어 있다. 전시온실에서 지중해식물을 식재하기 위해 사질토를 사용하고 배수가 잘되도록 해야 한다. 사질토와 중성 혹은 알칼리토양인 버미큘라이트를 혼합하여 식재기반을 조성하고 점질토가 반입되지 않도록 토양관리를 해야 한다. 토양 pH는 중성 범위인 6.0~7.5 범위 내에서 조성하여 강한 알칼리성 토양이 되지 않도록 계획한다. 배수력 향상을 위해 모래를 사용하는데 확보가 쉬운 해사(바닷모래)는 염류가 있어 생육 장애가 발생하므로 강에서 채취한 강사(강모래)를 사용해야 한다. 토양 보습력 유지와 조성 편의를 위해 pH 6.0으로 개량된 피트모스를 활용할 수도 있다. 전시온실에 사용되는 식재토양에는 일반토양, 모래, 피트모스, 코코피트, 펄라이트, 버미큘라이트, 유기질퇴비 등이 사용되며 주요 특징은 아래와 같다.

기존 토양과 새로 조성된 식재지의 토양이 다른 경우에는 정상적인 수분흡수 되지 않는 소수성이 발달하므로 물집을 만들어 관수하거나 점적에 의한 관수되도록 한다. 식재된 식물의 토양과 온실의 토양이 다른 경우에는 뿌리가 정상적으로 발달하지 않고 기존 뿌리 내에서만 자라고 외부로 발달하지 못 한다.

리톱스, 하워티아 같은 건조기후에 생육하는 식물을 위해서 배수가 잘되는 토양을 조합하여 식재하고 생육 상태에 따라 적정한 관수가 되어야 한다.

■ 전시온실 식재를 위한 식재토양의 종류와 특성

구 분	특 징
모래	물에 세척하여 사용(점토와 탄산칼슘 제거)하고 미세한 모래는 공극을 불량하게 한다.
펄라이트	산도는 pH7.5정도이며, 소량의 불소(F)성분을 가지고 있어 백합과 식물 등에 생육장애를 유발하고, 화산암인 진주암을 약 1,000C에서 가열하여 생산하고 가볍고, 배수와 보습력이 좋다.
버미큘라이트	운모와 같은 광석을 열처리하여 생산, 양이온치환능력(CEC)이 높다. pH6.3~7.8 혹은 pH9.3~9.7인 것이 있으므로 사전 확인해야하고, 양분과 수분보유력이 좋다. 입자가 잘 부서져 물리성이 좋지 않을 수 있으며, 답압이 잘 되고 과습해 질 수 있으므로 주의해야 한다.
피트모스	습지식물이 퇴적하여 생성되는 것으로 주로 동유럽이나 캐나다에서 생산된다. 용적의 60% 정도 수분 보유하고 있으며, pH4.0~5.0정도의 산성토양으로 일반식물 식재시 pH가 교정된 제품을 사용해야 한다. 건조 후에 수분 재흡수가 불량하고 답압되면 과습해지므로 주의한다.
코코피트	코코넛에서 생산되는 것으로 피트모스와 물리적 특성이 유사하여 최근에는 대체용으로 사용된다. 제품에 따라 염류농도가 높은 것이 있으므로 사용전 확인해야 한다.
유기질퇴비	식물이나 동물의 분뇨 등을 활용하여 부숙시킨 것으로 토양 내 양분을 공급하고 물리성을 개량하는 용도로 사용된다.

1) 코코피트(Cocopeat)

코코피트는 코코넛섬유(Coconut fiber)를 생산하고 남은 Coconut dust를 물리 화학적으로 가공한 것으로 보수력과 보비력이 높고, 통기성이 좋으며, 용적밀도가 낮고 양이온치환용량이 높고 분해에 저항성이 있다. 코코피트는 무게의 80~90% 정도 수분을 흡수한다. 코코피트의 생산공정에서 가장 중요한 것은 팽윤 수침과정인데 이 과정을 통해서 식물에 해가 되는 탄닌성분과 염류를 제거한다. 하지만 일부 코코피트는 이 과정을 거치지 않아 식물생장에 불량하게 하므로 사용 전에 토양 검사를 시행해야 한다.

〈코코피트〉
1. 지속적으로 생산이 가능한 천연재료
2. 통기성, 보수력, 보비력 등이 적정하여 뿌리의 성장에 적합하다.
3. 가격이 저렴하다.
4. 토양이 암갈색으로 태양열 흡수율이 높아 지온상승에 도움이 된다.
5. 토양pH가 5.5~6.5이며 EC 0.4m/dS 이하로 생육에 적합하다.
6. 잡초종자나 병원균이 없다.

2) 피트모스(Peatmoss)

피트모스는 물이끼로부터 생산되고 용적의 60% 이상의 수분을 가지고 있으며 pH는 4.0~5.0 정도이다. 피트모스는 오랜 기간 습지식물이나 물이끼가 쌓인 물질을 피트모스라고 하며 상부층에서 생산되는 것을 화이트 피트모스라고 하고, 하부에서 생산되는 것을 블랙 피트모스라고 하는데 실제로 하얗거나 검은 것이 아니라 상대적인 표현이다.

화이트 피트모스는 캐나다 등지에서 주로 생산되고, 건조하여 압축해서 판매한다. 포장은 107리터 정도이나 압축을 풀면 215리터 정도 나온다. 가벼워 이동이나 사용이 간편 하지만 건조상태에서 물의 흡수가 불량한 단점이 있다.

블랙 피트모스는 동유럽에서 생산되는 것이 많다. 습윤한 상태로 판매되기 때문에 초기 수분흡수가 유리하고 동결건조방식으로 구조적으로 안정되어 배수력도 좋지만, 초기 습윤상태로 판매하여 무게가 무거워 운반 등에 단점이 있고, 피트모스에 수분을 가지고 있어 압축으로 판매할 수 없어 부피가 있고, 완전히 건조되고 난 후에 화이트 피트모스보다 수분흡수가 더 어렵다. 피트모스는 초기 수분흡수가 불량한 것을 개선하기 위해 계면활성제성분의 있는 습윤제를 포함한 제품이 있다. 그리고 블랙 피트모스는 화이트 피트모스보다 토양 pH가 약간 높다.

〈피트모스〉
1. 양이온치환용량이 크다.
2. 분해가 느리고 이화학성의 유지기간이 길다.
3. 잡초종자 및 병원균이 없다.
4. 통기성, 보수력, 보비력 등이 적당하여 뿌리성장에 적합하다.
5. 건조 후에 수분의 재흡수가 좋지 않다.

3) 버미큘라이트(Vermiculite)

버미큘라이트는 질석이라고 불리기도 하며, 1,000℃ 정도로 가열하면 지렁이와 유사한 모양으로 팽창하며 버미큘라이트는 라틴어로 지렁이라는 뜻이다.

〈버미큘라이트〉
1. 보수력과 통기성 좋다,
2. 가벼워 토양 개량제 사용하기 좋다
3. pH6.3~7.8 혹은 pH9.3~9.7(아프리카산)
4. 양분과 수분보유력이 좋다.
5. 입자가 잘 부서져 물리성이 좋지 않을 수 있고, 답압이 잘 되고, 과습해 질 수 있다.

4) 펄라이트(Pearlite)

진주암이라고도 하며 화산암에서 1,000℃에서 가열하여 생산한다. 통기성가 배수성이 좋으며 피트모스와 혼합하여 사용된다. 무게가 가벼워 모래 대용으로 사용된다.

〈펄라이트〉
1. 무균성으로 잡초종자와 병원균이 없다.
2. 화학적으로 안정되어있다.
3. pH7.5로 중성에 가깝다.
4. 불소성분이 있어 백합과에서는 생육장애가 발생하기도 한다.
5. 입자가 파쇄되면 과습해진다.
6. 무게가 가벼워 관수 후에 들뜸현상이 발생한다.

재배온실과 재배포

정원을 유지하기 위한 지속적으로 식재될 식물의 공급을 위한 시설로 재배온실과 재배포가 있다. 재배온실은 파종, 삽목, 접목 등으로 식물을 증식하는 용도이며, 재배포는 재배온실에서 생산된 식물을 노지에 식재하거나 보다 큰 화분에서 재배하여 관리하는 장소이다.

재배온실이나 재배포는 면적이 넓을수록 좋을 수 있지만, 과도한 면적은 효율적인 관리가 되지 못한다. 재배온실 규모는 정원 면적의 1% 정도면 필요한 식물 생산이 가능하다. 일반적으로 식물 파종에서 생산까지 4개월 정도 소요되므로 가온시설을 사용한다면 1년에 3회 정도 생산하여 충당할 수 있다. 전시온실을 가지고 있는 정원에서는 전시온실과 동일한 면적의 재배온실이 추가로 필요하다. 선진지에서는 전시온실의 백업용 온실은 3배 정도가 적당하다고 하지만 우리나라의 운영방식으로는 동일한 면적만으로도 충분하다. 전시온실의 백업용 온실은 식물을 파종하거나 생산하는 용도 이외에도 전시온실에서 전시하는 식물이 생육이 불량해지는 경우 생육개선을 위한 공간으로도 사용되며 이벤트나 판매용 식물을 생산하기 위한 재배온실은 별도로 계획해야 한다.

재배온실에 사용되는 설비는 관수, 차광, 보온, 환기, 난방, 파종베드, 삽목베드, 저수조 등이 필요하고 작업공간을 확보해야 한다. 일반적으로 상수시설과 같이 관리자가 인력으로 관수하는 경우가 많지만 동시 관수가 필요하므로 스프링클러 관수설비도 설치해야 한다. 보온을 위한 보온커튼은 상부뿐만 아니라 측면을 포함한 모든 부분을 밀폐해야 보온효과가 높으며, 출입구에서 외기의 유입이 빈번하므로 완전히 막을 수 있도록 계획해야 한다. 재배온실의 온도를 낮추는 방법은 주로 차광시설과 포그설비가 있으며, 일반적인 식물을 관리하는 온실에서는 차광시설만으로 충분하다. 씨앗을 뿌리고 발아시키는 파종베드는 높이 0.7m 정도가 적합하며 작업자가 장시간 작업해야 하는 공간으로 의자 등에 앉아서 작업이 가능하도록 설치한다.

보온베드는 난방이 되는 베드로 겨울철에 저온에 약한 식물을 재배하거나 조기에 발아시키기 위한 식물을 관리는 공간으로 재배온실의 관리온도보다는 높은 온도로 관리되는 곳으로 겨울철에 저수조 등을 이 공간에서 관리하기도 한다.삽목베드는 주로 삽목을 위한 공간으로 난방과 포그 등에 의한 습도 유지가 가능한 시설로 다양한 식물의 영양번식을 위한 공간으로 활용되며 접목한 식물을 관리하는 공간으로 활용하기도 한다. 온실에는 관수를 위해서 저수조가 필요하며 온실 내의 저수조는 내부와 동일한 수온을 유지하여 물에 의한 온도 스트레스를 경감시켜준다. 저수공간은 물을 보관하는 용도뿐만 아니라 비료와 같은 양액을 공급하는 용도로 사용되기도 한다. 재배온실 전체를 파종 공간으로 사용할 필요는 없으며 식물 생산계획에 따라 면적을 분배해야 한다. 씨앗을 뿌리거나 삽목하는 용도의 증식 온실은 전체의 1/3정도의 공간이 필요하며, 증식하는 식물에 따라서 각 공간의 면적은 다르게 한다. 재배온실에서 온도관리를 다양하게 하여 용도별로 온도를 설정 할 수 있도록 하여 효율성을 높인다.

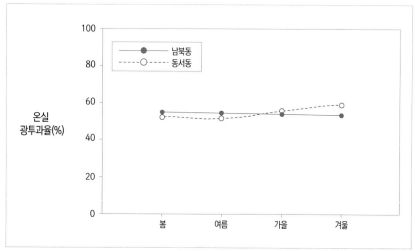

중부지방의 유리온실에서 온실광투과율을 나타내는 것으로 재배온실을 위해서는 남북동이 적합하다. 남북동은 여름에는 투과율이 낮아 온실 온도가 비교적 낮고 온도의 일변화가 비교적 적다.

재배포는 노지에서 식물을 재배하는 공간으로 관수시설과 차광시설이 필요하다. 차량진입이 수월하게 계획하며, 콘크리트 등으로 포장을 하는 것보다 비포장상태로 관리하는 것이 토지 활용성이 높다. 토양에 유기물이 많은 경우 식물생육에는 이로울 수 있지만 잡초가 대발생할 수 있으므로 유의해야 한다. 잡초발생을 경감하기 위해서는 잡초 방지시트를 설치해야 한다. 재배포에서는 2년 이내에 식재되므로 화분에서 관리하여 즉시 식재가 되도록 해야 하며 3년 이상 관리되어야 하는 식물은 노지에 식재하여 관리하는 것이 운영에 유리하다. 면적은 재배온실의 3배 이상은 확보를 해야 생산된 식물을 관리할 수 있다. 온실에서 파종을 거쳐 생산된 식물이 야외의 강한 태양광에서 적응하기 위해서는 차광시설이 필요하다. 차광시설이 없는 경우는 식물이 일소피해를 받거나 수분관리가 곤란하므로 30 ~ 50%정도의 차광시설을 2중으로 설치해야 한다.

관수설비에는 지하수 및 상수의 2가지 급수원을 확보해야 한다. 갈수기를 대비한 대책이 필요하며, 상수시설과 스프링클러 등과 같이 2가지 이상의 관수설비를 확보해야 한다.

차광시설은 차광망 30%~50%를 2중으로 설치한다. 차광망은 알루미늄 커튼을 사용하고 보온 능력도 있는 제품을 사용해야 이용이 편리하다.

환기시설은 측창, 천창, 환기팬 등이 있고, 지붕에 있는 천장에서 환기가 가장 우수하며, 재배온실의 폭이 20m 이상인 경우에는 측창을 설치하지 않고 천장으로 환기하는 것이 환기 효율이 높다. 천창은 바닥면적의 15% 이상은 확보를 해야 한다.

온실의 바닥은 콘크리트 포장 관리가 용이할 뿐만 아니라 병해충 예방을위해 필요하다. 동선이나 작업공간 위주로 포장을 하고 베드가 있는 공간은 배수가 될 수 있도록 포장하지 않고 배수시설을 반영해야 한다.

식물종관리 및 표찰

작은 정원이나 취미로 식물을 관리하면 식물의 이름이나 정보가 중요하지 않을 수 있지만 식물이 100종 이상만 되더라도 식물의 이름이나 식재한 날짜 등 식물에 대한 자료를 기억할 수 없게 된다.

특히, 식재한 식물이 품종인 경우에는 식재 당시 기록하지 않으면 식물명조차 기억나지 않을 수 있다. 식물의 종수가 늘어나고 규모가 증가할수록 식물종에 대한 정보는 중요해진다. 식물종과 식물표찰을 관리하는 것은 식물원이나 식물을 생산하는 정원에서는 새로운 식물을 구입하거나 디자인하는 것보다 중요한 사항이다.

식물종관리를 사항은 아래와 같다.

식물종 관련 기록 항목

1) 식물관리번호
2) 식물명(국가표준식물목록 기준, 학명)
3) 확보처 및 담당자(담당자를 기록해야 식물에 대한 세부사항을 알 수 있음)
4) 식재일자
5) 식재 위치 및 수량
6) 멸종위기 식물 여부(생산자증명 필요한 식물에 대한 관리)
7) 자체 증식한 경우 모주
8) 기타(병해충관련, 번식된 방법 등)

식물종 기록은 정원의 특성에 따라 항목이 변동되나 관리번호, 식물명, 확보장소(구입처), 식재일자 및 위치 등은 반드시 기록해야 한다. 식물종을 기록하는 방법에는 간단하게 메모지 등에 기록할 수도 있지만 컴퓨터로 작성하고 매년 출력하여 보관한다. 식물종 관리 프로그램인 IRIS BG나 BG BASE와 같이 세계적인 식물종관리 프로그램은 구입비용과 연간 관리비용이 발생되므로 연구나 식물종 확보와 같은 전문시설인 식물원과 수목원에 적합하다. 정원에서는 MS Office의 프로그램인 엑셀로 관리해도 충분하다. 식물종관리는 최초 등록 후에 지속적인 관리가 필요하므로 담당자 배치해야 하고 정기적으로 백업해야 한다.

식물의 자료가 등록되고 정리되면 해당 식물의 식물관리번호를 등록하고 작성해야 한다. 정원에서 식물관리번호만으로 식물의 모든 정보를 알 수 있도록 관리해야 하는 것으로 사람과 비교하면 주민등록번호와 같은 것이다. 관리번호가 부여되면 각 식물에 관리표찰(추적표찰)을 설치해야 한다. 관리표찰은 관리번호, 식물명, 학명 정도의 간단한 정보만 작성된 식물표찰로 교목은 개체당 설치해야 하고, 관목이나 초본류와 같이 군락으로 식재하는 것은 군락당 설치한다. 관리표찰을 토대로 관람객을 위한 전시표찰과 식물안내판을 설치하므로 식재 초기부터 철저히 설치하고 관리해야 한다.

설치시 주의사항은 정원에 식물 식재와 동시에 설치해야 한다는 것이다. 작업의 효율을 위해서 한 번에 모아서 설치하려 하는 경우가 있는데 이것은 현실적으로 나중에 설치하는 것은 불가능한 작업이다. 교목이나 관목은 가능할 수도 있으나 초본류는 적은 수량으로 많은 종이 식재되므로 식재한 식물을 찾을 수 없는 경우가 많다. 관목은 녹 쓸지 않는 재질의 막대를 이용하여 지면에서 노출이 되지 않도록 하고 설치방향 규칙을 정해야 한다. 표찰지지대가 짧은 경우 쉽게 토양에서 탈락되어 훼손이 되고, 너무 긴 경우 관리표찰을 설치하는 노동력이 많이 소요된다.

방문객을 위한 전시표찰은 눈에 잘 띄게 만들어야 하지만 색상이 다양하거나 형태가 복잡한 경우에는 전체 경관을 불량하게 한다. 겨울에 낙엽 진 후 초본류가 많은 정원에서는 전시표찰과 관리표찰이 혼재되어 삭막함이 가중되므로 주의해야 한다. 전시표찰은 방문객이 의도하면 보일 수 있는 크기와 색상으로 해야 하며 색상은 검은색이 무난하고 형태는 사각형으로 하여 추가 제작이나 자체제작이 가능하도록 해야 한다.

관리표찰은 관리자가 인지할 수 있을 정도의 크기로 제작하고 기본적인 관리번호, 식물명 등을 기록한다. 교목에 부착하는 관리표찰은 관람객을 위한 시설이 아닌 관리자용이므로 동선에서 보이지 않는 방향으로 지면에서 20cm 상단이 적합하다.

초본은 표찰지지대를 길게 해야 하며 종류가 많고 수량이 적어 땅속에 묻으면 분실되고 찾을 수 없어 길이가 20cm 정도 노출 되도록 한다. 관리자용 표찰은 작은 크기로 제작하고 기입 내용도 간단하게 해야 한다.

전시표찰이나 관리표찰로 인해 정원의 경관이 좋지 않을 수 있으므로 식물 및 정원의 특성에 따라서 표찰의 종류과 형태 등을 계획해야 한다. 사진의 왼쪽은 암석원에서 전시표찰과 관리표찰의 수량으로 삭막해 보이며, 오른쪽은 식물(리톱스)의 크기에 맞추어 표찰의 형태를 변형하여 설치하였다.

식물표찰은 반입 초기부터 관리하지 않으면 식물종을 분실하거나 식물표찰의 오류가 발생하므로 철저히 관리해야 한다. 사진의 식물표찰은 잘 못 설치되거나 식물을 찾을 수 없어 회수된 것이다.

키가 큰 나무는 정원의 골격을 형성하고 키 작은 나무는 살을 붙이는 것과 같이 풍성하게 만들고, 초본류는 정원에 색칠하는 것과 같다. 정원관리에서 어려운 것은 잡초를 제거하는 것으로 초기 정원에서 초본류와 경합하고 경관을 훼손시킨다. 정원조성 초기에 관목은 잡초의 발생을 감소시키는 중요한 역할하므로 초본류 위주의 정원보다는 관목 위주의 정원이 유지관리가 용이하다.

1. 초본의 식재

정원에서 초본류는 연중 볼거리가 있도록 식재하고 봄부터 겨울까지 꽃, 잎, 열매로 이용하는 사람을 흥미롭게 해야 하는데 초본류를 이용하여 연출하는 것이 간단하다. 봄을 위해 고산식물이나 구근류를 식재하고, 여름에는 꽃창포, 수련 등과 같은 수생식물과 다양한 초본류가 있으며, 가을에는 억새류와 국화과 식물이 있으며, 겨울에 식물의 씨앗이 달린 열매를 볼 수 있도록 한다. 봄에 개화하는 식물이나 구근류는 식재하는 간격을 좁게 해야 하며 고산식물은 개체가 작고 구근류는 잎이 나오지 않고 꽃부터 개화하므로 25~36개/㎡ 정도로 심어야 식재 효과를 볼 수 있다. 여름에 개화는 식물은 식물체가 큰 경우가 있어 적정거리를 유지해야 하고, 가을에 식재하는 억새류와 같이 큰 초본류는 40cm 이상의 간격으로 심어야 하나 초기 잡초와의 경합을 방지하기 위해 식재 폭을 조정해야 하며 식물의 끝에서 끝까지 10cm 정도 띄워야 한다. 초본식재 중에 초기 효과를 위해 식재 간격을 조정해야 한다면 바크와 같은 멀칭재료를 이용하여 잡초가 발생되지 않도록 해야 한다. 일부 정원에서는 잡초의 발생을 감소하기 위하여 발아 전 제초제를 1개월 전에 사용하기도 한다. 식물종의 선택에서 과도하게 생육하여 다른 식물을 침해하는 식물은 별도의 공간에 식재하거나 식물이 번지지 못하도록 엣지를 사용하거나 용기 내에서 식재해야 하고, 하고초(夏枯草, 여름에 시드는 풀)라고 하는 꿀풀과 같이 개화 이후에 지상부가 없어지는 식물은 식재 면적 단위를 작게 나누어 심거나 다른 식물과 혼식하여 식물이 없는 맨땅이 보이지 않도록 해야 한다.

2. 관목의 식재

관목은 정원에서 기본적인 볼륨감을 형성하는 것뿐만 아니라 잡초에 내성이 있는 관목은 장기적으로 잡초 발생량을 감소시킨다. 정원에서 초본류의 초기 효과는 좋을 수 있지만 잡초가 발생하기 시작하면 초본류는 생장을 멈추고 흔적 없이 사라질 수도 있다. 작은 정원이라면 관리자가 제초작업을 하거나 멀칭 등의 조치를 취할 수 있지만 큰 정원에서는 불가능해진다. 잡초의 발생은 최소 3년 동안 동일한 것일 발생될 수도 있고, 잡초 종자가 없는 토양에 한 가지 잡초가 발생하면 제초작업을 꾸준히 한다고 해도 3년 내내 동일종의 잡초가 발생된다. 특히 명아주는 70,000개 이상의 씨앗을 가지고 있고, 까마중 종자는 3년 이상 발아력을 가지고 있어 지속적으로 발아할 수 있다. 정원에서는 경관도 중요하지만 식재지의 관리에 대한 부분도 검토해야 하며 관목은 그늘을 만들어 잡초가 발아하는 것을 막고 식재지 표면을 폭우로부터 보호한다.정원에서 관목은 수목의 특성을 고려하여 적정한 간격을 유지해야 한다. 식재 간격은 수목의 잎이나 줄기가 닿지 않게 해야 하고, 3년 후를 예상하여 잎과 줄기의 사이의 간격을 20cm 이상 확보하는 것이 이상적이다. 수간 폭을 닿게 하여 식재하는 것은 수형을 훼손시키는 것뿐만 아니라 제대로 생육 할 수가 없게 된다. 크게 자라는 흰말채나무나 박태기나무는 넓은 식재 폭을 확보해야 한다.

관목의 식재시 건조피해가 자주 발생되는데, 관목은 굴취시 뿌리분이 좋지 못한 경우가 있어 식재 후에 식물이 건조피해를 받는 경우가 많다. 건조피해 방지를 위해서는 화분이나 용기에 재배된 관목을 사용해야 하지만 현실적으로 불가능한 경우가 많다. 용기에 재배되지 않은 관목은 식재 시 잎을 모두 제거해 주거나 식재 후에 차광망을 설치하여 증산량을 감소시켜주는 것도 방법이다. 또한, 굴취시 검은색의 비닐에 뿌리를 포장하여 운반하면 식재 초기 생육 불량을 감소시킬 수 있다. 용기에 재배된 관목이나 초본은 화분 내에서 뿌리가 충분히 생육하여 뿌리분의 형태가 원형대로 유지되는 것을 사용해야 한다. 하지만 용기에 3년 이상 관리되어 뿌리가 용기에서 오랫동안 생육한 것은 뿌리가 식재 후 토양에서도 돌지 않도록 뿌리 절단을 해야 한다. 용기 내에서 오랫동안 재배되어 뿌리가 뒤엉긴 관목을 그대로 식재하면 초기에 뿌리 발육이 좋지 못하고 수분흡수가 재대로 되지 않는다. 뿐만 아니라 뿌리가 사방으로 뻗지 못하고 내부로 들어가거나 계속 뿌리가 맴도는 현상이 발생하므로 식재 전에 뿌리를 절단해야 한다. 정원에서 관목류는 수량의 제한 없이 목적에 따라 식재하면 되지만 초본의 경우 식재계획 수립시에 적정수량이 반영되어야 한다. 작은 정원이라면 취향에 따라 적은 수량의 식재도 문제가 없지만 큰 정원이나 식물원에서는 최소 50본 이상 계획해야 한다. 식물종관리를 위한 식물표찰이나 식물종관리 프로그램 운영시 적은 수량의 식재는 관리에 적합하지가 않다.

3. 교목의 식재

정원에서 키카 큰나무는 골격을 만드는 것으로 식재 후에 고사되지 않도록 관리해야 한다. 근원경이 R20cm 이상인 교목은 활착하는데 많은 시간이 소요되거나 제대로 활착하지 못하는 경우가 있어 큰 나무의 식재는 지양해야 한다. 많은 수의 나무가 정원에 도착하기 전에 고사되거나 불량한 상태에서 나무가 심어지는 경우가 많은데 현지에서 굴취 후 48시간 이내에 정원에 심어져야 한다. 여름에는 24시간 이내에 심어야 하며, 잘 살지 못하는 나무는 잎이 나오기 전에 식재하고 뿌리분을 크게 하여 굴취해야 한다. 배롱나무와 같이 내한성이 약한 나무는 8월 전에 식재를 마쳐야 하고 상록수는 가을과 겨울에는 심지 않아야 하며 30~50% 전정 후 식재하여 건조에 의한 고사를 방지해야 한다. 식재는 깊게 심지 않도록 해야 하며, 기존 정원에는 근원경이 R15cm인 나무는 15cm 높게 올려 심고 새로 조성하는 정원에서는 20cm 정도 침하 될 수 있으므로 35cm 정도 올려 심어야 하는데 지반이 불안정한 곳에서는 30cm 까지도 침하되므로 주의해야 한다. 산지에 굴취하거나 뿌리분의 형태가 기울어진 짝분은 뿌리분의 형태를 고려하여 식재해야 하고 식재 후 관수를 위한 물집은 뿌리분보다 크게 만들지 않는다. 여름에 식재하는 수목이 조기에 활착할 수 있도록 잎을 제거하며 수분스트레스를 방지하고 뿌리내림 개선을 위해 잎의 제거는 90% 정도 한다. 하지만 목련이나 참나무 같이 단위생장하는 수목은 잎을 제거하지 않고 가지를 잘라 수분 스트레스를 받지 않게 한다. 식재 후에는 바로 관수하고 비가 일주일 동안 30mm 이상 내리지 않으면 별도로 관수해야 한다. 수피가 얇은 마가목, 벚나무, 느티나무, 꽃사과, 단풍나무 등은 식재 후에 줄기가 강한 햇볕에 피해를 받지 않도록 녹화마대를 감싸주거나 백색의 수성페인트를 높이 2m까지 처리한다. 이들 나무는 줄기 피해로 식물 전체가 고사되는 줄기마름병이 발생되므로 침투성 살균제를 처리한다. 소나무같이 나무좀에 약한 나무는 식재 후에 살충제를 200배로 줄기에 처리하여 방지해야한다.

관목은 뿌리분이 마른 상태에서 운송이 되는데 현장에 식재하는 동안 뿌리 건조피해를 받아 생육 불량한 것이 많다. 뿌리부분을 검은 비닐로 포장하면 뿌리에 적당한 습도를 유지하고 고온에 의한 피해도 방지된다. 상록수 식재 시 전정을 하지 않으면 활착되지 않는다. 사진의 가이즈카향나무는 전정하지 않고 식재하여 건조피해가 발생하였다.

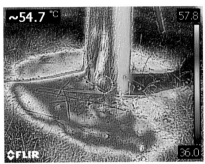
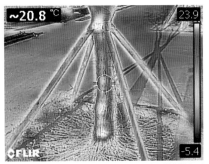

한 여름에는 햇볕을 직접 받는 부분은 50℃ 이상이 되므로 식재 후에는 수피가 피해를 받지 않도록 수피보호처리를 해야 한다. 겨울-한낮의 온도차이로 많아 상렬의 피해를 받게 된다. 햇볕을 받는 부분의 온도가 상승하지 않도록 수피가 약한 수목에 대해서는 녹화마대 등으로 보호를 해야 한다.

Chapter 3.

정원 조성

우리나라에 있는 많은 정원은 형태나 식재된 식물종만 다를뿐 특별함이 없는 경우가 많다. 식물이 자라기 위해서는 식재환경의 조성이 중요하다. 다양한 식물의 식재환경 조성을 위해서 식물공학적으로 접근이 필요하다.

암석정원(고산정원)

고산원(Alpine garden)과 암석원(Rock garden)은 정원에서 유사 의미로 사용이 된다. 하지만 고산식물을 전시하는 고산원과 바위가 많고 건조한 지역에 사는 식물을 전시하는 암석원은 엄밀히 말하면 다른 개념이다.

고산식물이라고 하는 것은 높은 산에 사는 식물이라는 뜻으로 우리나라와 같은 중위도지역은 해발 2,000m 이상을 고산지대라고 하며 이곳에 자라는 식물을 고산식물이라고 한다. 우리나라에서는 백두산이나 한라산 정상에 자라는 식물을 고산식물이라고 할 수 있다.

백두산 정상 부근의 수목한계선으로 교목은 자라지 못하고 관목과 초본이 자란다.

〈고산지대 식물생육 환경〉

1. 하루동안의 온도변화가 적다.
2. 안개가 많다.
3. 바람이 강하다.
4. 자외선이 세다.
5. 여름이 시원하고 겨울이 길다.
6. 토양이 사질토로 되어있고 유기물이 적다.

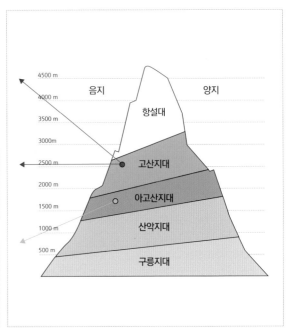

고산지역에 자라는 식물의 특색은

1. 긴 겨울에 따른 생육 기간이 짧아 식물체가 작다.

2. 강한 바람과 자외선에서 견딜 수 있도록 잎이 작고 두꺼우며 털이 많다.

3. 수정시키는 곤충이 적어 멀리 있는 곤충을 부르기 위해 꽃이 크고 화려하다.

4. 짧은 생육기간과 매개 곤충제한으로 인해 식물의 개화시기가 유사하다.

5. 토양이 덜 발달하고 유기물이 적어 식물의 뿌리가 발달한다.

고산식물이나 암석식물은 생육조건이 유사하고 식물의 특징도 많이 닮아있으며, 우리나라에서는 여름의 고온으로 진정한 고산식물을 식재하는 것에 어려움이 많기 때문에 고산원보다는 암석원이라고 정의하는 것이 적합하다. 만약 진정한 고산식물을 전문적으로 전시하고자 한다면 정원보다는 냉방이 가능한 온실인 Alpine House를 설치해야 한다.

1. 지형

암석원은 건조한 지역에 사는 식물과 높은 산에 사는 식물을 전시하는 공간으로 배수가 잘 되는 곳에 위치해야 한다. 지하수위가 높거나 배수가 용이하지 않은 공간은 적합하지 않다. 많은 태양광을 필요로하는 식물로 일조량이 충분해야 하지만 온도가 높지 않아야 고산 식물이 적응 할 수 있다. 대부분의 건조지 식물이나 고산식물의 생육이 불량해지는 이유는 식재토양에서 배수가 불량하거나 여름철

고산지대 식물은 키가 작고, 털이 많으며, 꽃이 화려한 특징을 가지고 있다.

의 온도가 너무 높은 것도 원인이 될 수 있지만 상록성 식물의 경우에는 겨울 건조로 자람이 좋지 못한 경우도 많다. 암석원에 적합한 지형은 한낮의 정원 온도를 높이는 서향의 광은 막아 줄 수 있어야 하고, 겨울의 온도가 낮고 건조한 북서풍을 막을 수 있어야 한다. 북향이나 서향에 암석원을 조성하는 경우에는 서향의 강한 태양광을 막을 수 있도록 나무를 심어 그늘을 지게 하거나 북향의 건조한 바람이 직접 닿지 않도록 구조물이나 상록수로 차폐를 해야 한다. 암석원에서 식물이 자랄 수 있는 환경을 만들기 위해 다양한 조건의 미기후지형을 만들어야 한다. 암석원에서 지형으로 다양한 생육환경을 만들 수가 있으며 언덕과 같이 높은 부분은 건조하고 태양광이 풍부하며 온도가 비교적 높으며, 북향의 낮은 부분은 토양습도 및 공중습도가 높고 일교차가 적은 환경을 만들 수가 있다. 암석은 경관을 만들고 경사지를 완화시키는 역할을 할 뿐만 아니라 미기후를 조정하는데 사용된다.

암석이 토양 속에 박힌 정도나 암석의 재질에 따라서 온도가 달라지며 돌틈은 비교적 안정적인 온도를 유지할 수 있다. 돌틈은 다른 장소보다 온도가 낮고 방향에 따라 그늘을 만들수가 있어 고산식물 중에 고온을 피해야 하는 식물을 효과적으로 심을 수 있다. 그늘을 제공하는 많은 요소 중에서 효과가 가장 높은 것은 나무에 의한 것으로 고온기의 여름에 식재지의 온도를 낮출 수가 있다. 나무에 의한 그늘은 식재 위치에 따라 그늘이 발생되는 시간을 조절할 수 있어 하부에 식재되는 식물의 특성에 따라 식재를 달리해야 한다. 낙엽수는 여름에 다른 곳보다 온도를 낮게 유지할 수 있을 뿐만 아니라 겨울의 낙엽이 지면 다른 곳과 온도나 일사량에 차이가 없어 활엽수 아래는 야생튤립과 같이 봄에 개화하고 6월 이후에는 잎이 없어지는 구근식물을 심기에 적합하다. 상록수는 일년 내 잎을 가지고 있어 연중 그늘을 줄 수 있고 겨울에는 차고 건조한 바람을 막아주는 방풍효과가 탁월하여 겨울 건조에 약한 식물을 보호하기 위한 용도로 식재한다.

평강식물원 암석원 조성 초기(2003)

평강식물원 암석원(2020)

영국 큐가든의 암석원은 주변 지대 보다 낮은 선큰(Sunken)의 형태로 만들어 여름에는 시원하고 겨울에는 따뜻하도록 조성하였다.

독일 다렘식물원의 암석원은 지형을 적극적으로 이용하여 다양한 식재환경을 조성하였다.

영국 캠프리지식물원의 암석원 공중습도 및 미기후를 위해 물공간을 두었다.

2. 관수시설

암석원은 배수가 잘되고 그늘이 적어 다른 식재지보다 증발산량 많아 건조피해 발생을 방지 할 수 있는 적절한 관수시설이 필요하다. 일반적인 식물을 식재한 정원에서는 관수시설인 QC밸브관수 설비만으로 충분하지만 암석원에서는 스프링클러 및 QC관수를 병행할 수 있도록 해야 한다. 식재 초기 충분한 수분이 필요한 시기에는 스프링클러를 이용해야 전체적으로 충분한 관수가 가능해진다.

스프링클러는 소형, 중형, 대형으로 나누어지며 암석원에서는 중형의 스프링클러를 사용해야 하는데 소형 스프링클러는 물을 줄 수 있는 살수 간격이 좁아 많은 수량이 필요하고 이에 따라 설치된 배관에 의해 식재에 불편을 초래한다. 예를 들면 소형 스프링클러는 설치간격이 보통 3m 정도로 설치를 해야 하는 이것은 사방 3m에는 관수를 위한 배관이 있을 수 있는 것으로 정원에 설치하는 것은 적합하지 않다. 스프링클러는 살수반경을 고려하여 중첩되도록 설치해야 하고 암석 등에 의해 관수 사각지대가 발생되지 않도록 계획해야 한다. 식재 후 식물이 안정되거나 별도의 관수관리가 필요한 경우에는 QC밸브관수에 의한 관수를 시행하는데 정원의 형태나 식물의 특징을 고려하여 QC밸브관수의 설치 간격을 결정해야 하며 20m 내외로 설치하는 것이 식재 및 관리에 유리하다.

암석원의 관수를 위한 스프링클러와 QC밸브 설치 사례로 중형 스프링클러를 설치하였다.

암석원에서 계류와 연못은 정원 내 공중습도 유지에 도움이 되고 경관 연출에도 효과적이며 고산지대의 습지나 물속에 자생하는 식물을 전시하는 공간이 되며, 계류니 폭포를 통한 건조방지에도 도움이 된다.

3. 식재기반

건조지 식물이나 고산지역 식물은 식재기반의 배수가 중요하여 다양한 크기의 사질토양을 사용한다. 배수의 중요성은 단순히 물이 잘 빠진다는 것만을 뜻하는 것이 아니다. 식물의 뿌리는 잎과 달리 산소호흡을 한다. 뿌리는 산소를 흡수하고 이산화탄소를 배출하는데 토양 내 수분량이 많으면 산소량이 감소된다. 산소량이 줄어들면 뿌리는 호흡을 할 수 없어 괴사되는데 암석원식물은 다른 식물에 비해 토양 내 산소 부족에 민감하게 반응한다. 뿐만아니라, 토양은 고상과 기상, 액상의 3가지로 구성되는데 이들의 열전도율을 보면 고상 〉 액상 〉 기상 순으로 높다. 토양 구성물의 열전도율은 여름과 겨울과 같이 식물이 자라기 어려운 환경에서 발생되는 피해에 영향을 미친다. 토양에서 흙알갱이인 고상은 고정되어 있지만 물과 공기는 배수상태에 따라 서로 반비례하는데 액상(물)이 높아지면 기상(공기)은 감소 되어 토양 내 산소농도가 낮아진다. 최근에는 풍혈의 원리를 이용하여 소규모의 고산온실 조성하는 사례가 있어 현장에서 적용 할 수 있도록 많은 노력이 필요하다. 암석원이라는 명칭에서도 알 수 있듯이 돌과 암석이 정원에서 많은 비중을 차지한다. 돌과 암석은 배수층, 식재토양, 멀칭재, 경관석 등으로 사용되는데 각각의 재료에 대한 물리화학적 특성을 고려하여 사용해야 한다.

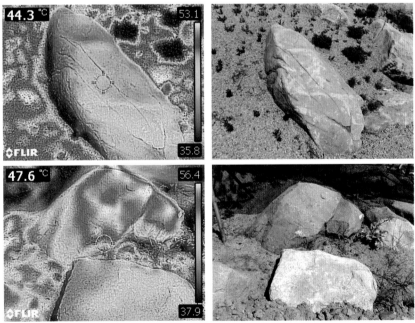

8월 오후에 촬영, 땅속에 묻힌 암석과 노출된 암석의 온도차이를 볼 수 있는 사진으로 여름철 낮은 미기후를 식물에 제공하기 위해서는 암석의 일부를 땅속에 묻어 식재지 온도를 낮추어야 한다.

방향별로 보면 남향과 서향에서 높은 온도를 나타내며 하루 동안의 온도 차이가 가장 심하여 건조한 환경이 된다.

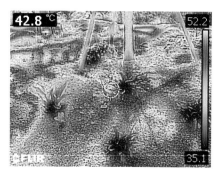

양지는 52.2℃나 되지만 나무에 의한 그늘은 지면을 35.1℃로 온도를 낮출 수 있으며 시간에 따라 그늘의 방향이 변화하므로 다양한 초본이나 관목을 생육특성에 따라 조정하여 식재 할 수 있다.

■ 재료별 열전도율의 비교

구 분	재 료	열전도율(W/mk, at 20℃)	비고
석 재	대리석	2.8	
	화강석	3.3	식재기반 혹은 경관석 적합
	현무암	3.5	식재기반 혹은 경관석 적합
	석회암	1.4	멀칭재료 적합
	사암	2.3	
목 재	소나무, 낙엽송	0.13	
기 타	유리	0.76	
	자갈	2.0	
	기와	0.75	
	물	0.6	
	얼음	2.2	
	공기	0.025	적은 수분은 온도 상승 억제

기온 20℃에서 열전도율을 나타내는 것으로 재료 중에 금속성분이 많이 포함될수록 높게 나타나며 높은 열전도율은 재료의 열을 잘 전달하는 것을 나타내므로 멀칭재는 열전달율이 낮은 재료를 사용해야 하고 하부는 지열이 충분히 식물까지 도달될 수 있도록 얼진도율이 높은 재료를 사용해야 한다.

높은 액상은 열전도율을 높여 토양 중에 있는 뿌리에 열로 인한 피해를 유발하고 높은 온도로 인해 토양 내 이산화탄소가 증가하여 식물뿌리의 괴사를 가속시키므로 가급적 여름철에는 낮은 토양 수분함량이 유지되도록 하는 것이 고산식물을 생존시킬 수 있다.

풍혈지대는 다양한 북방계 식물이 자라고 있어 식물학적으로 연구가치가 높다.

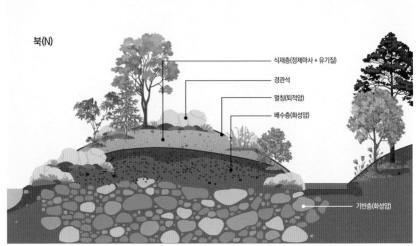

북(N)

- 식재층(정제마사 + 유기질)
- 경관석
- 멀칭(퇴적암)
- 배수층(화성암)
- 기반층(화성암)

식재 기반은 기반층, 배수층, 식재층, 멀칭 등으로 구성이 되어있으며 기반층은 깊이 1.0m 이상으로 지면(GL) 보다 낮게 하여 발파석으로 채워 배수층에 내린 물을 집수할 수 있도록 하여 고온기 기화열을 유도한다. 배수층(0.3m 이상)은 쇄석으로 기반층부터 채우고 식재층의 수분이 효과적으로 배수되게 하고 화성암계열의 쇄석을 사용하여 기온보다 낮은 지열이 식물 뿌리에 닿을 수 있게 한다. 식재층은 세척한 마사인 정제 마사와 유기물을 혼합하는데 유기물의 함량이 30~50% 수준이 되도록 혼합하고 토양의 두께는 0.3~0.5m정도 식물에 따라 조정한다. 사용되는 유기물은 피트모스 등과 같이 양분이 없는 것을 사용한다.

4. 멀칭

멀칭재는 식물을 식재하고 난 뒤에 지면을 마감하는 재료로 일반적인 정원에서는 유기물인 바크 등을 사용하지만 암석원에서는 무기질재료를 사용해야 한다. 멀칭은 지온의 상승을 막고 잡초발생을 감소시킨 뿐만 아니라 경관 개선을 위해서 사용이 되기도 한다. 암석원에서는 지면의 멀칭은 지온상승 방지가 가장 중요하다. 암석원 식물이 고온에 가장 취약한 부분은 뿌리와 줄기가 시작되는 곳으로 지제부로 불리우며 지제부의 괴사로 인해 많은 고산식물이나 다육식물이 피해를 받는다. 암석원에서 멀칭은 탑드레싱(Top Dressing)이라고 불리며 지제부를 건조하게 유지 할 수 있도록 입자가 굵은 것을 사용한다. 따라서, 암석원에 사용하는 토양의 멀칭재는 열전도도가 낮은 재료를 사용해야 한다.

배수력을 높이기 위해 사용되는 마사는 화성암계로 열전도율이 비교적으로 높으므로 열전도율이 낮은 퇴적암계열의 석회암이 적합하다. 석회암을 멀칭재로 사용하면 토양의 pH가 높아져 알칼리성토양으로 변하여 식물에 대한 유해성을 우려하는데 석회암은 풍화되지 않은 상태에서는 토양 pH에 거의 영향을 미치지 않고 석회질 성분은 수분과 접촉이 있어야 토양의 pH에 영향을 미치나 멀칭에 사용되는 것은 토양의 화학성에는 거의 관여하지 않는다. 식재지면에 사용되는 석회암 멀칭은 2~3㎝ 두께로 사용힌다.

멀칭은 식재 후에 이루어지며 지온상승 방지 등의 유익한 효과를 위해 사용되는 것으로 2~3cm 두께로로 한다. 난석으로 이용되는 휴가토를 사용하며 멀칭한 것으로 단열 및 보습의 효과는 좋지만, 강우에의해 손실되는 양이 많아 평지 위주로 사용가능하다.

Top Dressing과 같은 멀칭과 화분식재로 배수와 보습을 제어 할 수 있도록 하였다.

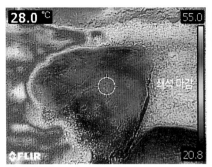

암석원과 같은 정원에 멀칭하면 지온을 낮추는 역할을 하는데 사진과 같이 좌측의 식재토양과 우측의 쇄석 마감된 곳의 온도를 비교하면 많은 차이가 있는 것을 알 수 있다.

5. 식재토양

암석원의 식재토양은 높은 배수력과 적당한 보습을 갖춘 토양을 사용해야 한다. 암석원에 사용되는 대표적인 식재토양은 일명 마사(摩沙)토로 불리는 사질토양이며 마사토는 세척하지 않거나 정제하지 않으면 점질 혹은 식질토양이 불균일하게 함유되어 있어 배수층이 막혀 배수불량 혹은 통기 불량을 유발하므로 반드시 세척하거나 정제해서 사용해야 한다. 암석원의 식재토양은 배수를 향상시키는 정제된 마사와 보습력이 있는 유기물토양인 피트모스 혹은 코코피트를 혼합하여 사용한다. 혼합 상토는 다양한 물질이 혼합되어 있어 물리적 화학적으로 불균일할 수 있어 사용을 지양한다. 코코피트는 코코넛껍질을 원자재로 생산되는 것으로 바닷물에서 물리성을 개선하고 있어 제품 내에 염분 집적되는 경우가 많으므로 사전에 잔류 염류 검사를 해야 하고 불량한 코코피트에 식재하면 식물은 염류장애를 받아 고사 될 수 있다. 식재토양의 깊이는 최소 30㎝ 이상이 되어야 하며, 교목 식재지는 토양을 50㎝ 이상을 확보해야 한다. 하부 배수층은 멀칭재료와 달리 하부의 지온 전달이 좋은 금속성분이 많이 함유되어있는 화강암 및 현무암계열의 암석을 사용한다.

지중 온도를 측정하면 지표면 하부의 깊이 50㎝ 이하만 되더라도 하루 중의 온도변화가 많지 않고 일정하게 유지되므로 지중열이 식물뿌리에 충분히전달될 수 있도록 기반을 조성한다. 재배된 식물을 암석원에 식재하는 경우 피트모스 등의 보습력이높은 토양에 재배된 식물은 조성된 암석원 토양과 유사한 조합으로 교체한 후 식재해야 과습피해를 방지할 수 있다. 경관을 위한 일반적인 식물이나 특성이 강건하여 활착이 잘되는 식물에 대해서는 문제가 발생되지 않지만, 고산식물이거나 건조식물인 경우에는 정원 토양과 조성이 다른 경우에는 과습피해를 받을 수 있다. 온실에서 재배되어 판매되는 식물은 균일한 생산과 판매를 위하여 상토를 사용하거나 비교적 보습력이 있는 토양에서 재배되는데 이것을 암석원에 그대로 식재하면 토양 조성이 달라 성질이 까다로운 식물은 여름철에 과습으로 인해 괴사가 되므로 특별한 식물종에 대해서는 사전에 암석원과 유사한 토양이 되도록 조정해야 한다.

6. 경관석

경관석을 놓는다고 표현은 하지만 암석원에서는 지면에 30㎝ 이상을 땅속에 묻어 고정하는 것이 다양한 미기후를 만들어 식물이 고온피해 혹은 저온피해를 저감 시킬수가 있다. 돌을 놓는 방향이나 방식에 따라 그늘을 만들어 고온에 약한 식물을 생육할 수 있게 하며, 겨울의 건조한 바람에 약한 식물을 건조되지 않게 바람막이 역할도 할 수 있게 한다. 암석원을 만드는 작업에서 식재기반도 중요하지만 경관석을 어떻게 놓느냐에 따라 식재할 수 있는 식물도 달라진다. 암석원에 사용되는 경관석은 퇴적암계열인 석회암 등이 좋으나 석회암은 국내에서 확보가 어려우며 생김새가 강한 것이 많아 적당한 것을 찾는 것이 어려워 일반적으로 밝은색의 화성암계열인 화강암 등을 가장 흔히 사용한다. 1목이라고 하는 한 사람이 옮길 수 있는 암석이 많이 필요한데 이것은 암석원 조성 후에도 세굴이 발생하거나 경사면을 조정하는 등 지속적인 정원관리를 위해 필요하다. 큰 돌로 작은돌을 표현하기는 어렵지만 작은 돌을 모으면 큰 돌과 유사한 느낌으로 표현한 것도 가능하다.

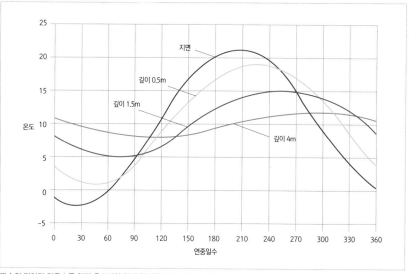

땅속의 깊이가 깊을수록 연간 온도변화 없이 일정하게 유지되는데 열전도율이 높은 재료를 사용하면 여름에는 지중의 낮은 온도가 뿌리까지 전달되고, 겨울에는 반대로 높은 지열이 뿌리로 전달되어 비교적 안정된 뿌리환경을 만들 수 있다.

7. 식물

암석원 식물은 고산식물, 건조식물, 해변식물 등이 식재되는 공간으로 식물은 식물체가 작은 왜성형, 쿠션형, 바닥을 기는 포복형, 잎이 작거나 두꺼운 식물 등이 있으며 생태적으로는 건조한 환경에 잘 자라는 식물이다.

1) 암석원 식물의 식재

암석원의 식물은 고산지역이나 건조지역에 적응하기 위해서 식물의 크기는 작은식물로 진화되었다. 작은 식물은 여러 개체를 모아 심는 군락으로 식재해야 하고 정원에서는 많은 식물로 인해 식물종명을 분실하여 식물 이름을 알 수 없거나 적은 수량만 식재하여 식물체를 찾을 수 없는 경우가 발생되기도 하므로 동일종에 대해서는 여러군데 나누어 식재하기 보다는 한 구역에 식재하는 것이 식물종 관리에 유리하다. 실제로 자생지를 관찰하더라도 일정 면적 내에서 군락으로 생육하는 것을 자주 볼 수 있다. 식물을 식재하는 최소의 단위인 하나의 구역은 정원의 크기나 형태에 따라 달라질 수 있으나 가로 세로의 길이가 5m 정도로 한다. 구역 내에서는 유사한 생태 적 특성을 가진 식물을 식재하여 지속적인 식물의 유지관리가 가능하도록 한다.

산성토양, 알칼리토양, 습지, 건조지, 음지, 전석지 등으로 식물의 생육특성을 반영하여 식재지를 만들어야 하며, 산성토양은 pH4.0 정도의 피스모스를 사용하여 조성하고, 알칼리토양은 석회석을 사용하며, 습지는 보습력이 좋은 피트모스를 사용하고, 건조지는 유기물인 피트모스나 코코피트를 줄어 건조한 식재 조건이 되도록 한다. 음지는 식재지 주변에 수목을 식재하여 그늘을 만들고 토양은 유기물을 혼합하여 적정한 수분을 보유 할 수 있도록 하고 전석지는 다양한 크기의 암석을 활용하고 관목 위주로 식재한다. 외국의 정원에서는 대륙별로 구분하여 전시하기도 하지만 동일한 대륙이라 하더라도 생육특성이 다른 경우가 많아 대규모 정원인 경우에만 적용 가능한 방식이다. 식물의 식재는 경관석과의 관계를 고려하여 식재해야 하고 돌출된 암석의 일부를 가릴 수 있도록 관목을 적절하게 활용해야 한다.

경관석은 다양한 크기의 암석을 사용해야 하지만 석질이 다르거나 형태가 구별나는 것을 사용하지 말아야 하고 특히 표면의 색상이 눈에 띄는 재료는 지양해야 한다.

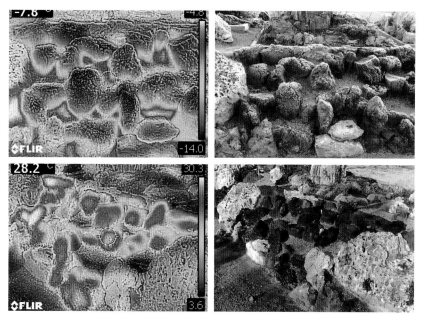

12월의 아침(위)과 한낮(아래)에 촬영한 것으로 검은색의 현무암은 많은 양의 광물질을 가지고 있는 암석으로 야간에는 주변보다 온도가 낮아지고 주간에는 온도가 높아져 온도의 편차가 많은데 이것은 식물이 생육에는 불량한 환경으로 현무암과 같은 화성암은 정원의 표면에 노출되는 용도보다는 땅속의 열에너지를 전달하는 용도로 사용하는 것이 암석원 식물의 생육에 적합하다.

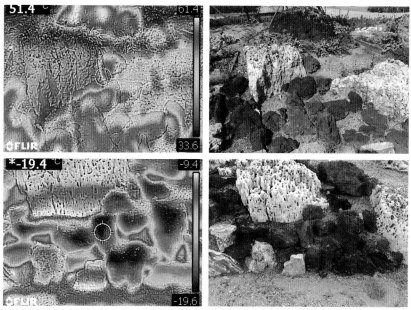

6월 한낮(위)과 1월 오전(아래)에 촬영한 것으로 백색인 석회석은 퇴적암계통으로 광물질을 많지 않아 외부 환경의 변화에 따라 온도의 변화가 크지 않으므로 멀칭재료나 경관석으로 사용하기 적합하다.

식물종이 유사한 동일 속의 식물개체는 식재 후에 혼란을 유발 할 수 있어 눈안으로 구별이 확실하지 않은 형태를 가진 식물은 구역 내 식재를 하지 않는다.

우리나라는 잘 놓인 돌의 경관보다 식재된 식물과 녹색 경관을 좋아하는 경향이 있어 많은 돌이 노출되는 것을 지양해야 하며, 암석원은 다른 식물보다 자라는 속도가 늦어 조성 초기에는 식물로 되어있지 않은 노출된 지역이 많이 발생되는데 섬백리향과 같이 포복성으로 자라는 식물을 우선 식재하고 식물의 활착 정도와 추가 식재를 고려하여 점차 제거한다.

① 교목의 식재

암석원에는 그늘을 만드는 나무 등은 식재하지 않는 것이 생태적으로 적합한 것으로 알려져 있으나 미기후를 만들기 위해 필요하다. 암석원에 나무를 식재하는 것은 첫째 평면적인 정원에 수직적인 경관요소가 되고, 둘째 정원 내 미기후를 만들어 다양한 생육환경을 조성하며, 셋째 방문객에게 그늘을 제공하여 편의를 제공한다. 암석원에서 수직적 요소를 위한 수목은 상록성으로 구상나무, 분비나무, 종비나무, 솔송나무 등이 있으며 이들은 낮은 해발에서는 생육이 불량한 경우가 많은데 고산에 자라는 상록성수목은 우선 배수가 잘되어 여름철에 과습피해를 받지 않아야 하고 동계의 건조에 대한 피해를 방지해야 한다.

건조피해는 주로 2~3월에 발생되는데 이 시기의 토양은 동결되어 수분흡수가 어려우나 기온은 높아져 잎에서는 증산작용이 발생되어 수분흡수와 증산작용의 불균형에 의한 것이 많다. 암석원의 조성과 관리에서 가장 이견이 많은 부분은 그늘을 제공하는 수목에 대한 부분으로 진정한 고산식물을 위한 공간으로 교목은 불필요한 요소로 인지하기도 하고 방문객을 위해서는 그늘목 필요한 요소로 인지되기도 한다. 하지만 고산식물의 대부분은 우리나라의 여름철 기온을 견뎌낼 수 있는 것이 많지 않다. 그늘목을 활용하여 12시 이후의 태양광을 차단하면 자생지와 같은 상태를 유지할 수는 없지만 지속적인 생육은 가능케 할 수 있다.

② 초본 및 관목의 식재

정원을 조성하고 처음부터 많은 식물을 식재하는 것은 어려운 작업으로 식재에 있어 선택과 집중을 해야 한다. 암석원 전체를 채워서 식재하는 것보다는 필요한 공간에 집중적으로 식재를 하고 나머지 부분은 생육이 잘되고 관리가 용이한 식물을 임시로 식재한다. 암석원 조성초기 식재에 적합한 식물은 *Thymus*(백리향류), *Phlox*(꽃잔디), *Ajuga*(아주가), *Geranium*(쥐손이풀) 등이 있다. 이와 같은 포복성 식물은 생육이 왕성하여 번식이 잘 되는 반면 다른 식물로 교체하고자 할 때 제거가 용이하다. 암석원은 다른 정원보다 초본 및 관목의 종류가 많으며 파종 후 발아는 용이하지만 식재 후에 생육이 불량하여 유지관리가 어려운 정원이다.

초본 및 관목의 식재에서 암석원의 토양과 식재 예정식물에 사용된 토양의 차이가 많은 경우에는 기존 토양을 제거하고 식재한다. 봄에 식재되는 식물은 관수 관리가 잘 되는 정원에는 활착이 용이한 편으로 여름의 과습은 인위적으로 제어할 수 있는 방법이 없다. 암석원에 사용되는 식물에 있어 식재 토양이 과습하지 않도록 관리해야 한다. 우리나라에는 많은 노력을 들인 암석원이 있지만 일반인이 관심을 가지는 암석원은 많지 않다. 전문가 사이에는 중요성이 인정되지만 암석원의 많은 돌과 강한 태양광으로 식물의 가치를 이해하지 못하는 경우가 많다. 많은 사람에게 관심을 갖게 하기 위해서는 흥미를 이끌 수 있는 요소가 필요하다. 풍성하게 보여야 하고 화려해야 한다. 사람들은 정리정돈되고 잘 놓인 암석보다는 풍성하고 아름다운 정원을 추구하는 성향이 있어 암석원의 경관석 배치는 기능성이 강조된 배치가 필요하고 부가적으로 식재에 있어 경관적인 요소를 강조할 필요가 있다. 비록 완전한 고산식물이나 건조식물이 아니더라도 형태적 혹은 생태적 유사성이 있는 식물을 적극적으로 수집하여 전시하는 것이 필요하다.

교목은 암석원에서 남향 혹은 서향에 식재하여 식재된 식물의 고온에 의한 피해를 저감하고 동선의 남향에 식재하여 방문객에게 관람 편의를 제공해야 한다. 그늘목의 식재에 대한 위치 등은 식재된 식물과 동선을 고려하여 식재하는 것이 필요하다.

8월의 한낮에 촬영한 것으로 여름철 한낮의 동선 온도는 66.8℃까지 상승되어 관람의 불편을 제공하는 것뿐만 아니라 생육하는 식물의 생명까지 위협한다.

털진달래가 만개한 경관으로 암석원의 동계 경관을 위해 상록 식물의 식재가 필요하다.

암석원의 화려함과 풍성함은 초본과 관목의 식재만으로 가능한 것으로 고산에 생육하는 재배 및 관리가 어려운 식물뿐만 아니라 재배는 어렵지 않지만 화려하고 볼거리가 있는 식물을 보완하는 것이 필요하다.

암석원에 백두산떡쑥과 같은 포복성 식물원 암석의 강함을 완화시켜준다.

8. 일반적인 암석원의 조성 방법

1. 계획이 수립되면 굴삭기 등을 이용하여 지형을 만든다.

2. 암거 배수공사로 과습하지 않도록 한다.

3. 연못을 위한 지형을 만든다.

4. 연못의 방수작업 및 돌 놓기 등을 시행한다.

5. 식재지의 지형을 만든다.

6. 배수층을 만든다.

7. 동선을 만든다.

8. 식재토양을 혼합한다.

9. 돌 놓기 등의 완료

10. 식재층을 조성한다.

11. 교목을 식재한다.

12. 멀칭을 한다.

13. 관목을 식재한다.

14. 초본을 식재한다.

9. 암석원의 식물관리

암석원에서 식재된 수목이나 초본류에서 생육이 불량한 경우는 건조에 의한 피해혹은 과습로 인해 나타난다. 주로 우기에 발생되는 식재토양의 부적합이거나 고온으로 인한 식물의 생육 불량이 발생되고 심한 경우에는 고사되는 경우가 많으며 봄철의 건조시에 적기에 관수가 이루어지지 않아 건조로 인해 고사되기도 한다. 식재토양은 과습하지 않도록 조정하고 봄철에는 적절한 관수가 될 수 있도록 스프링클러관수 및 QC밸브관수를 적절히 활용해야 한다. 암석원식물은 고온기에 모잘록병과 같이 병균에 이해 기사되는 경우가 많다. 병균은 곰팡이에 의한 것으로 과습하지 않도록 관리해야 하고 6월 이후부터는 살균제를 처리하여 방지해야 한다. 뿐만아니라 여름에 고온에 의한 생육불량을 방지하기 위해 그늘목을 적절히 배치하고 배수상태를 수시로 확인해야 한다. 식재 후 5년이 지난 초본에 대해서는 분주와 같이 포기나누기를 시행하여 새로운 개체 생성을 할 수 있도록 하고 통기가 불량하여 괴사되는 식물에 대해서는 솎음작업을 병행해야 한다.

고산식물(*Dianthus nivalis*)은 과습해지면 사진과 같이 괴사되는데 우리나라에서는 장마철에 주로 피해를 받아 증상이 나타난다.

담자리꽃나무의 고온에 의한 피해로 지속적으로 노출되면 결국 식물체는 사라지므로 온습도의 관리가 가능한 장소로 옮겨야 한다.

10. 수입식물의 관리

외국에서 식물을 수입하는 경우 식물검역을 완료하고 현장에 반입되면 즉시 식재를 해야 한다. 우선 식물종을 확인하고 식물표찰을 부착하고 작업해야 한다. 식물종이 반입되는 순간부터 관리해야 하는데 이후로 미루면서 식물종관리가 되지 않는 사례가 많으므로 주의해야 한다. 식물표찰이 설치된 식물은 잘 씻은 마사에 식재를 한다.

식재에서 중요한 것은 식재토양의 수분과 산소의 관리인데 잘 씻은 마사에서 관리가 용이하다. 함수량이 많은 피트모스 등은 수분은 충분하지만 토양 내 산소 농도가 적을 수 있어 발근이 지연되기도 한다. 식재 후에는 그늘에서 보관하고 건조하지 않도록 공중습도를 높여 준다. 뿌리의 온도가 28℃ 정도에서 발근이 잘 되므로 지온은 높여 주고 잎은 증산량이 최소가 되도록 공중습도는 높이고 차광을 시행한다. 3개월 경과 후에 줄기에 새로운 잎이 발생되거나 생장을 개시하면 관수량을 줄여 발근 이 촉진되도록 한다. 6개월 정도 경과하여 완전히 발근되면 차광 및 공중습도를 조절이 필요하지 않게 된다. 이 시기부터 정원에 식재가 가능하며 3~4월에 식재하는 것이 활착률이 높다.

침엽수 묘목이 수입박스 속에 여러 개의 식물이 혼재돼있어 식물종관리를 철저히 해야 한다. 묘목은 주로 소독된 피트모스를 사용하고 뿌리는 완전히 세척된 상태로 반입된다.

수입된 수목은 세척 마사에 식재하여 발근시키고 3개월 정도면 뿌리기 새로 내린다.

구근정원

구근식물은 뿌리나 줄기가 비대해져 원형 혹은 다른 형태로 변형되어 영양분뿐만 아니라 식물 생육에 관한 모든 정보를 둥근 형태의 구근에 가지고 있는 식물을 말하는 것으로 튤립, 백합, 수선화, 크로커스, 알리움, 갈란투스, 무스카리, 상사화, 글라디올러스 등을 국내 정원에서 쉽게 볼 수가 있다.

구근식물은 다른 식물과 달리 꽃이 지고 난 후에 굴취와 이식이 편리한 이점을 가지고 있다. 튤립과 같은 구근은 1개월 정도 꽃을 보고 다른 식물로 교체하여 행사용으로 사용하는 경우가 많아 일회성 식물로 여겨지나 많은 구근류는 정원에서 오랜 기간 생육이 가능한 식물이다.

1. 식재 위치

구근을 위한 정원에서 유의해야 하는 것은 배수가 잘되는 토양에 심어야 하는 것과 야생동물로부터 피해를 방지하는 것이다. 물가에 자라는 수선화를 제외하고는 배수가 불량하면 구근 자체가 썩는 경우가 많이 있다. 구근은 뿌리에 영양분과 수분을 다량 함유하고 있어 건조에도 비교적 강하고 영양분이 적은 토양에서도 생육 가능하지만 과습하면 피해가 발생한다. 구근은 뿌리에 많은 영양분을 가지고 있어 곤충과 동물의 먹잇감이 된다. 특히, 산에 위치한 정원에 식재된 구근식물은 멧돼지와 같은 동물이 좋아하여 하루에도 몇백 개가 피해를 받는다. 정원에서 구근류를 심기 위해서는 앞서 언급한 것과 같이 토양의 배수와 동물에 대한 조치가 필요하다.

2. 식재

구근의 알뿌리는 특성에 따라서 깊이를 달리한다. 구근 식재지의 배수를 위해서는 식물종에 따라 달라지나 20㎝ 정도는 배수가 잘될 수 있는 토양으로 개량을 해야 하며, 양분이 적으면 개화량이 적고 개화기가 짧아진다. 일반 공원보다는 산지에 조성한 정원에서 동물의 피해가 심한데, 그중에서도 멧돼지의 피해가 심하며 고라니의 피해도 많이 있다. 고라니는 새로 나온 잎을 먹기 때문에 생육 초기에 피해가 심하나 멧돼지는 구근 전체를 가해하여 식물이 없어지는 경우가 많아 피해가 심각하다. 특히 야생동물의 피해가 많은 구근은 나리류(*Lilium*) 및 알리움(*Allium*)으로 이 구근은 거의 남아나지 않으며 반대로 수선화 및 상사화는 피해가 적다.

산지에 위치한 정원에서는 백합(*Lillum*)과 알리움(*Allium*)을 식재하지 않는 것이 좋으나 정원에서 반드시 필요한 경우라면 사전 조치가 필요하다. 멧돼지는 주둥이로 땅을 파서 헤집고 속에 있는 구근 등을 섭식하는데 자갈이 많거나 돌이 많은 지역에서는 멧돼지의 먹이 활동이 저조하여 식재된 구근의 피해가 많지 않기 때문에 구근 식재에 각이 많이 지고 입자가 큰 골재를 멀칭하면 피해를 경감 할 수 있다. 골재의 깊이가 깊을수록 좋겠지만 10㎝이상은 되어야 효과를 볼 수 있다. 구근식물만 이용하여 구근정원을 만들지는 않지만 다양한 구근을 식재하여 전시하는 공간을 흔히 볼 수 있다. 구근을 식재하기 위해서는 꽃이 피는 시기를 조절하여 연중 개화가 가능하도록 설계를 해야 한다.

■ 개화 시기에 따른 구근 종류

시기	식물	비고
이른 봄	*Chionodoxa*(키오노독사), *Crocus*(크로커스), *Iris reticulata*(레티쿨라타붓꽃), *Muscari*(무스카리), *Narcissus*(수선화), *Scilla*(실라), *Galanthus*(설강화), *Tulip*(튤립)	
봄	*Anemone blanda*(아네모네 블란다), *Narcissus*(수선화), *Tulip*(튤립), *Muscari*(무스카리), *Fritillaria*(프리틸라리아), *Hyacinthus*(히아신스)	
늦은 봄	*Anemone*(아네모네), *Narcissus*(수선화), **Iris xiphium*(크리시피움붓꽃), *Hyacinthoides*(블루벨), *Leucojum*(은방울수선), *Tulip*(튤립), *Allium*(알리움), **Ranunculus*(라넌큘러스)	
이른 여름	*Eremurus*(에레무루스), **Gladiolus*(글라디올러스), *Iris*(붓꽃), *Lilium*(나리)	*Lilium*(asiatic)
여름	*Liatris*(리아트리스), **Begonia*(구근베고니아), **Zantedeschia*(칼나), **Crinum*(문주란), *Lilium*(나리)	*Lilium*(oriental)
늦은 여름	**Begonia*(구근베고니아), **Zantedeschia*(칼라), **Crinum*(문주란), **Canna*(칸나), *Crocosmia*(크로코스미아), **Agapanthus*(아가판사스), *Lycoris*(상사화), **Dahlia*(다알리아)	
가을	*Crocus*(크로커스), *Colchicum*(콜키쿰), *Lycoris*(상사화), **Begonia*(구근베고니아), **Zantedeschia*(칼라), **Crinum*(문주란)	*Crocus*(Autum)

*는 내한성이 약하여 가을에 서리가 내리 전에 채취하여 별도 관리해야 한다.

크로커스

구근아이리스

무스카리

10cm

알리움

튤립

수선화

20cm

프리틸라리아

나리

30cm

구근의 종류에 따라 식재되는 깊이를 달리하여 정원에서 많은 종류의 구근을 볼수 있도록한다.

설강화는 정원에서 이른 봄에 개화하는 대표적인 구근이다.

3. 관리

구근 중에서 가장 먼저 개화를 하는 것은 설강화이고 크로커스 등이 다음에 개화한다. 국내에서 쉽게 구입이 가능한 원예종 튤립은 2년까지는 개화가 잘 되나 3년이 경과하면 구근이 나누어지는 분얼현상이 발생하여 개화하지 않으며 원종의 튤립은 구근이 퇴화하지 않고 오랫동안 개화가 가능하지만 여름의 고온다습으로 구근이 부패하는데 이를 방지하기 위해서는 배수가 잘되는 토양에 식재하고 6월 이후에는 그늘을 만들어 토양 온도가 높아지지 않도록 해야 한다. 튤립과 같이 매년 구근을 교체하여 식재하는 구근은 문제가 없지만 오랫동안 정원에서 개화하는 나리류 및 수선화와 같은 구근은 개화 후에 영양생장을 할 수 있는 기간이 필요하다. 식물의 특성에 따라 달라지지만 최소한 2개월은 꽃이 진 상태에서 광합성하여 알뿌리에 양분을 저장하는 기간을 거쳐야 한다. 그러므로 동일 종의 구근만을 넓은 면적에 식재하는 것은 개화 후에 경관이 불량해지므로 지양해야 하는데 구근 개화 후에 정원에서 감상이 가능한 식물과 혼식해야 한다. 봄에 일찍 개화하는 튤립은 나리류와 혼식이 가능하고 6월부터 개화하는 나리류는 여름부터 효과적인 억새류와 혼식하면 정원에서 오랫동안 경관을 만들 수 있다.

4. 구근의 구입

구근은 추식(秋植)과 춘식(春植)으로 나눌 수가 있는데 튤립과 같이 봄에 꽃을 피우는 추식구근은 가을에 심고 여름부터 꽃을 피우는 나리류 등의 춘식구근은 봄에 심는다. 추식구근은 생산지에서 7월부터 수확하는데 대부분 이 시기부터 주문을 받고 10월 정도면 국내에 반입된다. 봄에 심는 춘식구근은 12월까지 주문을 받고 2월이면 국내에 구근이 반입된다. 다량의 구근이 필요한 경우에는 직접 현지의 생산자와 거래하여 구입 할 수 있으나 대부분 대행업체를 통하여 수입하는 것이 용이하다. 구근의 수입에서 문제가 되는 것은 구근에서 해충인 선충이 나오거나 식물 병에 감염된 경우에는 전량 폐기할 수밖에 없어 직접 수입하는 경우에는 이로 인해 큰 피해를 받게 된다. 소량 구매의 경우에는 시기만 조절하면 언제든지 구입이 가능하다.

5. 주요 구근식물

1) 나리(백합)

백합(百合)은 하얀색의 꽃이 핀다는 뜻이 아닌 구근의 조각 100개가 합쳐서 생긴다는 뜻으로 우리나라에서는 나리로 불린다. 나리류는 꽃이 비교적 적은 시기인 6월부터 개화하고 관리가 비교적 쉬운 편으로 다양한 품종이 개발되어 정원에 사용되는 식물로 꽃이 화려하고 진한 향기가 나는 오리엔탈계통의 나리는 첫 번째 개화 후 3년이 경과되면 구근이 부패하여 고사되지만, 향기가 없는 아시아틱계통의 나리는 몇 년간 정원에서 개화하므로 정원 식재에서는 아시아틱 혹은 교잡종인 하이브리종 위주로 식재하면 관리가 용이하다.

■ 정원에서 식재하기 위한 구근의 최소 사이즈 및 적정 크기

| 식물명 | 구근의 사이즈(둘레) | | 비 고 |
	최소 개화 구근	적정 구근	
알리움	19cm	20cm 이상	대형
알리움	4cm	6cm 이상	소형
아마릴리스	24cm	34cm 이상	
크로커스	4cm	5cm 이상	
히야신스	14cm	19cm 이상	
나리	12cm	14cm 이상	아시아틱
수선화	12cm	16cm 이상	
튤립	10cm	12cm 이상	

나리는 가을이나 봄에 식재해도 개화를 한다. 가을에 식재하는 것은 식물이 이른 봄부터 생육을 시작하여 양분의 소실이나 빠른 시일에 생육 개시를 하지만 겨울에 저온 등으로 구근이 괴사하기도 하고 야생동물의 피해를 받기 쉽고 봄철이 되어 식재한 장소를 찾을 수 없어 구근이 훼손되는 경우도 발생되는 단점이 있다. 봄에 식재하는 것은 식재 후에 환경에 적응하기 위해서 조기에 양분이 소실되고 적응 시간이 걸려 첫해는 생육이 부진할 수 있으나 동해나 야생동물의 피해는 줄일 수 있는 이점이 있다. 나리는 건조한 것을 좋아하지 않지만 배수가 불량한 토양에서 구근이 괴사하는 경우가 많아 적당한 수분을 가진 토양이 적합하다. 사질토양에 유기물을 혼합한 토양이 적합하며 대부분의 나리류는 산성 토양에서 생육이 왕성하고 개화가 잘 된다. 여름철의 높은 온도에서는 구근의 자람이 불량해질 수 있어 토양 온도를 낮추기 위해서 멀칭을 하거나 잎의 형태나 특이한 엽색을 가지는 쥐손이풀속, 붓꽃속, 산형화속, 대극속 등과 같이 심거나 억새류와 같이 식재하면 상호 보완하는 효과를 볼 수 있다.

나리류는 많은 양분을 요구하는 식물로 월 1회 이상은 비료를 시비해야 하며 비료 중에서도 인산질 비료를 많이 필요로 한다. 나리류는 가장 깊게 심는 구근으로 20~30cm 깊이로 식재해야 하고, 식물의 크기에 따라서 다르나 20~40cm 간격으로 심는다. 꽃이 크고 무거운 품종 중에서 식물체 길이가 60cm 이상이 되는 것은 반드시 적정한 깊이로 식재해야 한다. 구근은 개화 후에 대한 처리를 고려해야 하는데 개화하고 꽃이 진 후에 지상에 있는 잎과 꽃대를 바로 잘라버리지 말고 구근으로 양분을 저장할 수 있는 3개월 이상의 기간을 보장해야 한다.

■ 토양 pH에 적합한 나리류

토양 pH	식물명	비고
산 성	*L. lancifolium*(참나리), *L. tsingtauense*(하늘말나리), *L. callosum*(땅나리) 등의 대부분 나리류	
중 성	*L. auratum*, *L. speciosum*, *L. longiflorum*(백합), *L. pardalinum*(표범나리),	
알칼리성	*L. martagon*(마르타곤나리), *L. candidum*, *L. henryi*(핸리백합), *L. pyrenaicum*(피레네나리)	

오리엔탈나리(나리 '이그조틱', 왼쪽)과 아시아틱나리(나리 '로비나', 오른쪽)로 개화시기기 화형이 다르다.

꽃의 수술이 유난히 길고 꽃가루가 많은 특성으로 방문객이 무심코 나리류가 몸에 닿을 수 있는데 나리류의 꽃가루가 옷에 묻은 것은 세탁하더라도 잘 지워지지 않는다. 종자를 생산하지 않는 개체는 수술을 모두 제거하는 것이 좋은데 이렇게 수술머리를 제거하면 꽃의 양분소실이 감소하여 개화기가 길어져 보다 오랫동안 꽃을 볼 수 있다.

나리류의 장점은 다른 식물과 혼식하더라도 생육에 피해가 없으며 상호 보완적인 요소가 있다. 작약과 혼식

나리류와 벼과식물은 경관적으로나 생태적으로 서로 상승효과를 얻을 수 있다. 벼과 식물과 혼식

1) 나리류의 주요 계통 및 종류

아시아틱 계통

나리류 중에 개화가 빠르고, 하늘을 향해 꽃을 피우는 것이 많다. 꽃색이 화려하며 향기가 적다. 재배가 용이하고 구근이 퇴화하지 않아 관리가 쉽다.

L. tigrinum, L. cernuum, L. davidii,
L. maximowiczii, L amabile,
L. pumilum, L. concolor, L. bulbiferum.

오리엔탈 계통

백합 중에서 개화가 늦은 편으로 꽃에 향기가 강하여 절화용으로 많이 사용된다. 알칼리토양에서는 생육이 좋지 못하고 구근이 퇴화하는 특성이 있어 3년 이상 꽃을 보는 것이 어렵다.

L. auratum, L. speciosum, L. rubellum,
L. alexandrae, L. japonicum

나팔나리 계통

수평으로 꽃을 피우며 꽃색이 비교적 단순하며 향을 가진 꽃을 피우기도 한다. 토양을 가리지 않고 관리가 쉽다.

L. luecanthum, L. regale,
L. sargentiae, L. sulphureum, L. henryi

마르타곤 계통

땅을 향해 꽃을 피우며 많은 꽃이 한 대에 달리며 화색이 화려하고 특이한 색을 가지는 것도 있다. 그늘에서도 꽃을 피우며 관리가 비교적 쉬운 편이나 여름철 고온과 다습에 약한 편이다. 알칼리토양에 잘 자란다.

L. martagon, L. hansonii,
L. medeoloides, L. tsingtauense

Lilium longiflorum

Lilium 'Ttiger play'

Lilium 'Catina'

Lilium 'Orange planet'

Lilium 'Royal kiss'

Lilium 'Kushi maya'

Lilium 'Pearl melanie'

Lilium 'Metrix'

2) 튤립

튤립(Tulip)은 정원에서 꽃의 여왕으로 불릴 만큼 많은 사람에게 사랑을 받고 정원에서 많은 수가 심어진다. 튤립은 중앙아시아가 원산지로 여름철이 건조하고 비교적 서늘한 곳에서 자라며 겨울은 많은 안개로 습도가 비교적 높은 지역에서 자란다. 튤립을 식재하기 위한 조건으로 토양의 배수가 중요하며, 배수가 불량한 정원에서는 구근이 괴사된다. 튤립은 10~15㎝의 깊이, 10~20㎝ 간격으로 식재한다. 구근 식재 간격을 정하기 어려운 경우에는 구근 직경의 2배 정도를 띄우고 심는다. 식재토양은 알칼리토양이 적합하나 강한 산성토양이 아니면 생육 가능하다.

구근은 개화하고 1~2개월 정도가 지나면 잎이 퇴화하여 사라지는데 이후부터는 관수 하지 않는다. 또한, 이 시기부터는 멀칭하거나 다른 식물을 혼식하여 토양 온도가 높아지지 않도록 그늘을 제공해야 한다. 튤립은 꽃의 형태에 따라 많게는 15가지로 구분하기도 하지만 우리나라에서는 원예종 튤립과 원종 튤립으로 일반적으로 구분한다. 원예종 튤립은 꽃이 크고 화려하고 원종보다 구근이 큰 편으로 정원에서 2년 정도 꽃을 보면 구근이 퇴화하여 개화하지 않으나 원종 튤립은 꽃이 작고 화려하지는 않으나 적정한 관리가 이루어진다면 여러 해 동안 정원에서 꽃을 피울 수 있다.

원예종 튤립은 꽃이 진 구근을 1개월 후 채취하여 시원한 그늘에서 양파망 등에 담아 보관하여 가을에 식재하여 2번 정도는 꽃을 보지만 그런 노력이 없더라도 과습하거나 여름철 온도가 높이 올라가는 특수한 조건이 아니라면 자연스럽게 다음 해 꽃을 피울 수 있다. 튤립의 관리에서 필요한 것은 여름철

아래에서부터 아시아틱백합, 아네모네, 크로커스, 원종 튤립이며 3월의 구근 상태로 원종 튤립이 가장 먼저 생육을 개시한다.

■ 튤립의 계통과 특징

계통	특징
Single Tulip	꽃은 컵 모양으로 6개 잎을 가지고, 꽃이 일찍 피는 Single Early는 크기가 24~45㎝정도 되고, 늦게 피는 Single Late는 꽃이 큰 편이며 크기가 45~75㎝까지 자란다.
Double Tulip	꽃의 직경이 25㎝까지 자라는 것도 있으며 형태는 작약과 유사하여 작약튤립(Peony Tulip)으로 불린다. 바람과 빗물에 약하여 가림막 등의 시설이 있는 곳에 적합하다. 식물의 크기는 30~40㎝정도 되고 꽃이 피는 시기에 따라 Double Early와 Double Late로 구분된다.
Fosteriana Tulip	그릇모양의 직경이 12㎝ 정도되는 꽃을 피우고 잎에 잎이 가늘어 날카로워 보이며, 일부는 잎에 줄무늬가 있으며 주로 붉은색의 꽃을 피운다. 일부 종은 향기가 있으며, 이른 봄에 25~50㎝ 정도 자란다. 이 계통은 붉은황제라고 불리는 T. 'Madame Lefeber'가 유명하다.
Kaufmanniana Tulip	꽃색이 밝게 대비되는 색상의 꽃으로 유명하다. 낮의 활짝 핀꽃과 저녁에 오므린 꽃의 색이 전혀 다른 색으로 보이며 이른 봄에 꽃을 피운다. 식물 크기는 15~30㎝정도로 암석원이나 화분에 재배하기에 적합하다.
Greigii Tulip	이른 봄에 빨강, 노랑, 흰색의 꽃을 피우고 잎에 점박이가 있고 꽃색이 화려하고 독특하다. 주로 동선 주변이나 암석원, 화분에 전시되고 소형종으로 20~30㎝ 정도 자라고 재배가 비교적 용이한 편이다.
Triumph Tulip	튤립 중에서 강건한 특성을 가지고 있으며 25~45㎝ 정도 자라고, 늦은 봄에 컵 모양의 꽃을 피우며, 비바람에 견디는 능력이 강하다.
Fringed Tulip	늦은 봄에 35~73㎝의 초장을 가진 튤립으로 꽃의 형태가 독특하여 많은 사람의 사랑을 받으며 화려한 정원에 적합하다
Lily-flowered Tulip	꽃형태가 나리꽃과 유사하며 늦은 봄에 개화하고 절화용으로 사용된다. 줄기는 가늘어 비바람에 약하고 일부는 향기가 있는 것이 있다. 식물은 40~60㎝ 정도 자란다.
Parrot Tulip	늦은 봄에 개화하고 육종을 통하여 특이한 형태의 꽃을 피운다. 꽃잎이 톱날과 같이 생겼으며 활짝 피면 앵무새의 깃같이 생긴다. 식물은 35~65㎝정도 자란다.
Viridiflora Tulip	꽃잎에 녹색의 줄이 있으며 꽃잎은 불꽃처럼 보이기도 한다. 주로 절화용으로 사용하고 40~50㎝ 정도 자란다. 늦은 봄에 꽃을 피우고 3주 정도 개화하여 튤립 중에서는 개화기가 가장 길다.
Botanical Tulip	이른 봄에 꽃을 피우며 원종 튤립으로 불리는 종으로 야생의 형태와 유사하다. 정원에서 외부 기후에 영향을 받지 않은 강건한 종이 많으며 암석원 등에 적합하다.
Darwin Hybrid Tulip	네덜란드에서 개발된 종으로 다양한 색상을 나타내고 초장이 길어 절화용으로 많이 사용된다. 5년까지 정원에서 꽃을 피울 수 있고 늦은 봄에 50~70㎝ 정도 자란다.

에 고온이 되지 않도록 식재하여 그늘을 만들거나 멀칭하고 과습하지 않도록 배수가 잘되는 토양에 식재를 해야 한다. 튤립은 구근을 비대 시켜야 꽃을 피우므로 칼륨질 비료 위주로 시비한다. 튤립을 정원에서 오랫동안 재배하기 위해서는 동향(East) 정원의 낙엽활엽수 하부의 위치에 사질토양으로 되어있어 배수가 잘되는 곳이 가장 적합하다. 구근의 특성상 개화 후에 일정 기간이 지나서 지상부 전체가 없어지므로 억새류 등과 같은 식물로 혼식하면 관리가 수월해진다.

T. 'Little Star'의 4월 10일 개화한 상태와 1개월 후인 5월 10일의 상태로 튤립은 5월 이후 온도가 올라가면 식물의 지상부는 사라지므로 구근은 혼식해야 한다.

개화 1년차 튤립구근으로 개화 후 원래 구근은 없어지고 주변 구근이 자라고 있는 모습이다(좌측). 개화 3년에는 구근이 퇴화되어야 하나 배수가 잘 되고 토양 온도가 낮은 그늘 하부에 식재한 것은 퇴화가 적다(우측).

개화 후 2개월이 지난 6월 10일의 상태로 튤립의 상부가 없어졌다.

어떤 정원에서는 꽃이 지면 바로 잎을 제거하고 구근을 채취하는데 튤립은 개화 후부터 1개월 정도까지 광합성하여 양분을 구근에
저장하므로 이 시기는 기다려 주어야 한다.

Tulipa clusiana 'Cynthia'

튤립과 같이 이른 봄에 개화하는 구근은 침엽수 주변이나 양잔디 등과 같이 녹색을배경으로 식재해야 효과를 높일 수가 있다.

3) 상사화

상사화(Lycoris) 및 석산은 잎이 먼저 나오고 어름에 잎이 진 후에 꽃이 피는 특성을 가지고 있어 잎과 꽃이 만나지 못하여 서로 그리워한다는 의미에서 상사화(相思花)라고 불린다. 기본적으로 분홍색 계통의 꽃을 피우며 비교적 내한성이 약하여 남부지방에 주로 식재한다. 늦여름에서 가을에 개화하는 상사화는 6월이 되면 잎은 없어지고 늦은 여름부터 개화한다. 상사화나 석산(꽃무릇)은 구근이 깊지 않고 식물의 군락이 비교적 크게 형성되어 6월 이후부터 식재지가 빈 땅으로 보이므로 정원에서 작은 규모로 식재하거나 낙엽수 그늘 아래 식재한다. 석산은 상록으로 겨울을 보내므로 상사화보다 내한성이 약하나 겨울을 덜 삭막하게 하므로 춥지 않은 지역에서는 석산을 식재하는 것이 겨울 경관에 유리하다. 식재토양은 배수가 잘되어야 하는데 비가 온 후 6시간 이내에 배수되고 하루 중에 6시간 정도 햇볕이 들어오는 장소가 적합하지만 낙엽수 하부에서도 꽃을 피운다. 상사화류 등의 구근식물은 칼륨질 비료가 중요하므로 시비는 N:P:K = 5:5:10인 비료를 사용하여 시비하는데 질소질 비료는 이른 봄에 시비하고 칼륨은 가을에 공급해야 한다.

■ 우리나라에 자생하는 상사화 종류

식물명	특 징	비고
상사화 L. squamigera	중부이남에서 재배되고, 이른 봄에 잎이 나와 6~7월에 잎이 마른 후 8월에 홍자색의 꽃을 피우며. 꽃대의 길이는 60cm정도 된다.	
위도상사화 L. uydoensis	전북 부안의 위도에 자생하고, 이른 봄에 잎이 나오며 8~9월에 연한 황색의 꽃을 피우며 꽃대는 50~100cm정도 된다.	
진노랑상사화 L. chinensis var. sinuolata	전라도의 산지 계곡 주변에서 자라고 7~8월에 진한 노란색의 꽃을 피우며 꽃대는 40~70cm정도 되고, 개상사화라고도 한다.	멸종위기종
붉노랑상사화 L. flavescens	제주도, 남해안 바닷가에 자라며, 꽃은 9~10월에 황색으로 피고, 꽃대의 길이는 40~50cm정도 된다.	
제주상사화 L. chejuensis	제주도에 주로 자라는 종으로 이른 봄에 잎이 나오며 6~7월에 잎이 마른 후 8월에 연한 노란색에 붉은 주맥선이 있는 꽃을 피운다.	
백양꽃 L. sanguinea var. koreana	우리나라 남부지방에 자생하며 9월에 적갈색의 꽃을 피우고 꽃대는 30cm정도 된다. 그늘지고 공중습도가 높은 곳에 잘 자란다.	
석산 L. radiata	남부지방의 사찰이나 민간에서 재배되며 습한 그늘에서 잘 자란다. 9~10월에 붉은색의 꽃을 피우며 꽃이 진 후에 잎이 나오며 상록으로 월동한다. 꽃대는 30~50cm정도 된다.	

초기 효과가 필요한 정원에서는 화분에 심겨진 구근을 사용하고 식재간격도 좁게 해야 한다. 식재 후 5년부터 개화량이 증가하므로 자주 이식하지 않는다.

석산과 상사화는 개화 후 지상부가 완전히 사라지고 정원에 활착되면 큰 군락을 형성한다. 이와 같은 구근을 군락 단독 식재하면 오른쪽 사진과 같은 경관이 되므로 혼식하거나 교목의 하부식재가 적합하다.

상사화 및 석산은 겨울의 낮은 온도에서 저온피해를 받기 쉬운 종류가 많아 수도권에서는 햇빛이 잘 비치고 찬 바람을 막을 수 있는 남향의 벽 가까이에 식재하면 상태가 좋다. 이식은 쉬운 편이나 식재 후 3년까지는 꽃을 적게 피워 초기 효과가 낮을 수 있다. 알카로이드성분의 리코린(Lycorine)이라는 독성을 가지고 있어 야생동물의 피해가 적어 산지에 위치한 정원에 적합하다. 상사화류는 내한성이 약하며 추운 지방에서는 식재가 불가능하지만 최근에는 지구 온난화 등으로 인해 서울에서도 월동 가능하다. 상사화류 중에서 상사화가 내한성이 가장 강하고 다른 종은 제주도나 남부지방이 자생이지만 서울에서 간단한 보온만으로 월동 가능하다. 멸종위기종인 진노랑상사화는 생산자증명 등을 구비한 농장에서 생산한 것만 정원에서 식재가능하다.

4) 수선화
수선화(Narcissus)는 이른 봄 물가에서 꽃을 피우는 구근으로 계류나 연못 주변에서 경관연출용으로 사용하고, 구근은 야생 동식물에 유해성분을 가지고 있어 산지에 식재해도 피해가 거의 없다.

① 식재
수선화는 일반적으로 중성토양이나 산성토양에 잘 자라지만 N. jonquilla, N. tazetta는 약한 알칼리토양에서 햇빛이 충분히 비치는 정원에서 잘 자란다. 수선화는 늦은 여름이나 가을에 15㎝ 깊이로 15 ㎝ 간격으로 식재하는 것이 적합하고 봄에 심는 것은 지양한다.

② 관리
잎이 지고 나면 멀칭하여 여름철의 고온과 건조피해가 발생하지 않도록 한다. 수선화의 잎에 독성분 인 옥살산 칼슘(Calcium Oxylate)을 가지고 있어 가축이 먹지 않도록 해야 한다. 많은 구근 중에서 수선화는 야생동물의 피해가 없어 상사화류와 함께 산지의 정원에 식재하는 용도로 사용된다. 수선화 는 꽃이 피고 나면 급작스럽게 잎이 과도하게 생장하여 경관적으로 좋지 않게 보일 수 있지만, 잎이 시 들어 마르기 전까지 제거하지 않아야 구근에 양분을 저장하여 다음 해 많은 꽃을 피울 수 있다. 이른 봄 개화 후 오랫동안 휴면하면서 지상부는 사라지지만 다른 구근과 같이 굴취하여 보관할 필요가 없 으므로 여러 식물과 혼합하여 식재하면 관리가 용이한 장점이 있다. 수선화는 물을 선호하는 구근으 로 식재 후와 개화 후에는 충분히 관수하여 건조피해를 받지 않도록 해야 한다. 하지만 잎이 진 후에는 건조하게 관리해야 구근이 발달할 수 있다. 식재된 구근은 30년 이상 생육이 가능한 생명력이 강한 구 근이지만 5년 주기 혹은 개화하지 않으면 위치를 옮겨주어야 한다.

5) 무스카리
무스카리(Muscari)는 유럽원산으로 크기는 작지만 관리가 쉽고 번식이 잘되어 군락으로 나무 그늘이 나 다른 구근과 혼합하여 정원에 식재한다. 무스카리는 4월경에 개화하고 5월에 잎이 사라진 후 9월 경에 새로운 잎을 만들어 상록상태로 월동하므로 겨울 정원에서 삭막하지 않도록 하고 다른 초본과 경쟁하지 않으므로 그라스정원 등에 혼식하기에 적합하다. 씨앗을 잘 맺고 발아도 용이하여 생육환경 이 적합하면 지속적으로 번성하는 구근이다.

① 식재
무스카리는 정원에서 토양을 가리지는 않으며 10㎝의 깊이와 간격으로 식재한다. 토양 내 습도가 높 고 배수가 잘되지 않는 토양은 피해야 하며, 식물체가 작아 주변 식물이 과도하게 생장하여 그늘이 지 는 경우에는 생육이 좋지 않을 수 있으므로 경합하는 초본류는 제거해야 한다. 식재 위치는 나무 그늘 아래, 정원의 가장자리, 동선 주변 등이 적합하고 용기에 재배해도 잘 자란다.

② 관리
9월경부터 다음 해 5월까지 상록상태로 있으며 이 시기에 주변 초본류나 관목에 의한 그늘이나 경합 이 발생하지 않도록 관리해야 하고, 토양 내 높은 습도에서 구근이 괴사되므로 배수가 불량하지 않도 록 토양 관리한다.

그라스정원

정원에서 그라스(Grass)는 사초과와 벼과 식물을 총칭하는 것으로 그라스정원은 벼과 식물이나 사초과 식물을 위주로 하여 조성되는 공간이지만 다른 식물을 돋보이게 하는 특징을 가지고 있다. 봄부터 여름까지는 잎의 질감이나 형태 등으로 전체적인 분위기를 조성하고 같이 식재되는 식물의 색과 특성이 잘 나타날 수 있도록 한다. 가을 이후부터는 꽃과 열매가 가을 정취를 느낄 수 있도록 하여 봄을 제외한 계절에 경관적으로 훌륭한 정원이 된다.

벼과 식물의 대부분은 우리나라를 포함하는 동북아시아가 자생지로 우리 기후에 적합하여 관리가 비교적 쉬워 우리나라 어디에서나 자랄 수 있는 식물군이다. 사초과와 벼과 식물의 형태는 유사하지만 다른 생태적 특성이 있는데 사초과 식물은 적은 일조량과 높은 습도의 토양에서 자라는 것이 많고, 벼과 식물은 일부 종을 제외한 대부분은 직사광선이 비치는 건조한 환경에서 자라는 종이 많다. 그라스정원에는 사초과 식물보다 벼과 식물 위주로 식재되지만 벼과 식물의 부족한 부분을 보완하는 사초과 식물을 적절하게 혼합하여 배치해야한다. 사초과 식물은 상록성이 많아 벼과 식물의 단점인 2~4월까지 경관적으로 부족한 부분을 보완할 수 있고 사초과 식물은 식물체가 작은 종이 많아 정원에서 깊이감과 섬세함을 채울 수가 있다.

1. 위치

그라스정원에 식재되는 벼과 식물과 사초과 식물은 식물종별로 자라는 환경이 달라 식물선택시 혹은 식재시 주의해야 한다. 벼과 식물 중 줄, 갈대, 달뿌리풀, 물억새 등을 제외한 식물종은 건조한 토양 조건에서 잘 자란다. 배수가 불량하면 뿌리 발육이 좋지 못하고 병해가 발생되며 웃자람이 심해 잘 쓰러지게 된다. 건조한 토양 환경을 위해서는 식재지를 기준 높이보다 언덕형태로 높게 만들고 배수가 잘 될 수 있도록 해야 한다. 태양광이 충분하고 건조한 환경을 위해 남향과 서향이 적합하고, 북향은 태양광량이 적어 웃자람이 발생하여 쓰러지는 현상이 발생하므로 조성하지 말아야 한다. 사초과 식물은 벼과 식물에 비해 토양의 습도가 높고 적당한 그늘이 있는 환경에서 잘 자란다. 그라스정원에서 사초과 식물을 식재하기 위해서는 북향이나 동향인 장소나 그늘이 있는 곳이 적합하다. 토양이 건조한 언덕의 상부에 식재하는 것보다는 토양의 습도가 비교적 높은 낮은 장소에 식재하여 건조에 의한 피해를 방지해야 한다.

벼과 식물은 뿌리가 지표면 부근에 위치하므로 뿌리나 구근이 토양 깊은 곳에 분포하는 나리류 등과 혼식해도 서로 경쟁하지 않는다.

벼과 식물로만 식재된 그라스정원은 질감의 차이에서 오는 섬세함은 있으나 계절적으로 편중되어 봄과 여름을 위한 식물과 혼식해 야한다.

사초과 식물의 밀사초 '백록담'

벼과 식물의 큰개기장

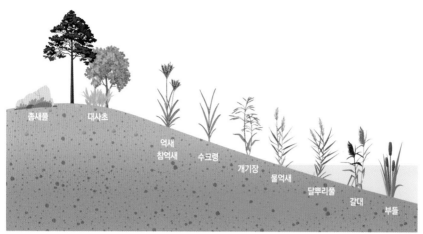

종새풀　대사초　억새　참억새　수크령　개기장　물억새　달뿌리풀　갈대　부들

벼과 및 사초과식물은 생육특성을 살려 적재적소에 식재를 해야 한다.

그라스원의 4월로 벼과 식물은 잎이 거의 나오지 않아 황량하므로 이른 봄의 경관을 위하여 사초과 식물 등과 같이 보완할 수 있는 식물로 혼식해야 한다.

이른 봄 경관을 위하여 구근류를 혼식하면 경관 및 생태적으로 이점이 많다. 좌측은 히아신스 식재, 우측은 수선화를 식재하였다.

잎의 색상이 다양한 장점을 가진 대사초류는 반드시 그늘에 식재해야 하는데 넓고 얇은 잎을 가지고 있어 태양광이 강한 지역에서는 잎이 타는 일소 피해를 받는다. 그라스정원은 노을과 잘 어울려 정원의 서쪽에 위치하는 것이 적합하다. 서향의 태양은 붉은색의 적외선 파장이 많이 분포하여 식물의 잎이 붉은색처럼 보이게 하며, 벼과식물 은 잎의 보호를 위해 규소(S)성분을 많이 함유하고 있는데 규소를 많이 함유한 잎은 저녁노을에 비친 잎을 더욱 빛나게 하여 경관을 펼친다.

2. 식재 기반

그라스정원은 주로 벼과 식물을 전시하는 공간이므로 비교적 건조하고 배수가 잘 되는 토양으로 조성해야 한다. 배수력이 좋은 사질토양을 사용하고, 사초를 식재하는 공간에는 별도로 유기물을 추가해야 한다. 식물에 필요한 양분은 유기질비료 사용시 토양보습력이 높아지는 경향이 있어 주로 화학비료를 사용하고 규소성분이 포함된 비료를 사용해야 한다. 벼과 식물은 키가 큰 것이 많아 7월 이후 바람에 쓰러지는 현상이 발생되므로 이를 방지하기 위해서 질소비료의 양을 적게 하고 규소질비료를 추가하여 시비한다. 토양의 깊이는 30㎝ 이상이 확보되어야 하고 하부에 별도의 맹암거를 설치하여 배수가 원활하도록 해야 한다.

사초과 식물을 건조하고 태양광이 강한 정원에 식재하면 생육이 좋지 않기 때문에 그늘지고 적정한 토양의 습도가 유지되는 곳에 식재해야 한다. 사진은 대사초가 건조 및 강한 태양광에 의해 생육이 불량해져 있는 정원상태이다.

3. 식재

정원에 사용되는 식물은 규격이 큰 것을 사용하는 것이 적합한데 작은 규격은 정원에서 적응하는데 많은 시간이 걸리고 초기 관리가 부족한 경우는 다른 식물과 경합하여 잘 자라지 못한다. 식재 초기에 사용되는 벼과 식물은 화분 직경이 18 ~ 21㎝이상이 적합하고, 사초과는 화분 직경이 12㎝ 이상인 것을 사용해야 한다.

그라스정원 조성에서 벼과 식물은 잎이 진 후부터 다음 해 5월까지가 식재 적기이며 7월부터는 잎이 많이 성장하여 쓰러짐이 심하므로 이 시기는 피한다. 만약 여름에 식재를 하고자 한다면 초장이 50㎝를 넘지 않는 것을 사용해야 한다. 7월부터 식재하는 경 우에는 30일 전에 억새의 줄기와 잎을 절단하면 새로운 잎이 적당한 길이로 생육하므로 이식 전에 절단작업하고 식재한다. 벼과 식물 중에 억새나 큰개기장과 같은 초장이 70㎝ 이상이 되는 것은 40㎝ 이상의 식재 간격을 확보해야 식물이 정상적으로 생육할 수 있다. 만약 작은 규격의 벼과 식물을 식재해야 한다면 3년 정도 자라야 조경적 가치가 있으므로 식재면을 멀칭하거나 구근류를 혼식한다. 작은 규격도 밀식하여 식재하면 전체적인 생육이 좋지 않게 되고 경관도 불량해지므로 충분한 식재 거리를 확보해야 한다.

벼과 식물은 줄기가 모여서 나는 참억새와 같은 종이 있고, 뿌리가 기어서 번지는 물억새와 같은 종이 있는데 그라스정원에서는 줄기가 총생하는 참억새와 같은 종이 적합하다. 물억새와 같이 지하경이 긴 종은 증식이 시작되면 인위적으로 조절이 불가능하므로 가급적 식재를 하지 않는 것이 좋은데 이런 종에는 물억새, 갈대, 띠(흰띠), 달뿌리풀, 부들, 줄 등과 같은 것이 있다. 이와 같은 종은 대단위 군락에 적합하므로 정원의 경계지와 유휴지나 토양이 척박하여 다른 식물이 살기 어려운 공간에 사용해야 한다. 사초류는 생장이 느리나 겨울에 상록인 식물종이 있고, 일부 종은 건조에도 강한 것이 있어 그라스정원에 다양하게 사용된다. 식재 간격은 20㎝ 정도가 적합하고 토양의 깊이는 20㎝ 이상이면 생육 가능하다. 대사초와 같이 잎이 넓은 사초류는 그늘에 식재하고, 건조피해가 발생하지 않도록 관수가 용이한 곳이 필요하고 강한 광이 있는 남향과 서향은 가급적 식재하지 않는다.

4. 그라스정원의 관리

벼과 식물과 사초과 식물의 오래된 잎의 제거 작업은 2~3월이 적기로 겨울철에도 마른 잎과 열매가 정원에서 관람 요소가 되므로 1월까지는 정원에서 역할을 할 수 있도록 존치하고 2월부터 제거한다. 제거 시기를 놓치면 벼과 식물의 묵은 잎이 쓰러져 경관적으로 좋지 않은 것뿐만 아니라 습기가 많은 상태는 절단작업도 어려우며 새로운 잎이 나오는 시기와 겹치면 정원의 초기 경관이 불량해진다. 상록성 사초류는 마른 잎만 제거하는 것보다는 3월경에 모든 잎을 잘라주는 것이 식물의 상태를 좋게 한다.

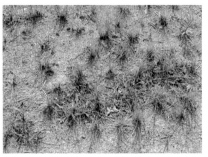

그라스정원을 조성하기 위해서는 일반적으로 사용되는 것보다 큰 사이즈의 식물을 사용하는 것이 조기에 활착하고 경관 조성에도 효과적이다(좌측). 작은 규격의 억새류를 식재하면 초기 활착이 불량하고 활착에 많은 노력이 요구된다(우측).

■ 그라스원에 어울리는 식물

구 분	식 물 명
봄에 볼거리가 있는 식물	각시수염붓꽃, 무스카리, 알리움, 튤립, 프리뮬러, 헬레보루스, 팥꽃나무, 라일락류, 조팝나무류 등
겨울 볼거리가 있는 식물	유카, 절굿대류, 낙상홍, 백당나무, 흰말채나무, 노간주나무, 로키향나무류, 은청가문비 등
상호 보완적인 식물	나리류, 금계국, 버들마편초, 베르바스쿰, 점등골나물, 유파토리움 두비움, 구절초, 우단동자, 여뀌류, 에키나세아, 설악초, 원추리, 나무수국, 분꽃나무 등

물억새는 뿌리가 기면서 증식이 되는 억새류로 그라스정원에 식재하지 않는 것이 좋고, 과도한 증식으로 정원 전체에 치명적인 영향을 미치므로 유휴부지나 대면적 식재에 적합하다.

5년생 이상의 억새류는 생육이 불량해지고 가운데가 비는 현상이 발생하므로 5년부터는 포기나누기 작업을 해야 하는데 삽이나 톱 등을 이용하여 생육 개시 전인 2~3월에 실시한다.

정원에서는 2월까지 벼과 식물의 오래된 잎을 제거야 한다. 2월부터 해빙되면 식물이 쓰러지고 제거도 쉽지 않으며 경관도 불량해진다.

5. 그라스정원의 식물

물대(*Arundo donax*)

중국, 인도, 지중해가 원산지로 2.0~6.0m정도 자라며, 내한성이 약하여 충청이북에서는 동해를 받아 고사되기도 한다. 물가에 자라는 종으로 해안이나 강가에 잘 자라며 잎에 하얀색의 무늬가 있는 *Arundo donax* 'Variegata' 품종은 남부지방이나 온실에서 식재하여 활용된다.

사초속(*Carex*) 식물

우리나라에 는 13속 200여 종의 사초류가 자생하고 전 세계적으로 보면 3,000여 종이 있다. 대부분의 사초속 식물은 그늘지고 토양 습도가 높은 곳에서 잘 자라고 햇볕이 강한 곳에서는 잎이 타는 증상을 보인다.

우리나라 정원에서 주로 사용되는 사초속 식물에는 밀사초 '백록담'(*Carex boottiana* 'Baengnokdam'), 애기사초 '스노우라인'(*Carex conica* 'Snowline'), 플라카사초(*Carex flacca*), 꼬랑사초(*Carex mira*), 지리대사초(*Carex okamotoi*), 무늬새발사초(*Carex ornithopoda* 'Variegata'), 오시멘시사초 '에버골드'(*Carex oshimensis* 'Evergold'), 레모타사초(*Carex remota*), 대사초 '바나나 보트'(*Carex siderosticta* 'Banana Boat'), 대사초 '바리에가타'(*Carex siderosticta* 'Variegata'), 모로위사초 '실버 셉터'(*Carex morrowii* 'Silver Sceptre'), 모로위사초 '골드밴드'(*Carex morrowii* 'Gold Band'), 모로위사초 '실크 태슬'(*Carex* 'Silk Tassel') 등이 정원에 식재된다. 일부 사초속 식물은 춥지 않은 겨울에는 상록으로 월동한다.

산새풀속(*Calamagrostis*) 식물
산새풀속에는 산조풀(*Calamagrostis epigejos*), 산새풀(*Calamagrostis langsdorffii*)과 실새풀 (*Calamagrostis arundinacea*)이 있는데 실새풀은 1.0~1.5m 정도 자라고 그늘이나 양지에서도 잘 자라며 이른 가을에 연한 황색~적색의 꽃을 피우며 정원에서 활용도가 높아 지고 있다. 산조풀은 강가나 바닷가의 모래에 자생하며 0.6~1.5m 정도 자라고 연한 녹색을 띤 꽃을 피우고 그늘에서는 생육이 좋지 못해 잘 쓰러지는 단점이 있으며 습지 등의 생태적인 공간에 식재한다. 높은 산에서 자라는 산새풀은 정원용 소재로 활용되지 않는다.

좀새풀(*Deschampsis cespitosa*), 꽃그령(*Eragrostis spectabilis*)
좀새풀은 우리나라에 자생하는 식물로 한라산 등과 같이 높은 산에서 자라며 식물체는 크지 않다. 뿌리의 발달이 좋아 사면 안정용으로 사용되나 과습에 약하다. 꽃그령은 아메리카 대륙이 자생지로 0.3~0.6m 정도 자라고 가을에 보랏빛의 꽃을 피우고 건조한 지역에 잘 자라며 옥상정원 식재용으로 사용되기도 한다.

풍지초(*Hakonechloa macra*)
풍지초는 다양한 잎색을 가지는 품종이 개발되어 정원의 중요한 식물 소재로 사용되며 그늘지고 토양의 습도가 높은 곳에 잘 자라며 비교적 수명이 길다. 식물체는 0.3~0.6m 정도 자라고 폭은 0.6m 정도이며 직사광선이 많은 곳 보다는 반그늘이나 그늘에서 생육이 좋으며 병해충 등이 발생하지 않아 관리가 용이한 식물이다. 품종으로는 풍지초 '아우레올라'(*H.* 'Aureola'), 풍지초 '올 골드'(*H.* 'All Gold'), 풍지초 '베니카제'(*H.* 'Beni-Kaze'), 풍지초 '선플레어'(*H.* 'Sun Flare') 등이 있다.

몰리니아(*Molinia caerulea*)
유럽과 서아시아에서 자생하는 식물로 여름에 개화하여 겨울까지 이삭이 남아 있어 정원에서 오랫동안 감상이 가능하고 건조에 강한 편이다. 하지만 배수가 불량한 곳에서는 생육이 좋지 못하다. 식물체는 1.2~2.4m 정도 자라고, 폭은 0.6~1.2m 정도 된다. 품종에는 몰리니아 '무어헥세'(*M.* 'Moorhexe'), 몰리니아 '하이드브라우트'(*H.* 'Hidebraut') 등이 있다.

털쥐꼬리새(*Muhlenbergia capillaris*)

핑크뮬리로 불리고 있지만 공식 명칭은 털쥐꼬리새이며 미국서부가 원산으로 꽃이 핑크색으로 핑크 뮬리라고 불린다. 개화기는 9~11월이며 최근에 정원에 군락으로 식재된다. 내한성은 조금 약한 편으로 겨울의 온도가 낮을 경우에는 저온피해를 받으며 식물은 0.6~0.9m 정도 자라고 식물 폭도 유사하며 배수가 잘되는 토양에서 잘 자라고 햇볕 드는 곳에서 생육과 개화상태가 좋으며 그늘에서는 불량하다. 도심지의 불량한 토양이나 공해에 강하여 도시 정원 식재에 적합하다.

모로위사초 '실버 셉터'

무늬지리대사초(*Carex okamotoi* f. *variegata*)

산조풀 강가 등과 같이 토양습도가 높은 곳에 잘 자라고 뿌리줄기로 번식하여 공원이나 생태적인 공간에는 적합하나 작은 정원에서는 과도하게 번식하지 않도록 조치가 필요하다.

풍지초 '아우레올라'

털쥐꼬리새(핑크뮬리)는 씨앗으로 번식이 잘 되며 이로 인해 생태교란식물 취급을 받기도 한다.

큰 개기장은 7월 이후에 개화되면서 태풍이나 강우 등에 의해 쓰러짐이 발생되므로 웃자라지 않도록 관리해야 하고 키가 작은 품종을 선택해야 한다.

큰개기장(*Panicum virgatum*)

미국에 자생하는 벼과 식물로 생육 가능한 토양의 범주가 넓어 다양한 곳에 식재되고 있지만 강가와 같이 적당한 토양의 습도가 있는 곳이 적합하다. 그늘에서도 잘 자라지만 태양광이 약하고 양분이 많은 토양에서는 여름 장마 이후에 쓰러지는 현상이 심하게 발생되므로 웃자라지 않도록 관리해야 한다. 병해충에 비교적 강한 편이나 여름철 고온다습한 기간 동안 녹병이 발생 될 수 있으므로 예방해야 한다. 이 식물은 절화용으로 많이 사용되며 그라스정원이나 연못, 계류주변에 심기도 한다. 식재되는 품종에는 개기장 '더스트 데빌', '헤비메탈', '프레리 스카이', '레흐브라운', '로트스트라흐부쉬', '세난도아', '스쿠아' 등이 있으며, 여름부터 개화하고 가을에 단풍이 좋아 미국 등지에서는 공원과 생태조경에 많이 식재되고 있으나 우리나라 정원에서는 잘 쓰러지는 문제가 있어 품종 선택에 주의해야 한다. 개기장 '헤비메탈', '프레리스카이' 등은 초장이 큰 품종으로 작은 정원에 적합하지 않고 개기장 '더스트 데빌', '로트스트라흐부쉬'와 같이 키가 크지 않는 종을 선택하여 식재해야 한다.

수크령(*Pennisetum alopecuroides*)

우리나라를 포함하는 아시아가 원산지로 관리가 쉽고 다양한 품종이 있으며 질감이 좋아 정원에서 활용도가 높은 식물이다. 식물체는 0.6~1.5m 정도 자라고 가을에 노랗게 단풍이 들며 7월부터 개화하고 10월이 되면 이삭은 없어진다. 그라스정원이나 연못주변, 보더가든 등에 사용되며 반그늘에서 잘 자라고 생육을 위한 토양범위가 넓어 토양 습도가 높은 곳이나 건조한 토양에 대한 내성이 강하여 도심지의 레인가든이나 옥상정원 등 에 적합하다. 수크령 품종에는 키가 작은 수크령 '하멜른'(*Pennisetum alopecuroides* 'Hameln'), 아주 작은 수크령 '리틀 버니'(*P. alopecuroides* 'Little Bunny'), '리틀 버니'보다 작은 수크령 '리틀 허니'(*P. alopecuroides* 'Little Honey'), 잎은 늘어지나 꽃은 직립하는 수크령 '모우드리'(*P. alopecuroides* 'Moudry'), 잎이 가늘고 직립하는 '카시안스 초이스'(*P. alopecuroides* 'Cassian's Choice'), 중형으로 잎이 가늘고 늘어지는 수크령 '겔브스티엘'(*P. alopecuroides* 'Gelbstiel'), 꽃이 청색인 청수크령(*P. alopecuroides* var. *viridescens*) 등이 있다.

흰줄갈풀(*Phalaris srundinacea* var. *picta*)

잎에 흰색무늬가 있는 식물로 재배가 비교적 용이하고 건조한 토양이나 습도가 높은 곳에서도 생육하며 직사광선이 강한 곳이나 반그늘에서도 잘 자란다. 지피식물로 주로 사용되며 토양의 피복 속도가 빠른 편으로 과도하게 번식될 우려가 있어 작은 정원 등에서 주의해야 한다. 식물체는 0.6~1.2m 정도 자라고 폭은 0.6~1.5m 정도된다.

가는잎나래새(*Stipa tenuissima*)

미국, 멕시코 등에서 자라는 다년초로 가는 잎과 은녹색의 잎의 색으로 신비한 분위기를 연출한다. 건조에 강하고 관리가 어렵지는 않으나 내한성이 약하여 남부지방이나 실내에서 식재 가능하고 식물은 0.3~0.6m 정도 자란다.

수크령 '하멜른'은 키가 작게 자라는 왜성종으로 작은 정원이나 암석 등에 적합하다.

수크령 '모우드리'는 늦은 가을에 개화하며 수크령 중에 형태가 좋은 품종으로 중대형 정원에 적합하다.

■ 대표적인 수크령 품종

식물명	특 징	비고
수크령 '리틀 허니' P. alopecuroides 'Little Honey'	초장이 0.1~0.3m로 아주 왜소하며 개화수는 적다.	
수크령 '리틀 버니' P. alopecuroides 'Little Bunny'	초장이 0.2~0.4m로 작은 편으로 정원에 적합다다.	
수크령 '하멜른' P. alopecuroides 'Hameln'	초장이 0.3~0.6m로 작은 종으로 개화수 등 정원에 적합하다.	
수크령 '모우드리' P. alopecuroides 'Moudry'	초장이 0.6~0.9m로 개화수가 많아 정원에 적합하다.	

■ 주요 억새 품종

참억새 '야쿠시마 드워프'는 키가 작은 억새로 암석원 등에 적합하다.

참억새 '리틀 키튼'은 소형 억새 정원소재로 적합하다.

참억새 '딕시랜드'는 잎으 넓고 하얀색의 줄무늬가 있어 조경적으로 좋은 특징을 가지고 있지만 강우 등에 의해 잎이 쓰러지므로 웃자라지 않도록 관리해야 한다.

참억새 '그라실리무스'는 가는 잎과 직립성을 가지고 있어 정원 정원소재로 적합한 품종이다.

■ 주요 억새 품종

식물명	크 기(m)	특징
참억새 '아다지오' M. 'Adasio'	초장 0.9~1.5, 폭 0.9~1.2	잎은 가늘고 키가 작은 왜성 억새로 정원 소재로 적합
참억새 '어거스트 페더' M. 'August Feder'	초장 1.4~1.8, 폭 0.9~1.2	가을 단풍이 화려
참억새 '코스모폴리턴' M. 'Cosmopolitan'	초장 1.8~2.4, 폭 1.2~1.5	대형종으로 잎에 줄무늬가 있으며 정원 소재로 적합
참억새 '딕시랜드' M. 'Dixieland'	초장 0.9~1.5, 폭 0.9	키가 작고 잎에 하얀색의 줄무늬가 있으며 잘 쓰러짐
참억새 '플라밍고' M. 'Flamingo'	초장 1.5~1.8, 폭 1.2~1.5	붉은색의 꽃을 빨리 피우고, 정원 소재로 적합
참억새 '골드 바' M. 'Gold Bar'	초장 1.2~1.5, 폭 0.9~1.2	키가 작고 직립하며 띠형태의 노란색 무늬가 잎에 있음
참억새 '그라킬리무스' M. 'Goliath'	초장 2.0~2.5, 폭 1.2~1.5	키가 큰 대형종으로 잎이 넓고 생육이 왕성
참억새 '그라실리무스' M. 'Gracillimus'	초장 1.5~1.8, 폭 0.9~1.2	가는 잎을 가지고 직립형태로 단정하여 정원 소재로 적합
참억새 '그린 라이트' M. 'Green Light'	초장 1.2~1.5, 폭 0.9	가늘고 부드러운 잎을 가짐
참억새 '그로세 폰타네' M. 'Grosse Fontane'	초장 1.7~2.5, 폭 1.5~1.8	대형종으로 화서(꽃)가 크고 아름다우며 정원 소재로 적합
참억새 '케스케이드' M. 'Kaskade'	초장 1.8~2.1, 폭 0.9~1.2	대형종으로 화서(꽃) 및 잎 형태가 정원 소재로 적합
참억새 '클라인 실버스핀' M. 'Kleine Siberspinne'	초장 0.9~1.2, 폭 0.6~0.9	왜성으로 자라고 가는 잎을 가지고 있으며 정원 소재로 적합
참억새 '쿠퍼버그' M. 'Kupferberg'	초장 2.0~2.2, 폭 1.6~1.8	대형종으로 화서(꽃)가 크며 관상가치가 높음
참억새 '크레이터' M. 'Krater'	초장 1.2~1.5, 폭 0.9~1.0	키가 작은 종으로 가을 단풍이 좋음
참억새 '리틀 키튼' M. 'Little Kitten'	초장 0.3~0.9, 폭 0.3~0.6	아주 작은 왜성종으로 작은 정원이나 암석원의 소재로 적합
참억새 '리틀 지브러' M. 'Little Zebra'	초장 0.6~1.0, 폭 0.6~1.0	키 작은 종으로 잎에 노란색의 띠형태 무늬가 있음
참억새 '말레파투스' M. 'Malepartus'	초장 1.8~2.1, 폭 0.9~1.2	대형종으로 화서(꽃)가 빨리 피고 화려하며 정원 소재로 적합
참억새 '미산골드파운틴' M. 'Misan Golden Fountain'	초장 0.6~1.5, 폭 0.6~0.9	왜성종으로 띠모양의 노란색 무늬 잎을 가짐
참억새 '모닝 라이트' M. 'Morning Light'	초장 1.2~1.8, 폭 0.9~1.2	잎이 가늘고 흰색 줄무늬가 있으며, 식물병에 약함
참억새 '펑크첸' M. 'Punkchen'(Little Dot)	초장 1.5~2.1, 폭 0.8~1.0	직립성으로 잎에 노란띠 무늬가 있고 정원 소재로 적합
참억새 '퍼플 폴' M. 'Purple Fall'	초장 1.5~2.0, 폭 0.9~1.5	가을 단풍이 화려하며 정원 소재로 적합

참억새 '레드 치프' *M.* 'Red Chief'	초장 1.2~1.5, 폭 0.6~1.0	화서(꽃)가 붉은색이며, 가을 단풍이 좋아 정원 소재로 적합
참억새 '로시' *M.* 'Rosi'	초장 1.8~2.4, 폭 1.5~1.8	대형종으로 참억새와 물억새의 특징을 가지고 있음
참억새 '로터 페일' *M.* 'Roter Pfeil'	초장 1.8~2.0, 폭 1.2~1.8	화서(꽃)와 가을 단풍이 붉게 되며 정원 소재로 적합
참억새 '사라반데' *M.* 'Sarabande'	초장 1.5~1.8, 폭 0.8~1.0	진녹색의 가는 잎을 가지고 금색의 화서(꽃)로 개화
참억새 '실버페더' *M.* 'Silberfeder'	초장 1.8~2.4, 폭 1.2~1.5	대형 억새로 은색의 화서를 가지고 큰 정원에 적합
참억새 '스트릭투스' *M.* 'Strictus'	초장 1.8~2.4, 폭 0.9~1.5	대형 억새 제브리누스와 유사, 직립성으로 정원 소재로 적합
참억새 '바리에가투스' *M.* 'Variegatus'	초장 1.5~2.0, 폭 1.2~1.5	잎이 넓고 하얀색의 줄무늬를 가지며 잘 쓰러짐
참억새 '야고 드와프' *M.* 'Yago Dwarf'	초장 0.9~1.2, 폭 0.6~0.9	'Yakusima Dwarf'와 동일하나 야고가 함께 자람
참억새 '야쿠 지마' *M.* 'Yaku Jima'	초장 0.9~1.2, 폭 0.8~1.0	왜성종 'Adagio'와 유사하며 가는 잎을 가짐
참억새 '야쿠시마 드와프' *M.* 'Yakushma Dwarf'	초장 0.9~1.2, 폭 0.6~0.9	왜성 억새로 암석원에 사용
참억새 '제브리누스' *M.* 'Zerinus'	초장 1.5~2.1, 폭 1.2~1.8	대형 억새로 노란띠 형태의 무늬를 가지며 정원 소재로 적합

그라스정원은 가을과 겨울을 통해 매력적인 공간이 된다.

1. 그라스정원의 기반 조성시에는 유기물을 최소한으로 사용하고 식재토양은 사질토를 사용하여 배수에 유의한다.

2. 식재기반이 조정되면 식재면 정리 및 구배 조정을 해야 하는데 모든 정원은 식재면 정리 후 식재한다.

3. 식물 반입시 억새류는 운송 중에 피해를 받으므로 바람을 막을 수 있는 차량을 사용해야 한다.

4. 그라스정원은 이른 봄철 및 겨울 동안 볼거리 식물을 혼합하여 식재한다.

5. 식재 초기 정원의 모습으로 큰 사이즈를 식재하였으나 볼륨이 많게 보이지는 않는다.

6. 식재한 당해의 늦은 겨울 모습으로 바닥면이 보이지 않도록 초기에는 멀칭한다.

7. 식재 후 2년이 경과하여 식물이 완전히 활착된다.

8. 벼과식물의 단조로움을 보완하기 위하여 다양한 식물을 혼식한다.

만병초정원

만병초는 우리나라에서는 생소한 식물이지만 유럽 등지에서는 꽃 색이 화려하고 꽃의 형태가 매력적일 뿐만 아니라 상록성 식물로 그늘에서도 꽃을 잘 피우는 특성이 있어 많은 곳에서 식재되고 정원으로 조성된다.

만병초와 철쭉은 동일한 *Rhododendron*속 식물이나 외관상으로는 다른 식물처럼 보이는데 상록인 식물을 만병초라고 하며 반상록 혹은 낙엽성 식물을 철쭉류(아잘레아)라고 한다.

만병초는 상록성으로 철쭉류에 비해 잎이 크고 꽃은 화려하지만, 겨울에 건조피해가 발생하고, 여름에는 고온과 강한 햇볕에 생육이 좋지 않아 정원에서 관리가 어려운 식물이다.

많은 종류가 중국이 원산지이며 우리나라에는 만병초, 홍만병초, 노랑만병초 등이 자생한다. 시중에 유통되는 것은 원예용으로 개발된 하이브리드계통의 품종으로 이중 일부는 우리나라 정원에 식재 가능하다.

1. 정원의 위치

만병초정원은 산성토양, 보습력을 가진 토양, 적정한 공중습도가 유지되는 곳으로 지하고(枝下高)가 높은 낙엽수와 상록수가 혼식된 지역이 적합하다. 단풍나무 느릅나무와 같은 천근성 수목은 토양 중의 수분을 경합하므로 같이 식재하지 않고, 호두나무는 만병초의 생육을 불량하게 하는 알로파시(*Allopathy*)성분을 방출하므로 10m 이내에 식재하지 않는다.

낙엽성 만병초류인 진달래 등은 남서쪽이나 서쪽이 열린 곳에서 생육 가능하고 잎이 넓고 상록인 만병초는 남쪽을 막아 직사광선이 잎에 직접 닿지 않도록 해야 한다. 상록 만병초의 식재에 적합한 환경은 북쪽이나 북서쪽이 막힌 곳으로 겨울의 건조한 바람이 직접 닿지 않아야 한다.

상록침엽수와 어울리는 만병초로 서늘하고 습도가 높은 고산지역에서 잘 자란다.

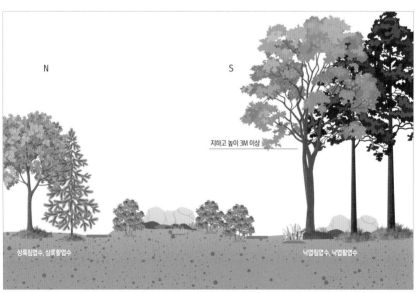

지형적으로 건조한 바람을 막을 수 있는 여건이 되지 않는다면 상록수목을 심거나 방풍벽을 만들 필요가 있다. 하지만 기온이 높은 지역에서 겨울 온도가 높으면 건조피해가 가중되므로 남쪽이 막힌 곳에 식재해야 한다. 남향이나 남서향의 강한 태양광과 한낮의 높은 온도는 생육을 좋지 않게 하고 식물 병이 발생 될 수 있으므로 한낮에는 직사광선이 직접 닿지 않게 해야 한다. 적당한 공중습도와 태양광이 유지될 수 있도록 지하고가 3.0m 이상인 낙엽수를 심어야 한다.

만병초원은 건조한 바람을 막고 비교적 습도가 높으며 소나무로 구성된 장소를 선택하여 토양개량하고 만병초를 식재한다.

만병초원을 조성하고 15년 정도 경과한 상태로 내한성 등이 약한 만병초 품종은 고사되고 우리나라 환경에 자랄 수 있는 만병초 품종 위주로 전시된다.

■ 우리나라에 자생하는 진달래속 식물

식물명	학 명	자생지	특 성
만병초	R. brachycarpum	백두대간	6~7월 개화, 상록성
홍만병초	R. brachycarpum var. roseum	울릉도	만병초와 동일한 종으로 보기도 함
노랑만병초	R. aureum	강원도 북부 이북	5~6월 개화, 상록성
산진달래	R. dauricum	한라산, 백두산	3~4월 개화, 반낙엽성
꼬리진달래	R. micranthum	강원도, 충청북도	6~7월 개화, 상록성
털진달래	R. mucronulatum var. ciliatum	설악산, 지리산, 한라산 정상	4~5월 개화, 낙엽성
진달래	R. mucronulatum	전국	3~4월 개화, 낙엽성
철쭉	R. schlippenbachii	전국	5~6월 개화, 낙엽성
산철쭉	R. yedoense f. poukhanense	전국	4~6월 개화, 반상록성
황산차	R. lapponicum subsp. parvifolium var. parvifolium	백두산 이북	5~6월 개화, 상록성
참꽃나무	R. weyrichii	제주도	4~5월 개화, 낙엽성

참꽃나무

산철쭉(백색)

철쭉

산진달래

2. 정원의 식재 기반

만병초는 건조에 견디는 힘이 약하며 건조증상이 발생되더라도 외관상으로 바로 나타나지 않아 건조 피해로 고사되는 경우가 자주 발생한다. 또한, 만병초는 굵은 뿌리가 없고 가는 뿌리로만 구성되어 토양 내 통기성이 좋지 못해 뿌리의 이산화탄소농도가 높아지면 뿌리가 괴사되므로 배수가 불량하거나 답압된 토양에서는 생육할 수 없다. 식재 토양은 pH4.0~6.0 범위가 적당하며, pH6.0을 초과하는 토양은 황산철을 사용하여 토양 산도를 조정해야 하는데 토양 pH1.0을 낮추기 위해서는 100㎡에 황산철이 104kg 소요된다. 알칼리토양에서는 철성분의 결핍증상과 생육이 불량해지므로 토양의 pH를 올릴 수 있는 콘크리트 건축물 주변에는 식재하지 말아야 한다. 만병초류는 토양 통기성이 높아야 하므로 진흙이 많은 흙을 사용하지 말고 답압이 예상되는 동선 주변에는 식재하지 않는다.

피트모스는 유기물인 물이끼나 사초류가 오랜기간동안 산화되어 생성된 것으로 보습력이 높은 토양이다. 하지만 유기물인 피트모스는 열을 전달하는 열전도율이 낮아 겨울에 얼면 3월이 되어도 녹지 않아 토양 속의 수분을 흡수할 수 없어 건조에 의한 피해를 받게 된다.

■ 만병초 식재지 조성방법

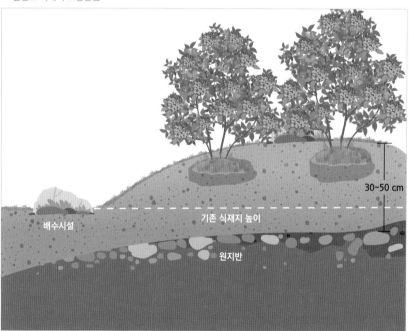

식재 토양 깊이는 30~50㎝ 이상이 되어야 하고 기존 토양을 사용하지 말고 별도로 만들어야 한다. 배수를 위한 맹암거는 지면에서 50㎝ 하부에 설치하여 배수가 잘 되도록 해야 하고 그 위에 식재를 위한 토양을 쌓아 올려야 한다. 식재 토양은 산성토양인 피트모스를 주로 사용하나 겨울에 온도가 낮은 우리나라에는 피트모스만 사용하는 것은 적합하지 않다.

만병초는 2~3월에 주로 고사가 되는데 상록수목에서 발생되는 봄철의 건조피해와 원인이 유사하다. 식물 잎은 5℃부터 광합성과 증산작용을 시작하여 토양 내 수분을 소비 하는데 식재토양은 녹지 않은 얼음 상태로 되어 뿌리는 수분흡수를 할 수가 없다. 잎은 증산작용하는데 뿌리는 수분을 흡수할 수 없는 불균형이 발생되면서 결국에는 건조로 식물이 고사된다. 일부 만병초는 건조피해를 받고 잎을 떨어뜨린 후 새로운 싹을 발생시켜 다시 생육하지만 반복되는 경우에는 고사된다. 정원에서 식재토양을 준비하는 과정에서 주의해야 하는 것은 기온이 오르면 지온도 같이 올라 토양이 녹아야 하는데 열전도율이 낮은 피트모스나 펄라이트와 같이 해빙하는데 많은 시간이 소요되는 토양은 사용을 지양해야 한다. 불가피하게 이러한 토양을 사용해야 하는 조건이라면 배수가 잘되고 열전도율이 높은 사질토양을 혼합하고 해빙기에 지온을 올릴 수 있도록 멀칭이나 낙엽 등을 제거하여 지면에 직사광선이 직접 닿게 하고 한낮에 충분히 관수하여 해빙되도록 해야 한다. 외국의 만병초 정원에서는 피트모스를 사용하지 않고 바크나 사질토양을 사용하는 경우가 많다.

3. 정원의 시설

고산지역에 생육하는 만병초는 미스트(Mist)나 포그(Fog)와 같이 안개설비를 설치하거나 활엽수와 침엽수를 혼합 식재하여 적정한 공중습도를 유지해야 한다. 미스트나 포그와 같이 안개설비는 바람이나 태양광이 강한 곳에서는 효과가 떨어지므로 지면보다 낮게 정원을 만들거나 그늘목이나 차폐식물

콘크리트 구조물 부근에 식재한 만병초는 사진과 같이 높은 pH에 의한 철(Fe)결핍 증상 발생되고 생육이 좋지 않게 되므로 주의해야 한다.

을 식재하여 적정 습도를 유지 할 수 있다. 안개설비는 안정적으로 공중습도를 유지 할 수 있는 장점은 있지만 관리를 위한 비용이 소요되고 내구연한이 있어 교체 비용이 발생된다. 만병초정원의 관수시설은 지면에 설치하는 점적방식도 사용이 가능하지만 스프링클러 방식으로 관수하는 것이 공중습도의 유지에 유리하다. 일부 만병초는 겨울에 보온하거나 방풍시설이 필요할 수 있으므로 준비해야 한다. 방풍시설의 높이는 만병초보다 높게 설치를 해야 건조한 바람에 의한 피해를 줄일 수 있으며, 식물 전체를 밀봉하거나 밀폐하지 않도록 한다. 방풍시설은 잎에 건조한 바람이 직접 닿지 않게 하고 윗부분을 열려있어 방풍시설 내 온도가 높아지지 않도록 해야 한다. 겨울의 저온기간 동안 뿌리보호를 위해 지면의 보온조치가 필요하고 잎에는 짚이나 거적 등을 이용하여 방풍 처리한다. 건조한 바람을 막는 방풍시설은 투명한 비닐은 고온에 의한 식물에 피해가 발생되므로 사용하지 말아야 한다

4. 식재

정원에 식재되는 만병초는 뿌리가 가늘어 건조피해를 받을 수 있어 뿌리의 건조 방지를 위한 조치가 필요하다. 식재 적기는 상록성 만병초는 봄철이 가장 적당하고 9월 중에도 식재가 가능하다. 낙엽성인 아잘레아는 비교적 이식이 용이하여 시기를 가리지 않는 편이다. 식재하는 위치는 여름의 고온피해를 막을 수 있고 건조한 겨울바람을 막을 수 있는 곳이 적당하다. 너무 그늘진 곳에서는 꽃을 피우지 않고 너무 많은 태양광은 생육을 불량하게 하므로 오전 광을 충분히 받을 수 있도록 환경 조성한다.

〈식재 토양의 조성 방법〉
식재 토양은 배수 및 통기가 잘되도록 바크, 거친 피트모스와 같은 유기물을 사용하고 가는 입자의 피트모스는 과습 우려가 있어 사용하지 않는다. 소나무껍질인 바크는 뿌리썩음병을 방지하는 성분을 가지고 있어 혼합하면 좋고 토양 깊이는 30~50㎝가 적당하다. 만병초정원을 만들기 위한 식재 토양조성의 방법에는 두가지가 있는데 첫 번째는 굵은 정제 마사 70%, 중간크기의 바크 혹은 거친 피트모스 30%로 혼합, 두 번째는 굵은 정제 마사 50%, 바크나 거친 피트모스 10%, 양질토 40% 혼합이 있다.

겨울 동안 건조한 바람을 막기 위하여 거적 등을 설치하는데 사진과 같이 겨울동안 건조한 바람에 노출된 잎은 건조피해를 받는다.

만병초에 적합한 배수는 20㎝의 구덩이 에 물을 채우고 1시간 이내에 물이 빠지도록 해야 한다. 주의 사항에는 열전도도가 낮은 피트모스나 펄라이트가 많이 혼합된 식재 토양은 기온이 상승하는 2월부터 잎에서 발생되는 증산량과 뿌리의 수분흡수량의 불균형으로 건조피해가 발생하므로 적정량을 사용해야 한다. 식재 초기에는 물은 2~3일 간격으로 관수하여 건조피해가 발생하지 않도록 하고, 토양의 pH뿐만 아니라 관수하는 물에 대한 pH를 측정하여 관리해야 한다. 배수가 불량하면 뿌리썩음병이 발생되어 생육이 불량해지므로 식재시 뿌리분은 5㎝ 정도 올려 심는다. 만병초류의 뿌리는 가늘며 서로 뭉치는 특징이 있어 Root ball이라고 하는데 화분에 심겨진 만병초를 정원에 식재하는 경우에는 날카로운 칼로 뿌리의 겉을 10㎝ 폭으로 잘라야 뿌리 뻗음이 좋아지고 빨리 활착한다. 식재 시기는 3~4월이 적당하고, 5월 이후에는 관수 등에 어려움이 있으므로 주의해야 하며 가을 식재는 9월 중에 해야 한다. 만병초는 알칼리토양에서 심각한 생육 장애 피해를 받으므로 식재 전 토양 검사를 시행하여 적정 토양 pH를 확인하고 조치해야 한다.

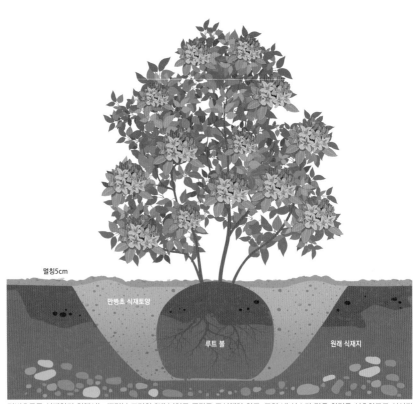

만병초류를 식재하기 위해서는 뿌리분 크기의 2배 넓이로 공간을 조성해야 하고, 토양 내 산소가 많은 환경을 선호하므로 심식되지 않도록 올려 심고 식재 후에는 5㎝ 두께의 바크로 멀칭하여 건조피해가 발생하지 않도록 한다.

5. 만병초의 관리

식재된 만병초는 2년 정도는 물관리가 되어야 하는데 높은 토양습도에서는 뿌리썩음병이 발생 될 수도 있고 토양이 건조하여 수분스트레스를 받으면 시들음병(뿌리궤양병) 등이 발생하므로 적정 토양 수분을 유지해야 한다. 수분스트레스를 감소시키기 위해 바크 등을 이용하여 5㎝ 두께로 멀칭하는 것이 토양습도 유지를 위해 필요하며 2월부터 4월까지는 멀칭을 제거하여 지온상승이 조기에 이루어지도록 해야 한다. 만병초는 상록으로 겨울을 나므로 토양이 얼기 전까지는 관수작업이 이루어져야 하며 한겨울에도 기온이 올라가거나 토양이 건조하면 수시로 관수하고 2월에 기온이 상승하는 시기에는 1주일 간격으로 지속적으로 관수하여 건조피해를 예방해야 한다. 만병초와 같은 진달래속의 식물은 가지치기가 거의 필요 없는 식물로 죽은 가지 등의 제거와 같이 간단한 작업만으로 수형의 유지가 가능하다. 다음 해에 개화하는 꽃눈은 7월에 만들어지므로 꽃이 진 후에 바로 꽃대를 제거해야 하는데 8월 이후에 가지치기하면 꽃봉오리가 제거되어 꽃이 피는 양이 감소 될 수 있어 주의해야 한다. 만병초류는 많은 비료가 필요하지 않고 생육 개선을 위해 시비하는 경우에는 봄철에 시행해야 하고 8월 이후에 비료를 주면 새순이 발생되어 겨울 동안 피해를 받을 수 있다. 특히 많은 꽃을 피우기 위해서는 인산(P)이 많이 함유되고 마그네슘(Mg)를 포함하고 있는 비료를 이용해야 한다. 만병초는 해충 피해가 많지 않으나 병해가 많은 편으로 베노밀이나 다코닐 등의 살균제를 정기적으로 살포해야 한다.

만병초 식재 초기

■ 우리나라 기후에서 생육이 가능한 만병초

학 명	원산지	특 성
R. fortunei	중국 남부	4~5월 개화, 분홍색 꽃에 향기가 있으며, 1.8m(10년) 자람
R. catawbiense	미국 동부	5월에 백색의 꽃을 피우고, 1.5m(10년) 자람
R. ponticum	유럽 남부	5월 개화, 분홍색 개화, 1.2m(10년) 자람
R. griersonianum	미얀마	6월 개화, 적색 개화, 1.5m(10년) 자람
R. 'PJM'	육성종	3~4월에 분홍색의 꽃을 피우고, 1.2m(10년) 정도 자란다.
R. 'Henry's Red'	육성종	5월에 붉은색의 꽃을 피우며, 1.2m(10년) 정도 자람
R. 'Anah Kruschke'	육성종	5~6월에 붉은색의 꽃을 피우고 1.5m(10년) 정도 자람
R. 'Cadis'	육성종	5~6월에 분홍색의 꽃을 피우고, 1.5m(10년) 정도 자람
R. 'Calsap'	육성종	5월에 백색 혹은 연한 자주색의 꽃을 피우고, 1.2m(10년) 정도 자람
R. 'Horizon Monarch'	육성종	5월에 개화하며 노란색의 꽃을 피우며 1.8m(10년) 정도 자람
R. 'Olga Mezitt'	육성종	5월에 분홍색의 꽃을 피우고, 0.9m(10년) 정도 자람
R. 'Teddy Bear'	육성종	4~5월에 분홍색의 꽃을 피우며, 0.9m(10년) 정도 자라고 잎의 뒷면에 털이 많다.
R. 'County of York'	육성종	5~6월에 백색의 꽃을 피우며, 1.8m(10년) 정도 자람
R. 'Yaku Angel'	육성종	5월에 백색의 꽃을 피우며, 0.6m(10년) 정도 자라고 건조에 강해 암석원에 식재
R. 'Pontiyak'	육성종	5~6월에 분홍색의 꽃을 피우고, 0.9m(10년) 정도 자라고 비교적 건조와 직사광선에 강함

Rhododendron 'PJM'

Rhododendron 'Teddy Bear'

R. 'Horizon Monarch'

R. 'Henry's Red'

R. griersonianum

R. 'Anah Kruschke'

만병초가 건조에 지속적으로 노출이 되면 뿌리 궤양이 발생하여 식물이 고사된다. 왼쪽 사진은 지상부의 형태이며 오른쪽은 뿌리 부분의 피해 증상이다.

겨울온도가 높은 경우에는 건조피해가 발생되므로 피해 방지를 위한 차광시설이 필요하다.

만병초류는 온도가 낮아질수록 잎을 말고 처지는 정도가 높아진다. 만병초의 잎 상태로 기온을 예상할 수 있는데 -4℃ 이하에서 사진과 같은 증상이 나타난다. 이 상태는 식물의 생육에 이상이 있는 것이 아니라 저온을 견디기 위한 반응이다.

9. 만병초의 증식

1. 수입되는 만병초 삽수는 각 품종별로 포장이 되어 있고 포장 내부에는 물기가 있는 휴지를 동봉하여 포장되어 있다.

2. 만병초 삽수는 주로 비행기를 통해 수입 되며 7~10일 정도가 소요된다.

3. 준비된 만병초 삽수는 우선 종별로 구분하여 깨끗한 물속에 담아 둔다.

4. 만병초의 삽수는 잎을 2~4장 남기는데 잎의 1/2 정도 절단하여 증산량을 최소로 해야 하며, 아랫부분은 사선으로 잘라 수분 흡수면적이 최대가 될 수 있도록 한다.

5. 삽목 전에 각 식물별로 표찰을 작성하고 옥신과 같은 호르몬 제를 사용하여 발근이 잘 되도록 한다.

6. 식물종별로 삽목하는데 삽목상의 온도는 25~28℃ 정도가 적당하고 겨울에 시행하는 것이 발근률이 높다.

7. 일정한 간격을 유지하도록 하고 품종관리를 철저히 한다.

8. 삽목시 표찰은 시작하는 부분과 끝나는 부분 2군데 이상 설치 하며, 개체별로 표식하는 것이 가장 좋다.

본초정원

약초를 전시하는 본초정원 혹은 약용정원은 우리나라의 많은 국공립시설에서 조성하고 있다. 본초 원은 의미나 가치적으로 필요한 요소이나 이를 목적으로 하는 기관에서도 단순한 전시보다는 체험이나 교육과 연계하여 계획해야 한다.

본초원의 조성은 식물의 특성이 유사한 것을 모아 심는 방법과 약효별로 식물을 식재하는 방법이 있다. 식물의 생육특성별로 식재하여 조성하는 것은 유사한 생육 특성을 가진 식물을 동일한 공간에 식재하는 것으로 약초로 흔히 사용되는 질경이(車前草), 민들레(蒲公英), 쇠무릎(牛膝) 등을 식재하면 일반 관람객은 잡초들만 있어 관리가 되지 않는 정원으로 생각할 수 있다. 약효별로 식재하면 우리가 알 수 있는 십전대보탕에는 인삼, 백출, 복령, 감초, 숙지황, 당귀, 천궁, 백작약, 황기, 육계를 한 장소에 전시해야 한다. 이들 식물이 자라는 생육 환경은 건조지, 습지, 고산지대 등 다양하다. 뿐만 아니라 어떤 약초는 한여름에 지상부 가 없어지는 것도 있어 이를 효과적으로 전시하는 것은 불가능하다. 전문적인 약초식물원이나 정원이 아니라면 정원 내에서 본초식물, 약용식물을 별도의 공간으로 만들어 전시하는 것은 불필요하다. 식물은 대부분은 약효를 가지고 있어 본초원으로 이름을 짓고 공간을 별도로 두는 것보다는 정원이나 식물원 전체 중에 약효 등의 설명이 필요한 경우에 따로 제작한 식물 안내 해설판을 설치하는 방법으로 적용해야 한다.

독일의 다렘식물원 본초원으로 사람의 생체기관 형상으로 정원을 만들고 해당 기관에 작용하는 약용식물을 전시하고 있다.

붓꽃정원

붓꽃의 매력은 연못정원이나 암석정원 등에 식재가 가능하여 생육 범위가 넓고 다양한 품종이 개발되어 정원에서 다양한 활용이 가능한 것이다. 꽃이 아름다운 것뿐만 아니라 잎의 형태만으로 경관적 가치가 있으며 열매도 겨울정원에서 빼놓을 수 없는 경관이 된다.

붓꽃속(*Iris*)은 일반적으로 숙근초로 분류되고 지하부는 가는 뿌리로 구성이 되는 것이 대부분이나 독일붓꽃과 같이 괴경인 것도 있고, 네덜란드붓꽃과 같이 알뿌리인 것도 있다. 붓꽃속 식물은 생육특성이나 형태적으로 다양한 것이 특징이기도 하다. 이러한 이유로 붓꽃정원은 계류나 연못 주변에 적합한 정원으로 물속에서부터 건조한 지역까지 다양한 식물상을 보여 줄 수 있다. 붓꽃류의 꽃이 피는 시기는 4월부터 건조지에 자라는 레티큘라타붓꽃(*Iris reticulata*)과 각시수염붓꽃(*Iris pumila*)이 개화하기 시작해서 물속에 자라는 꽃창포의 6월 개화를 거쳐 8월에 피는 대청부채까지 다양하다.

1. 식재 위치

붓꽃류는 습지, 일반지와 건조지에 자라는 3가지로 크게 나누어볼 수 있는데 꽃창포 등은 물가나 물속에서 생육상태가 양호하고 건조한 곳에서는 생육이 불량해지며 반대로 건조지에 자라는 붓꽃류인 대청부채를 토양 수분이 많은 곳에 식재하면 뿌리가 썩어 괴사된다. 붓꽃류는 공통적으로 그늘진 곳에서 잘 자라지 못하고 개화되지 않으므로 충분한 햇볕이 들어오는 곳이 식재 적지이며, 나무 아래나 북향하는 지역에 식재하는 것은 지양하고 하루 중에 6시간 이상 햇볕을 받을 수 있는 장소가 적합하다.

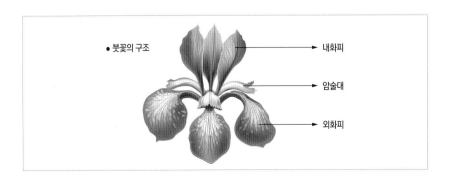

● 붓꽃의 구조 ──── 내화피

──── 암술대

──── 외화피

2. 식재토양

붓꽃은 뿌리가 얕게 자라며 많은 양분이 필요한 식물이며 유기물이 많이 함유되어있는 토양이 적합하고, 물속에 식재하는 경우에는 점질토양에서도 잘 자란다. 건조지에 자라는 대청부채 등은 암석원과 같이 배수가 잘되는 토양 환경을 조성해야 하며 사질토 위주로 식재토양을 만들어 배수가 원활하도록 해야 한다. 습지에 자라는 꽃창포 등은 물속에나 물가에서도 잘 자라지만 수심이 10㎝ 이상이 되는 곳은 생장이 불량할 수도 있으며, 물속에서 자라는 것보다는 습기가 많은 토양에서 잘 자란다고 보는 것이 적합하다. 식재 토양은 가리지 않으나 건조하지 않도록 하고 여름철 건조는 식물생육을 불량하게 하므로 주의해야 한다. 일반지에 자라는 붓꽃류는 토양을 가리지 않아 대부분의 정원 식재에 적합하나 여름의 고온기에 건조피해를 받지 않도록 관리해야 한다. 붓꽃은 생장속도가 다른 식물에 비해 빠르지 않아 번식속도가 빠른 식물과 같이 식재하면 붓꽃류가 퇴화하여 정원에서 역할을 하지 못한다. 붓꽃정원에 갈대, 달뿌리풀, 물억새, 부들, 줄 등과 같은 식물은 식재하지 않는다.

우리나라에 자생하는 부채붓꽃은 물가뿐만 아니라 물속에서도 자랄 수 있다.

■ 생육지에 따른 붓꽃의 종류

구 분	식물명	비고
건조지	레티큘라타붓꽃(4월), 각시수염붓꽃(4월), 난장이붓꽃(5월), 대청부채(7~8월) 등	
습 지	노랑꽃창포(4~5월), 부채붓꽃(5~6월), 제비붓꽃(5~6월), 시베리아붓꽃(5월), 루이지애나붓꽃(5~6월), 북방푸른꽃창포(6~7월), 꽃창포(6~7월)등	
일 반	각시붓꽃(4~5월), 금붓꽃(4~5월), 노랑무늬붓꽃(4~5월), 노랑붓꽃(4~5월), 솔붓꽃(4~5월), 독일붓꽃(5~6월), 붓꽃(5~6월), 만주붓꽃(5~6월), 타래붓꽃(5~6월),	

■ 붓꽃속 식물의 구별

식물명	특 징
붓꽃 Iris sanguinea	잎은 좁고 꽃대는 갈라지지 않으며, 내화피가 넓고 보라색의 외화피 기부에 황갈색이 그물무늬가 있다. 풀숲 등의 햇볕이 잘 드는 곳에 자란다.
부채붓꽃 Iris setosa	잎이 넓으며 부채처럼 펼쳐져 있고, 보라색의 외화피 기부에 황갈색의 무늬가 있으나 내화피는 작아서 보이지 않는다. 물가나 물속에 자라며 강원도에서 자생하고 잎의 형태가 부채와 유사하여 부채붓꽃으로 불린다.
제비붓꽃 Iris laevigata	잎의 생김은 꽃창포와 유사하나 잎에 중륵(맥)이 없고, 보라색의 외화피에 무늬가 없다. 물가에 잘 자란다.
꽃창포 Iris ensata var. spontanea	잎이 좁고 꽃대가 갈라지지 않으며, 잎에 뚜렷한 중륵이 있으며 보라색의 외화피 기부에 노란색의 무늬가 있다. 가장 많은 품종이 개발되어 있으며 백색, 노랑색, 적색 등 모든 색의 품종이 있으며 물가와 물속에서 자란다.
노랑꽃창포 Iris pseudacorus	꽃대가 갈라져 2~3개의 꽃이 피고 노란색의 외화피에는 갈색의 무늬가 있으며, 내화피의 크기가 작다. 초장이 1m 정도로 가장 큰 붓꽃으로 수심이 깊은 곳에서도 생육이 가능하다.
타래붓꽃 Iris lactea var. chinensis	잎이 좁고 2~3회 비틀리고 외화피에 연한푸른색으로 무늬가 있으며, 내화피는 곧게 서고 큰편이다. 건조한 지역이나 바닷가에서 자란다.
시베리아붓꽃 Iris sibirica	내화피가 가늘며 직립하고 푸른색에 그물 무늬를 가진 화피를 가지고 있으며 80cm 정도 자라고 물가에 잘 자란다.
만주붓꽃 Iris mandshurica	노랑꽃의 외화피의 기부에 노란색의 털이 밀생하고, 꽃대 끝에서 2개의 꽃이 핀다. 일반토양 조건에서 자란다.
대청부채 Iris dichotoma	잎이 부채형태로 자라고 초장은 70cm정도 되며 7~8월에 개화하며 바위 틈이나 건조한 곳에서 자란다. 희귀 및 멸종위기식물로 허가된 업체만 생산판매가 가능하다.
독일붓꽃 Iris x germanica	꽃이 크며 내화피가 넓고 안쪽으로 둥글레 굽으며, 꽃대가 갈라져 2~4개의 꽃이 피고 외화피의 기부에 털이 많다. 품종개발이 많은 종으로 배수가 잘되는 곳에 잘 자란다.
루이지애나붓꽃 iris louisiana	내화피가 넓고 아래로 처져있으며 초장 90cm정도 되며 5~6월에 개화하며 물가에 잘 자란다.
북방푸른꽃창포 Iris versicolor	내화피가 넓고 아래로 처져있으며 화색은 주로 푸른색이 많고 6~7월에 개화한다. 뿌리는 괴경형태이며 초장은 80cm정도 자라고 물가나 물속에서 잘 자란다.

3. 붓꽃의 식재

붓꽃은 발아한 당년에는 개화하지 않고 3분얼(포기) 이상이 되어야 개화가 가능한 크기가 되므로 정원에 식재하는 것은 2~3분얼 이상을 사용해야 한다. 꽃창포는 많은 꽃을 피우기 위해서는 하루 중에 6시간 이상 햇볕을 받을 수 있는 장소가 적합하며 겨울 동안 물의 수심을 낮추어 관리하는 것이 다음해 새로운 잎의 발생에 유리하다. 식재토양은 pH5.0~6.5인 약산성토양이 적합하며 다비성으로 많은 양의 비료를 시비 해야 하는데 이른 봄에 주는 질소질비료는 개화를 많게 한다. 2~3분얼의 붓꽃류를 5월 이전에 식재해야 하며 키가 큰 붓꽃류는 30㎝간격으로 식재하고, 작은 왜성종은 15㎝간격으로 심는다. 붓꽃류는 깊게 심으면 생육이 불량해지므로 주의해야 하고 여름에 식재하는 경우에는 잎을 1/2정도 잘라내고 심으면 조기에 활착된다.

4. 붓꽃정원의 관리

꽃이 진 후 꽃대를 바로 제거하여 씨앗으로 가는 양분을 차단하여 다음 해에도 꽃이 많이 필 수 있도록 한다. 씨앗은 잘 여물기는 하지만 자생종이나 원종이 아닌 품종의 경우에는 동일한 개체가 생산되지 않으므로 품종은 종자로 번식한 것은 사용하지 않는다. 많은 양분이 필요한 식물종으로 봄철과 여름에 별도 시비해야 하는데 개화 6주 전에 복합비료(N:PK=5:10:10)를 사용하고 이식 후 2개월까지는 비료를 주지 않는다. 노랑꽃창포는 항상 물속에 잠겨 있어도 생육이 양호하지만 꽃창포, 북방푸른꽃창포, 부채붓꽃 등과 같이 물을 좋아하는 붓꽃류도 상시 물에 잠겨 있는 것을 선호하지 않으며 겨울에도 물속에서 관리하면 다음해 생육이 부진해지므로 겨울에는 수위를 낮추어 관리하고 봄철은 물을 얕게 하고 여름은 충분한 깊이가 되도록 관리한다. 물가나 물속이 아닌 건조한 지역에 식재하는 경

붓꽃
독일붓꽃
타래붓꽃
만주붓꽃

시베리아붓꽃
루이지애나붓꽃
제비붓꽃

꽃창포
부채붓꽃
북방푸른꽃창포

노랑꽃창포

우에는 1주일 간격으로 50mm 이상으로 관수해야 한다. 시베리아붓꽃, 루이지애나붓꽃, 제비붓꽃 등은 물속보다는 물가에서 잘 자란다. 꽃을 피운 분얼(포기)는 다시 개화하지 않으므로 정기적으로 포기나누기를 해야 하는데 식재 후 3년이 경과하면 포기를 나누는 작업을 해야 한다. 꽃은 식물체의 가운데에서 피는데 꽃이 피고 난 다음 해부터 가장자리에 새로운 잎을 만들며 개화 후 3년부터 포기나누기를 하고 5년을 넘기지 않도록 한다. 꽃창포는 3년째에 꽃을 잘 피우므로 3~5년마다 쇠스랑을 이용하고 독일붓꽃은 칼이나 가위를 이용하여 포기나누기한다. 꽃창포, 붓꽃 등은 가을에 포기나누기하고 독일붓꽃, 루이지애나붓꽃은 개화 후 포기나누기 작업을 한다.

■ 붓꽃의 포기 나누기

  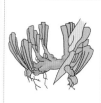 

괴경을 가진 독일붓꽃, 루이지애나붓꽃의 포기 나누기 방법

꽃창포는 분얼이 내부에서 외부로 이루어져 시간이 지날 수록 분얼이 없는 내부가 넓어지고 차지하는 면적은 넓어지지만 분얼수가 많지 않아 개화가 불량해지므로 첫 개화 후 3년이 지나면 포기나누기를 해야 한다.

평강식물원 습지원에 식재된 제비붓꽃과 노랑꽃창포

수국정원

수국은 제주도를 비롯하여 거제도, 부산 등의 따뜻한 지역에 많이 식재되고 있다. 정원에서 수국은 큰 꽃송이를 화려하게 피우고 개화기간이 길어 많은 사람들에게 관심을 받는 수종으로 식재와 관리가 용이하여 식재면적이 증가되고 있다. 우리가 흔히 알고 있는 수국(*Hydrangea macrophylla*)은 일본이 원산으로 서울에서는 겨울의 저온에 의한 피해가 발생되어 과거에는 식재하지 않았으나 겨울의 기온이 높아짐에 따라 작은 정원에서 많은 시도가 되고 있다.

수국의 진짜 꽃은 곤충에 의해 수정되면 금방 시들지만 암술과 수술이 없는 헛꽃(爲花)은 오랫동안 유지가 되어 다른 식물보다 개화기가 긴 것처럼 보이며 오랜 기간 볼거리를 만들 뿐만 아니라 그늘에서 꽃이 비교적 잘 피는 특성이 있어 정원에서 인기가 많다. 수국의 이름은 물을 좋아하는 국화 같은 꽃이라고 해서 水菊이라고 불리며 물을 좋아하는 특성을 가지고 있어 건조한 토양에서는 잘 자라지 못한다.

산수국(*H. macrophylla* subsp. *serrata*)

수국의 종류에는 우리나라에 자생하는 산수국(*H. macrophylla* subsp. *serrata*)과 분화용이나 절화용으로 사용되는 수국(*H. macrophylla*)이 있으며, 한여름에 하얀색의 꽃을 피우는 나무수국(*H. paniculata*), 참나무의 잎을 닮은 떡갈잎수국(*H. quercifolia*), 추운 지방에서는 초본처럼 자라는 미국수국(*H. arborescens*)이 있고, 덩굴성인 등수국(*H. petiolaris*)과 바위수국(*Schizophragma hydrangeoides*) 등이 있다.

1. 식재 위치

수국은 건조에 비교적 약해 정원에서 남향에 식재하면 건조피해를 받아 생육이 좋지 못한 경우도 있지만 토양수분이 적정하게 유지가 된다면 남향에서도 잘 자란다. 일반적인 정원에서 그늘에서도 잘 자라고 개화도 되므로 위치는 가리지 않는 편이나 나무가 없는 북향이나 아침 햇볕을 받고 저녁은 차광이 되는 동향이 가장 적합하다. 태양광은 하루에 3~4시간 충분히 받는 곳에서는 꽃을 잘 피우고 남향과 서향도 식재 가능하나 건조한 지형적 특성으로 지속적인 수분관리가 필요하다. 내한성이 약한 수국(*Hydrangea macrophylla*)과 떡갈잎수국(*Hydrangea quercifolia*)은 겨울에 동해를 받을 수 있으므로 북향이 막혀 찬바람을 막을 수 있는 곳에 식재한다. 수국의 식재 위치는 지형적인 요소보다는 토양수분을 유지할 수 있는 곳이 적합하다.

2. 식재토양

수국은 토양의 pH에 따라 꽃의 색이 변하며 토양 pH5.5 이하에서 푸른색 꽃으로 되고 pH6.0 이상에서는 분홍색이 핀다. 식재 토양은 보습력이 높은 토양을 사용해야 하지만 배수가 잘 되지 않는 곳에서도 생육이 좋지 않으므로 점질토 혹은 식질토양은 사용하지 않는다. 수국정원은 일반토양과 유기물을 2 : 1 혹은 4 : 1로 혼합하여 유기물 함량이 15% 이상이 되도록 하고 유기물은 피트모스나 코코피트를 사용하는 것도 가능하다. 비료 효과가 빨리 나타나는 속효성 화학비료는 4월과 7월에 시비하고 가을에는 비료를 주지 않아야 한다.

3. 정원의 시설

수국은 넓은 잎을 가지고 있어 식재 초기에 많은 수분스트레스를 받는다. 수국원에는 초기에 건조피해를 방지하고 지속적인 관수관리가 가능하도록 스프링클러와 같은 관수시설이 필요하다. 잎이 넓고 가지가 많이 형성되는 식물의 특성이 있어 스프링클러보다는 점적관수가 적합하다. 스프링클러는 식재 초기에 활착을 위해서 필요하나 장기적인 관리에는 점적관수를 사용한다. 점적시설이 어려운 정원에서는 QC밸수 관수시설을 이용하고 건조방지를 위해 식재 초기에 차광망 50%를 설치하면 활착이 잘 된다.

4. 종류

우리나라에 식재되는 수국 종류에는 산수국, 수국, 나무수국, 미국수국, 떡갈잎수국, 등수국 등이 있다. 수국(*Hydrangea macrophylla*)는 꽃은 화려하지만 겨울 추위에 약하여 서울 인근 정원에서 사용하기 어렵고, 화분으로 재배하여 유통된다. 수국은 일본이 원산지로 토양의 산도인 pH에 따라 꽃이 변하는 특징을 가지고 있다. 꽃은 작년에 만들어진 가지에서 꽃눈 분화하여 꽃을 피우고 저온피해를 받아 가지가 고사되고 뿌리에서 나오는 새로운 가지에서는 당년에 꽃을 피우지 못한다. 수국류 중에 Endless summer 계통의 수국품종은 당년에 새로 생긴 가지에서도 꽃이 피고 *H. macrophylla* 'Nigra' 는 비교적 겨울을 잘 견디는 종류로 우리나라 중부지방에서 내한성이 약한 수국의 대안으로 사용되기도 한다. 우리나라에 자생하는 수국류인 산수국(*H. macrophylla* subsp. *serrata*)은 수국(*H. macrophylla*)보다는 꽃은 화려하지 않으나 관리가 쉽고 개화기간도 긴 편이다. 제주도에 있는 탐라산수국이라는 변종이 있는데 이 종은 화형의 바깥에 있는 헛꽃(장식화, 위화)에서도 암술과 수술을 가지고 있는 것이 특징이다. 산수국 중에서는 암술과 수술로만 이루어진 진짜 꽃이 헛꽃처럼 변하여 수국과 유사한 형태로 변이한 품종(*H. serrata* 'Preziosa')이 있어 정원에 식재가 되고 있다.

여름철 정원에서 쉽게 볼 수 있는 나무수국(*Hydrangea paniculata*)은 하얀색의 꽃을 피우며 내한성이 강하고 봄에 꽃눈이 분화되고 가지 끝에서 꽃을 피우는 성질을 가지고 있다. 나무수국은 중국이 원산으로 하얀색의 꽃 외에도 분홍색을 피우는 품종이 개발되었고, 겨울까지 마른 꽃이 달려있어 겨울 정원에서도 많이 사용된다. 나무수국은 하얀색으로 개화하고 곤충에 의해 수정이 완료된 후에는 꽃이 분홍색 등으로 변화되는 품종도 있다. 떡갈잎수국(*Hydrangea quercifolia*)은 미국 원산으로 하얀색의 꽃을 피운다. 잎의 형태가 떡갈나무의 잎을 닮았다고 해서 떡갈잎수국으로 불리며, 가을 단풍이 아름다운 특징이 있다. 미국에서는 내한성이 강한 것으로 되어있으나 우리나라에서는 충청 이남에서 저온피해를 받지 않고 수도권에서는 동해를 받는다. 식물체가 완전히 고사하지는 않으나 초본류와 같이 지상부는 고사되고 매번 뿌리부분에서 새로운 줄기가 발생되어 개화하지 못한다. 떡갈잎수국은 양지에서 잘 자라고 배수가 불량한 곳에서는 생육이 아주 불량하므로 배수에 주의하고 북쪽이 막힌 정원이나 건축물을 이용하여 겨울의 동해를 받지 않도록 해야 한다.

미국수국(*Hydrangea arborescens*)은 이름과 같이 미국이 원산으로 외국에서는 생육이 왕성하여 울타리용도로 주로 사용하고 생육이 일정하고 형상이 단정하여 다른 식물의 배경용으로 사용하기도 한다. 내한성은 비교적 약한 편이나 새로운 가지에서 꽃이 피는 특성으로 매년 꽃을 잘 피운다. 남부지방에서는 목본으로 자라고, 중부지방 이상에서는 지상부가 고사하여 초본성으로 자라는 특성이 있다. 이런 특성으로 항상 일정한 수고 유지가 가능하여 정원에서 관리가 용이하다. 백색의 꽃을 피우고 겨울이 되면 꽃대는 없어지며 최근에는 분홍색 꽃을 피우는 품종(*H. arboescens* 'Pink Annabelle')이 개발되어 정원에 사용된다. 우리나라의 울릉도와 제주도 등에 자생하는 등수국(*Hydrangea petiolaris*)은 꽃에 향기가 있는 덩굴성 수국으로 정원에서는 매력적인 식물이지만 국내 정원에서는 실제로 꽃을 피우기가 어렵다. 생장이 아주 느리고 겨울철 건조한 바람에 가지가 상하는 경우가 많으므로 건조한 바람을 막을 수 있는 곳에 식재하고 겨울에 많은 가지가 고사되므로 전정은 봄에 한다. 수국류의 개화순서는 5월에 산수국이 가장 먼저 개화를 하고 다음은 수국(5~6월), 미국수국(6월), 등수국(6~7월), 떡갈잎수국(6~7월), 나무수국(7~8월) 순서를 개화하며 남아있는 헛꽃은 11월까지는 정원에서 중요한 역할을 한다. 그중에서도 나무수국은 겨울까지 꽃봉오리가 남아있어 겨울정원의 소재로 활용된다.

5. 식재

수국은 나무 그늘이 없는 북향에 식재하거나 다른 방향에서는 오전 광을 받을 수 있는 위치면 적당하고 수국 식재 시에는 뿌리분 폭의 3배 정도로 넓게 파고, 수국의 종류에 따라 달라지나 최소 1.0m 간격으로 식재한다. 수국은 수분경쟁을 하는 수목의 주변에는 식재하지 않는다. 화살나무나 회양목 등은 수분흡수력이 높아 주변의 나무가 수분스트레스를 받을 수 있으므로 같이 식재하지 않도록 한다. 수국은 건조에 약하므로 식재 후에는 바로 관수하고 바람이 많은 곳은 식재하지 않거나 차폐시설을 설치한다. 일반적으로는 봄에 식재하고 남부지방에서는 가을에 식재하는 것도 무방하다. 수국은 많은 비료를 요구하는 식물은 아니지만 관리의 효율성을 높이기 위해 지효성 비료를 시비하는 경우에는 N:P:K = 10:10:10를 사용한다.

H. macrophylla 'Hamburg'(수국 '함부르크')

H. serrata 'Preziosa'(수국 '프레지오사')

H. paniculata(나무수국)

H. quercifolia(떡갈잎수국)

6. 관리

수국을 식재 한 후에는 바크 등으로 멀칭(5cm) 하고, 전정은 개화 후 6~7월에 해야 한다. 8월 이후에 전정하면 형성된 꽃눈이 모두 제거되어 다음해에 개화를 하지 않으므로 주의해야 한다. 1년생 가지에 꽃이 피는 미국수국 등은 겨울이나 봄에 가지치기하고 봄에 새순이 나오면 꽃눈이 만들어지므로 3월까지는 완료해야 한다. 수국정원의 관수는 스프링클러로 하는 것이 가능하나 개화한 상태에서 물이 꽃에 닿게 되면 조기에 꽃이 지므로 점적관수나 인력 관수한다. 특히, 수분스트레스에 민감하므로 건조하지 않도록 관리해야 하고 여름철 고온기에는 낮에는 잎이 시들고 저녁에 정상으로 회복하는데 이 시기에는 흔히 발생되는 증상이다. 수국과 떡갈잎수국은 내한성이 약하여 개화하지 못하는 경우가 많으므로 충청 이북에서는 별도의 보온시설이 필요하다.

수국의 화색 조절

수국은 꽃색이 변하는 것으로 알려져 있는데 실제로 꽃색이 변하는 수국은 여러종류의 수국 중에서 *H. macrophylla*만 토양의 pH에 따라 분홍색과 청색으로 변화한다. 수국은 일반적인 상태에서는 분홍색으로 꽃을 피우나 토양이 산성으로 변하면 청색의 꽃을 피우는데 이때의 토양은 pH5.5(최적5.2~5.5)가 되어야 한다. 산성토양에서 수국이 청색의 꽃을 피우는 것은 산성토양에서 식물은 알루미늄의 흡수가 증가되는 것이 원인으로 토양이 산성이라도 토양 내 알루미늄성분이 결핍되는 경우에는 청색의 꽃을 피우지 못한다. 또한, 비료 성분 중에서 칼륨(K)은 청색의 꽃을 피우는 것을 촉진하고 인(P)은 억제하므로 청색의 꽃을 피우기 위해서는 N:P:K = 25:5:30과 유사한 혼합 비율의 비료를 사용한다. 최근에는 청색 수국의 개화를 유도하는 비료나 상토를 판매하는데 이것은 황산알루미늄이 함유된 제품으로 별도로 황산알루미늄을 구입하여 적절한 양을 처리하면 청색의 수국을 볼 수 있다. 정원에서 수국 식재시 콘크리트 건축물에 접하는 곳에 식재하면 토양이 알칼리화되어 분홍색으로 개화하므로 건축물 주변에 식재하지 않아야 한다.

■ 수국 종류별 특성

식물명/학명	특성	원산지/수고
산수국 *H. macrophylla* subsp. *serrata*	• 5월에 진짜 꽃과 헛꽃을 개화 • 내한성이 강하여 전국에 식재 • 2년생 가지에서 개화	자생종/H1.5m
수국 *H. macrophylla*	• 5~6월에 헛꽃을 개화 • 충청 이남에서 월동 • 2년생 가지에서 개화	일본/H4.0m
미국수국 *H. arborescens*	• 6월 하얀색의 헛꽃을 개화 • 내한성은 약하나 개화가 잘됨 • 1년생 가지에서 개화	미국/H2.0m
떡갈잎수국 *H. quercifolia*	• 6~7월 백색으로 개화 • 충청 이남에서 월동 • 2년생 가지에서 개화	미국/H3.0m
나무수국 *H. paniculata*	• 7~8월 백색의 꽃을 피움 • 전국에 식재 가능 • 2년생 가지에서 개화	중국/H4.0m
등수국 *H. petiolaris*	• 6~7월에 백색의 진짜 꽃과 헛꽃 개화 • 생장 속도가 느리고 이식 불량 • 2년생 가지에서 개화	자생종/H12.0m

H. arborescens(미국수국)

오래된 꽃은 새순의 바로 위에서 가지치기 한다.

저온 피해를 받은 가지는 건강한 순을 남기고 가지치기 한다.

오래된 가지는 땅에 접하는 부분에서 잘라낸다.

수국류의 가지치기는 2년생 가지에 꽃이 피는 산수국, 수국, 떡갈잎수국 등은 꽃이 지면 바로 전정을 하는데 8월 전에는 마쳐야 하며 겨울 동안 저온피해를 받는 수국에 대해서는 간단한 가지 정리만 하고 다음해 봄에 고사지를 제거한다. 더 많은 꽃을 보기 위해서는 꽃이 진 후 바로 제거해야 한다.

물공간(연못정원, 계류 등)

연못이나 계류는 물가나 물속에 자라는 식물을 전시하는 곳으로 수생식물은 여름에 꽃이 피는 것이 많아 여름을 위한 정원이다. 물이 있는 정원은 다양한 곤충과 동물이 서식하는 생태적인 공간으로 교육적인 부분에서도 중요한 공간이 된다. 이곳에 자라는 수생식물은 수련, 연꽃, 꽃창포 등이 있으며, 식물은 많은 햇볕과 양분을 필요 하는 것이 많으므로 연못정원은 햇볕이 잘 들어오는 곳에 위치해야 한다.

1. 물공간의 위치

연못정원은 햇볕이 잘 비치는 남향이 적합하고, 나무 그늘이 없는 곳에서 설치해야 한다. 주변보다 낮은 곳에 위치하고 물이 들어오는 것과 나가는 것이 용이해야 한다. 수심은 1m 정도 유지되어야 하므로 아파트 단지와 같이 하부에 지하주차장이나 구조물이 있는 곳에서는 사전에 확인이 필요하다. 수심이 낮은 경우에는 녹조류 발생이 많고, 다양한 식물을 전시하지 못하는 경우가 있다. 수생식물은 물의 유속에 따라 생육과 개화에 많은 영향을 받는데 수련과 같은 잎이 물에 뜨있는 부유하는 식물은 특히 유속에 많은 영향을 받는다. 수련은 물의 유속이 많은 위치에서는 생육이 좋지 못하여 개화하지 않는 경우가 있으므로 물이 지속적으로 흐르는 계류 같은 장소는 유속을 저감 할 수 있는 별도의 시설이 필요하기도 한다.

2. 식재토양

수생식물은 토양에 민감하지 않으나 많은 양분을 필요로 하는 특성이 있어 토양이 양분을 가지는 능력인 CEC(양이온치환능력)가 높은 토양인 식토나 식양토가 적합하다. 하지만, 점토가 많은 토양은 흙 탕물이 생기고 나면 가라 앉는데 많은 시간이 걸리는 반면 모래가 많은 토양은 물이 짧은 시간 내 깨끗해지는 장점이 있으므로 관리자의 출입이 많은 세밀한 관리가 필요로 하는 정원은 모래가 많은 토양이 적합하다. 식재하는 토양의 깊이는 30㎝ 이상이 되어야 하고 유기물은 많은 것이 좋으나 이로 인해 녹조류가 발생될 수 있으므로 유기질비료와 화학비료를 시기적으로 구분하여 사용해야 한다. 유기질 비료는 봄철 잎이 나오기 전에 사용하고 잎이 발생된 이후에는 화학비료를 사용하는데 토양 속 10㎝ 깊이에 묻어 녹조류가 최소한 발생되도록 한다.

3. 물공간의 계획

계류와 같은 물공간을 조성하는데 있어 어떤 공간을 계획하는지에 따라 계류의 폭과 높낮이가 달라지며 사용되는 경관석이나 식재되는 식물의 종류가 달라져야 한다. 산지의 계곡은 폭이 좁고 높낮이의 차이가 많은 편이고 경관석은 크기가 다양하고 둥글지 않은 것을 사용하고, 하류의 하천을 계획하는 경우에는 폭이 넓고 완만하며 돌을 최소한으로 사용하고, 형태는 둥글고 크기가 크지 않은 것을 사용해야 한다. 식재하는 식물에 있어 산지 계곡에서 볼 수 있는 것과 하천이나 습지에 볼 수 있는 식물이 다른 경우가 있으므로 적절하게 계획해야 한다.

■ 토양의 종류가 토성에 미치는 영향

구 분	모래	미사	점토	비 고
수분보유력	낮음	중간	높음	
통기성	좋음	중간	나쁨	
배수속도	빠름	느림~중간	매우느림	
유기물함량	낮은	중간	높음	
유기물분해	빠름	중간	느림	
온도변화	빠름	중간	느림	
답압정도	낮음	중간	높음	
세굴정도	낮음	높음	낮음	입단상태에서만 낮음
오염용탈력	높음	중간	적음	
양분저장력	나쁨	중간	높음	
pH 완충력	낮음	중간	높음	
차수능력	불량	불량	좋음	댐 등의 차수벽 역할

■ 계류의 특성에 따른 식물의 선택

구 분	초본	목본	
폭 포	돌단풍, 석창포, 사초류, 돌부채	산수국, 산철쭉, 고광나무, 물참대, 물싸리, 병꽃나무, 눈버들	단풍나무
계 곡	동의나물, 앵초, 냉초, 당귀, 부채붓꽃, 제비붓꽃, 사초류, (달뿌리풀), 석잠풀, (창포), 석창포, 속새, 곰취, 관중, 청나래고사리, 음양고비	물참대, 고광나무, 산수국, 꼬리조팝나무	야광나무, 귀룽나무, 물푸레나무, 신나무, 고로쇠, 오리나무
하 천 (습지)	(갈대), (줄), (수련), 자라풀, (노랑어리, 연꽃), 꽃창포, 노랑꽃창포, 사초류, 부처꽃, (물억새)	갯버들	버드나무, 왕버들

*( ) 안의 식물은 용기에 심어 과도하게 번식되지 않도록 한다.

수련과 같이 흐르는 물에서는 꽃을 피우지 않는 수생식물은 계류 내에서 별도의 식재공간을 만들어 물의 흐름에 의한 생육 불량을 방지해야 한다.

계류에서 물이 고일 수 있는 공간을 만드는 것이 중요하다. 이 공간은 갈수기나 겨울에도 물이 고여 있어 물속 생물이 생육 할 수 있도록 한다.

연못에서 물고기는 배설물이나 사료에 의해 수질이 나빠지기도 하지만 정적인 정원에서 동적요소가 되며 물속에 있는 해충을 제거하는 역할을 한다.

계류 계획에서 빠지지 말아야 할 것은 물이 고이는 구간을 적절히 배치해야 한다. 계류에서 물이 고이는 구간은 물이 흐르는 기간에는 물의 흐름이 완만한 장소가 되어 수련과 같이 고인물에 자라는 식물을 전시할 수 있고, 물이 흐르지 않는 겨울에는 수생식물이나 동물이 월동할 수 있는 공간이 된다. 수공간에서 물을 고이게 하는 것은 계류에서 월류보인 물넘기를 만들어 일정한 수심이 되도록 하거나 내부에 별도의 공간을 만들어 물이 고여 있도록 하는 것이다. 식물이 동해를 받지 않기 위해서는 수심이 30cm 이상이 되어야 하고, 물고기 등이 얼어 죽지 않기 위해서는 50cm 이상의 물 깊이를 확보해야 한다. 식재하는 식물의 특성을 고려한다면 수련을 식재하는 곳은 수심이 30cm 이상 되어야 하고, 연꽃의 경우는 50cm 정도가 적합하다. 깊이가 얕은 경우에는 식물의 생육이 나빠지고, 뿌리가 완전히 고정될 수가 없어 물살이 급한 경우에 식물이 떠내려가는 경우가 발생된다. 연꽃과 같이 잎과 줄기가 물 위로 올라 자라는 식물은 물의 유속이 있는 지역이라도 생육하지만 수련과 같이 수면 위에 뜨는 잎을 가진 식물은 물의 흐름이 있으면 개화를 하지 못하고 생육이 불량해지므로 유속이 있는 곳은 식재를 피하고 식재를 하고자 한다면 돌 등을 이용하여 물의 흐름을 최소한으로 해야 한다.

수공간을 만드는데 있어 물의 깊이가 중요하다. 어떤 식물을 심을 것인지에 따라서 수심이 달라지기도 하고, 겨울에 어떻게 관리를 할 것인지에 대해서도 수심을 고려해야 한다. 물속에 자라는 식물은 수심이 1m 이상이 되면 자랄 수 있는 식물이 거의 없다. 하지만 정원의 연못에서 수심이 깊은 공간은 녹조류가 발생하는 것을 방지할 수 있다. 수심 1m 이하인 경우에는 연못에서 녹조류가 발생되기 쉬운 환경이 되어 경관적으로 좋지 않을 뿐만 아니라 많은 관리비용이 소요되고 물속에 사는 동물이 생존 위협이 되기도 하므로 적정한 수심의 계획이 필요하다.

정원에서 연못은 물속에 자라는 식물을 식재하는 것뿐만 아니라 물고기와 같은 동물을 키울 수 있기도 하고, 정원에서 동적인 요소를 가미하여 보다 활동적인 정원이 될 수 있도록 한다. 만약 아이를 위한 공간이라면 연못은 계류와 함께 반드시 필요한 곳이 된다. 수공간에서 사람이 접근 가능한 공간으로 만들고자 하면 수심이 깊지 않게 해야 하지만 적당한 물의 깊이가 확보되지 못하면 자라지 못하는 식물종도 있다. 이용객의 안전과 편의성뿐만 아니라 식물의 생태를 고려하여 적당한 물의 깊이를 계획해야 한다. 연못에 식물이 차지하는 비율은 전체 면적의 30%를 초과하지 않도록 한다. 연못의 수면에 수생식물이 가득 차게 되면 경관적으로 불량하고, 과도하게 번식하게 되면 결국에는 수생식물 전체가 괴사하는 경우도 발생하므로 적정한 비율을 유지해야 한다. 연꽃과 같이 토양 중으로 뿌리가 뻗어 번식하는 식물은 시간이 지남에 따라 생육이 강한 식물이 전체를 차지하는 경우가 발생하므로 이런 식물은 용기에 식재하여 의도치 않은 과도한 번식을 방지해야 한다. 연못에서는 다양한 수심이 나올 수 있도록 계단식으로 식재높이를 계획해야 한다. 얕은 곳에서 생육하는 식물을 위한 공간과 연꽃과 같이 깊은 수심에도 살 수 있는 다양한 식물을 연출하기 위해서도 다양한 수심이 필요하다. 또한, 연못에서 수심이 1m 이상이 되는 공간을 50% 이상 확보하는 것이 관리에 유리하다. 수심이 1m 이상인 곳에서는 수생식물이 자라지 못하여 잡초발생을 줄여주고 여유있는 물공간을 즐길 수 있다.

■ 특성에 따른 수생식물의 분류

구분	식물	비고
정수식물	연꽃, 미나리, 부들, 흑삼릉, 줄, 갈대, 창포, 물옥잠, 꽃창포, 노랑꽃창포, 제비붓꽃 등	
부엽식물	순채, 왜개연꽃, 가시연꽃, 수련, 마름, 노랑어리연꽃, 어리연꽃, 가래 등	
침수식물	물수세미, 개통발, 말즘, 말, 나자스말, 거머리말, 올챙이솔, 나사말, 검정말, 물질경이 등	
부유식물	가래, 물개구리밥, 큰물개구리밥, 개구리밥, 좀개구리밥 등	
침유식물	벌레잡이말, 통발, 들통발	

■ 물의 깊이에 따른 수생식물

자랄수 있는 한계 수심	고인 물	흐르는 물
0 ~ 20cm	띠, 박하, 석잠풀, 물부추, 미나리, 흑삼릉, 보풀, 올챙이솔, 쇠털골, 창포, 사마귀풀, 꽃창포	띠, 박하, 석잠풀, 흑삼릉, 물부추, 달뿌리풀, 꽃창포 등
20 ~ 50cm	갈대, 달뿌리풀, 수련, 매화마름, 물수세미, 노랑어리연꽃, 어리연꽃, 가래, 물질경이, 자라풀, 노랑꽃창포 등	갈대, 달뿌리풀, 물수세미, 이삭물수세미, 대가래, 가는가래, 민자스말, 노랑꽃창포 등
50 ~ 100cm	부들, 줄, 연꽃, 네가래, 물여뀌, 붕어마름, 통발, 말즘, 말, 검정말 등	연꽃, 붕어마름, 말즘 등
100cm 이상	순채, 왜개연꽃, 가시연꽃, 마름, 나사말, 등	

■ 수심에 따른 수생식물

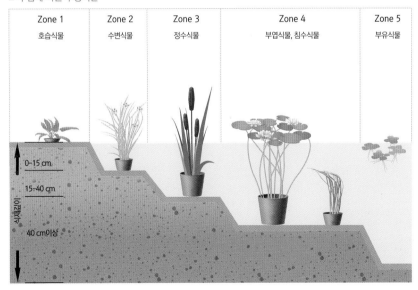

연못에서 관리가 어려운 수생식물은 갈대, 부들과 같은 것으로 대군락을 이루면 식재 면적을 조절하는 것이 거의 불가능해진다. 이들은 뿌리줄기에 생장점을 가지고 있어 아주 작은 뿌리줄기의 일부분만 남아도 번식이 가능하고 연못의 전체를 덮는데 3년이 걸리지 않는다. 하지만 깊은 수심을 유지하면 이들은 발아 및 발근이 되지 않아 더 이상 번지지 않게 된다. 또한 이들은 아주 빠르게 번식하므로 식물의 생육량을 조절 할 수 있도록 용기 내에 식재하여 관리해야 한다. 수생식물은 대부분 많은 태양광을 요구하므로 그늘지지 않게 해야 하고 다른 식물과 달리 봄철에 수온이 일정 수준에 도달해야 생육을 시작하므로 다른 식물보다 새순이 늦게 나와 전체적으로 녹색으로 변하는 시간이 늦은 편으로 연못 주변에는 이른 봄에 볼 수 있 는 식물을 같이 심으면 경관개선에 도움이 된다. 연못은 진흙이 많아 쉽게 흙탕물이 발생이 되는데 이것을 방지하기 위해 수변에는 멀칭 을 해야 한다. 멀칭의 재료는 작은 자갈 같은 것이 적당하며, 수변에 식물이 많이 심겨지는 경우라면 별도의 멀칭이 필요 없다. 연못 등에 흙탕물이 발생이 되면 쉽게 가라앉지 않는데 큰 저수지에는 1주일 이후에 맑아지고 작은 연못은 좀 더 일찍 물이 맑아지므로 바닥의 일부는 자갈 등으로 처리하면 흙탕물을 최소로 할 수 있다.

■ 과도하게 번식하여 용기(컨테이너)재배가 필요한 수생식물

식물명	특징	비고
연꽃 *Nelumbo nucifera*	· 여름(7~8월)에 개화하고 가을에 열매가 맺는다. · 수심 1m 까지 자랄 수 있다. · 뿌리가 옆으로 자라고 가을에 굵어진다. · 인도에서 시베리아까지 분포한다.	
수련 *Nymphaea tetragona*	· 6~8월에 개화한다. · 물이 흐르는 곳에서는 개화하지 않는다. · 일본에서 시베리아까지 분포한다. · 밤에 잠을 자는 것 같아 수련(睡蓮)이라고 한다.	
노랑어린연꽃 *Nymphoides peltata*	· 7~9월에 개화한다. · 번식이 잘 된다. · 일본에서 몽골까지 분포한다.	
갈대 *Phragmites communis*	· 8~9월에 개화한다. · 근경(根莖)이 땅속으로 뻗는다. · 아시아, 유럽, 아프리카, 아메리카에 분포한다.	
달뿌리풀 *Phragmites japonica*	· 8~9월에 개화한다. · 물가 모래땅에 잘 자란다. · 근경(根莖)은 땅 위로 뻗는다.	
부들 *Typha orientalis*	· 6~7월에 개화한다. · 연못과 습지에 자라며 점질이 많은 토양에 잘 자란다. · 근경은 땅속으로 뻗고 씨앗 번식이 잘 된다.	
줄 *Zizania latifolia*	· 7~8월에 개화한다. · 연못이나 습지에 큰 군락으로 자란다. · 근경이 땅속으로 뻗고 자란다.	
물억새 *Miscanthus sacchariflorus*	· 8~9월에 개화한다. · 하천변이나 물가에 자란다. · 근경이 땅속에서 길게 뻗으며 대 군란을 이룬다.	

수공간의 식물은 여름철에 개화하는 것이 많은데 이것은 수온이 많은 영향을 미친다. 적정 수온으로 상승해야 식물이 생육하고 개화하는데 이로 인해 수공간은 다른 정원보다 싹이 나오거나 개화가 늦게 진행된다. 이를 보완하기 위해 이른 봄철에 개화하거나 볼거리가 있는 식물을 심어야 한다. 동일한 식물종이라도 물속에 심은 것과 물가에 심은 것은 1~2주간의 개화 차이가 발생되는데 이를 이용하여 정원 내 식물의 꽃을 볼 수 있는 기간을 늘릴 수 있다.

부들이나 갈대 등은 식재하지 않아도 자연스럽게 발생되므로 식재하지 않는 것이 좋으며 발생초기부터 지속적으로 제거를 해야하고 수심이 깊은 곳에서는 발생하지 않으므로 조성초기부터 적정한 수심에 대한 계획이 필요하다.

■ 수공간에서 수생식물을 보완하는 식물종

식물명	특징	비고
조팝나무 *Spiraea prunifolia* f. *simpliciflora*	· 4~5월에 개화한다. · 논뚝이나 물가에 자란다. · 작년가지에서 개화하므로 6월에 전정한다.	
흰말채나무 *Cornus alba*	· 5~6월에 개화한다. · 사질양토에서 잘 자란다. · 가을부터 줄기가 적색이 되고 여름에는 녹색이다.	
갯버들 *Salix gracilistyla*	· 3~4월에 암수가 다른 나무에서 개화한다. · 물가에 잘 자라며 바닷물에도 강하다.	
동의나물 *Caltha palustris*	· 4~5월에 개화한다. · 습지나 물가에 자란다. · 여름이 되면 지상부가 없어진다.	
앵초 *Primula sieboldii*	· 4월에 개화한다. · 냇가 근처 습지에 자란다. · 반그늘에서 자란다. · 고온에 약하며 여름이면 잎이 없어진다.	
일본앵초 *Primula japonica*	· 3~4월에 개화한다. · 냇가 근처 습지에 자란다. · 고온에 약하며 여름이면 잎이 없어진다.	
수선화 *Narcissus* spp.	· 3~4월에 개화한다. · 가을에 심는 구근으로 물가에 잘 자란다. · 여름이 되면 잎이 사라진다.	
아주가 *Ajuga reptans*	· 4~6월에 개화한다. · 지피식물로 적합하다. · 건조피해가 발생하므로 멀칭이 필요하다.	
꼬랑사초 *Carex mira*	· 5~6월에 개화한다. · 숲속 계곡주변에에 자란다. · 3월부터 새잎이 나온다.	

1) 물공간의 조성
① 조성할 수공간의 표시
계획하는 수공간의 조성을 위해 석회가루나 말뚝 등을 사용하여 위치와 면적 등을 표시해야 한다.

② 터파기 및 배관 등의 설치

표시된 수공간 위치에 터파기하는데 경사지게 하는 것보다는 사진에서 보는 것과 같이 계단형식으로 조성하는 것이 식재 및 돌 놓기 작업에 유리하다. 터파기가 끝이 나면 급수, 퇴수, 월류시설을 위한 배관 작업을 해야 한다. 급수배관은 공급되는 물량을 고려해야 하고 배수는 급수배관의 2배 이상으로 하되 100mm 보다 작은 퇴수관은 막힘으로 인한 문제가 발생되므로 적정한 관경을 유지해야 한다.

③ 암거배수설치

배수가 불량하거나 누수시 하부의 부력에 의한 방수시설의 훼손 방지를 위해 계류바닥 하부에는 암거배수시설이 필요하다.

④ 부직포 및 방수쉬트깔기
방수쉬트 등을 보호하기 위한 부직포를 설치하는 것으로 돌맹이나 자갈 등의 예리한 물체에 의해 방수쉬트가 훼손되므로 주의하여 작업해야 한다.

방수를 위한 부직포 및 방수쉬트를 설치하는데 부직포는 방수쉬트가 돌맹이나 자갈 등에 의해 훼손되어 누수되는 것을 방지한다.

⑤ 보호 부직포 및 보호 몰탈 작업

돌놓기 작업 및 식재에 의한 방수쉬트의 훼손을 막기 위해 부직포설치 및 보호몰탈작업을 한다.

⑥ 식재용토 및 돌놓기 작업

식재용토의 두께가 30㎝ 이상이 되도록 하고 경관석 등을 놓아 식재공간을 확보한다.

⑦ 식재면정리 및 시설 마감하기

돌놓기 및 식재용토작업이 완료되면 급배수관련 시설부분을 마감한다.

⑧ 식물 식재

계류주변 면정리 후 식재하고 필요한 공간에는 멀칭한다. 하지만 강우로 인해 멀칭재료가 계류로 흘러 갈 수 있는 곳은 바크의 사용을 지양하고 자갈 등으로 멀칭한다.

4. 수생식물의 관리

수생식물은 겨울 눈이나 뿌리가 얼면 죽는 것이 많다. 얼음의 아랫부분은 영하로 떨어지지 않기 때문에 얼음이 어는 깊이인 20~30㎝ 이상 물을 채우고 그 아래에서 월동할 수 있도록 공간을 만들어야 한다.

1) 연꽃의 관리

연꽃은 15℃ 이상의 기온에서 땅속줄기가 움직이고 잎눈이 나온다. 물속에 생기는 잎이 우선 나오고 물 위에 생기는 잎은 28일 이후에 발생된다. 수면 위에 뜨는 작은 잎은 연근에 양분을 저장하고 직립하는 잎은 꽃을 피우게 한다. 연꽃은 새벽 2시 경에 꽃이 벌어지고 9시에 완전히 개화하고 12시 다시 오므라 들며 겹꽃은 17시가 되어야 꽃잎이 오므라든다. 꽃은 4일 정도 개화하는데 날씨가 흐리거나 겹꽃의 일 부는 좀 더 오래 개화한다. 연꽃이 영하 -30℃까지 견딜 수 있는 것은 얼음 밑에는 얼지 않기 때문에 월 동이 가능하다. 그러므로 연꽃이 있는 곳에는 항상 얼음이 어는 깊이를 고려해서 물을 보충해 주어야 한 다. 대형연꽃은 수심이 1.0m 정도에서도 자라고, 1.5m 이상에서는 자라지 못하며 소형종은 수심 50㎝ 정도가 적당하다. 생육에 적합한 물의 온도는 25~35℃이며, 22℃ 이상이 되어야 꽃을 피운다. 연못에 식재하는 경우에는 수면 30% 이내의 면적이 되도록 식재계획을 하고 연꽃의 뿌리인 연근은 땅속에서 기는 성질이 있어 차단시설이 없는 경우에는 연못의 전체로 퍼져나갈 수도 있어 주의해야 한다. 연꽃을 심는 방법은 우선 연못에 물 깊이 15㎝ 정도 물을 채운다. 연근을 심을 구덩이를 파고 눈을 흙 밖으로 나 오게 하고 연근은 20~25°기울여 심는다. 만약 수심이 깊은 곳이라면 자루 등에 연근을 심고 물속에 던 져 넣는다. 화분에 재배하는 연꽃은 직경이 40 ~ 60㎝인 화분을 필요로 하는 대형 연꽃이 있고, 30㎝ 정 도에서도 재배가 가능한 소형연꽃이 있는데 이 종은 물의 깊이가 10 ~ 30㎝정도가 적합하다.

2) 수련의 관리

수련은 열대수련과 온대수련으로 구분을 할 수 있는데, 온대 수련 꽃의 개화일수는 4일 정도가 되고, 열대수련은 수온이 20℃ 이상이 되어야 생육한다. 열대수련은 낮에 꽃을 피우는 종과 밤에 꽃이 피 는 종이 있는데 낮에 피는 종은 파란색, 노란색, 분홍색, 하얀색이 있으며, 밤에 피는 종에는 빨간색 과 분홍색, 흰색만 있다. 낮에 피는 열대수련은 온대수련과 같이 10시부터 15시까지 꽃을 피우고, 밤 에 피는 열대수련은 해가지면 개화를 하고 해가 뜨면 꽃이 닫히기 시작한다. 열대수련은 온대수련에 없는 파란색의 꽃을 피우며 하나의 꽃이 4일 정도 개화한다. 열대수련은 6~8월이 식재하고 수심은 5 ㎝ 이상이 되어야 한다. 열대수련은 내부 중심까지 햇볕이 충분히 들어와야 꽃을 잘 피우므로 잎을 8 장 정도만 남기고 관리해야 한다. 열대수련은 11월에 휴면하는데 이때는 수온을 5℃ 이상으로 하고 10~15℃가 가장 적정한 휴면온도이다. 수온이 20℃ 이상으로 유지하면 지속적으로 생육하므로 연중 관람이 가능하다. 화분에 재배하는 온대수련인 경우에는 21㎝ 이상의 화분이 필요하고, 열대수련은 15㎝의 화분이 필요하며 물의 깊이가 10~30㎝정도가 적합하다. 식재하는 흙은 입자가 가늘고 무거 운 점질토가 많은 토양이면 가능하다.

3) 연못정원의 관리

물의 pH는 중성이므로 연못에 사용하는 토양의 pH는 문제되지 않으나 pH4.5 이하로 떨어지지 않도록 관리해야 한다. 연꽃이나 수련을 잘 피우기 위해서는 인산질 비료를 충분히 공급해야 한다. 해충 방제를 위해서는 오트란(아시트) 입제를 뿌리에 소량 넣으면 진딧물 등의 흡즙성 해충을 방제 할 수 있고 어독성이 없어 소량은 수생동물에 해가 되지 않는다. 물고기 없는 경우라면 피레트린, 피레스로이드계를 살포하고 물고기나 다른 동물이 있는 경우에는 BT제를 살포한다. 병해는 거의 발생하지 않으므로 병해방제를 별도로 실행하지 않아도 된다. 너무 큰 용기에 심으면 잎이 지나치게 크게 자라고 꽃이 잘 피지 않으므로 적당한 크기의 화분이 필요하다. 수련을 화분에 심었다면 2년에 한 번씩 분갈이를 해야 한다. 온대수련은 물속에서 뿌리가 얼지 않으면 월동이 가능하며 수련을 연못에 심을 경우 물이 깊으면 수온이 낮아져 생육이 불량하므로 수심 50㎝ 이하로 관리해야 한다.

물위에 뜨는 연 잎은 연근에 양분을 저장하고 물밖으로 돌출한 직립하는 잎은 꽃을 피우게 한다.

연꽃은 뿌리 번식이 잘 되는 것으로 정원 내에서 의도치 않은 번식이 될 수 있어 용기 내에 식재해서 관리해야 한다. 연못 바닥에 아무런 조치 없이 식재하면 종 관리가 불가능해지므로 주의해야 한다.

■ 정원식재 연꽃의 품종별 특성

품 명	규격	식재깊이	개화성	향	꽃색	비고
엠프레스	대	얕게	보통	강함	흰색/자주	
퍼스트레이디	대	〃	다화	〃	핑크	새잎이 적색
미세스페리 슬로컴	대	〃	보통	〃	〃	
캐롤라이나퀸	대	〃	〃	〃	〃	잎에 연한 반점
루티아	대	〃	〃	〃	황색	그늘에서 개화
백의전사	중	〃	〃	〃	백색	
심수홍련	중	〃	다화	〃	홍색	
능파선자소	소	〃	〃	–	백색	
홍일	소	〃	〃	〃	홍색	잎에 연한 반점
빙교	소	〃	〃	〃	황색	〃

■ 열대수련의 특성

품 명	규격	식재깊이	내음성	개화성	꽃색	엽반	비고
N. 'Tina'	중	중간	–	다화	파랑	–	주간개화
N. 'Blue Beauty'	대	깊게	–	〃	〃	–	〃
N. 'Dauben'	중	중간	강함	계속	연파랑	–	〃
N. 'Madame Ganna Walska'	대	〃	–	〃	파랑	반점	〃
N. 'Panama Pacific'	중	〃	강함	다화	파랑	–	〃
N. 'Dang Siam'	〃	〃	–	〃	분홍	–	〃
N. 'Red Cup'	〃	깊게	–	–	적색	–	야간개화
N. 'Trudy Slocum'	〃	〃	–	–	백색	–	

열대수련 *Nymphaea* 'Dang siam'

열대수련 *Nymphaea* 'Tina'

이끼정원

이끼가 미세먼지 제거 능력이 있는 것으로 알려져 주목을 받고 있다. 이끼를 이용하여 정원을 만드는 것은 어렵지 않지만 지속적으로 유지관리하는 것은 우리나라에서는 아주 까다롭다. 이끼정원은 높은 공중습도를 일정하게 유지되어야 하고, 잡초와 경쟁에 이길 수 있도록 관리를 해야 한다. 조성이 잘된 이끼정원은 분명 많은 사람들에게 경외로운 경관을 제공하지만 겨울과 봄이 건조한 내륙지역에서는 성공하기 위해서는 많은 노력이 필요하다.

1. 이끼의 선택

이끼는 한자로 선태식물이라고 하는데 선(蘚, Moss)은 솔이끼, 물이끼 등과 같은 이끼를 말하며 태(苔, Liverworts)는 우산이끼와 같은 것을 말한다. 이끼원에 사용되는 이끼는 선(蘚)류이며 이 중에서도 형태적으로 2가지로 나눌 수가 있는데 솔이끼처럼 직립하는 형태가 있고, 깃털이끼와 같이 땅을 기는 형태가 있다. 국내에서는 일반적으로 땅을 기는 깃털이끼를 주로 사용하는데 깃털이끼를 이용한 정원은 조성과 관리가 초기에는 용이한 반면 시간이 지나면 관리가 불가능해지는 단점이 있다. 솔이끼와 같이 직립형 이끼는 이끼정원 조성이 어렵고 관리에도 많은 노력이 필요하지만 안정되면 지속적으로 유지가 가능한 이점이 있어 일본의 이끼원에서는 직립하는 형태의 이끼만 사용한다. 국내에 자생하고 이끼정원에 사용할 수 있는 이끼는 큰솔이끼, 솔이끼, 들솔이끼, 너구리꼬리이끼, 서리이끼 등이 있는데 솔이끼류가 가장 적합하다. 하지만 솔이끼류에서도 주름솔이끼는 1년생으로 사용하지 않는다. 이 종 외에도 서리이끼, 흰털이끼 등을 사용하기도 한다. 이끼정원을 짧은 기간에 조성할 수 있는 깃털이끼류는 최소한으로 사용해야 한다. 일본의 이끼정원에서 깃털이끼류와 우산이끼류는 잡초로 인식하여 제거 대상인데 솔이끼와 같은 직립성 이끼의 광합성을 방해하여 최종적으로는 이끼가 죽게 된다.

2. 이끼정원의 위치

이끼가 자라기 위해서 햇볕과 공중습도가 필요하며, 그 중에서도 공중습도 유지가 가장 중요하다. 솔이끼와 형태가 유사한 직립성 이끼는 뿌리같은 조직을 가지고 있는데 이것은 초본류의 뿌리와 달리 양분과 수분을 흡수하는 것이 아니라 단순히 식물을 고정하는 역할을 한다. 이끼에서 양분과 수분은 지상부에 있는 잎과 줄기의 표면에서 흡수한다. 이끼정원은 공중습도가 낮은 서향과 남향은 적합하지 않고 북향이나 남쪽과 서쪽이 막힌 공간이 적합하다.

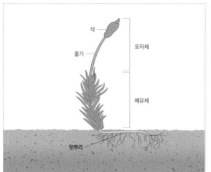
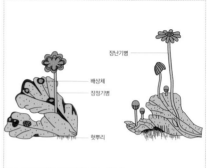

이끼는 선태식물로 불리우며 선(Moss)과 태(Livewort) 구분되는데, 좌측은 선류인 솔이끼류이고, 우측은 태류인 우산이끼이다.

일본 은각사에서 중요한 이끼는 너구리꼬리이끼, 큰솔이끼, 비꼬리이끼 등이 있다.

일본 은각사의 잡초성 이끼로 우산이끼, 들솔이끼, 털깃털이끼 등이 있다.

왼쪽은들솔이끼, 오른쪽은 솔이끼로 크기와 포자가 다르다.

이끼원에서 그늘이 필요한 이유는 건조에 약한 이끼가 살 수 있는 적정 습도가 있는 환경뿐만 아니라 사진과 같이 그늘진 곳에서는 잡초의 발생이 현저히 적다.

이끼정원에서 침엽수 잎은 기계식 송풍기로 제거되지 않아 인력으로 제거해야 하는 번거러움이 있어 최소한으로 식재해야 한다.

3. 이끼정원의 그늘

이끼정원을 만들기 위해서는 우선 그늘을 형성하는 나무를 심어야 한다. 연중 그늘을 만드는 상록수가 이끼원에 적합한 수목으로 생각할 수 있으나 실제로 바늘잎을 가진 소나무나 전나무 등은 낙엽이 이끼 속에 박히면 제거 불가능하며 낙엽이 생산하는 생육억제 성분이 있어 이끼를 살지 못하게 한다. 일본에서는 이끼정원에 삼나무를 식재하는데 삼나무는 침엽 상록수이지만 낙엽 형태가 소나무와 달리 가지처럼 되어 제거하기가 용이하다. 삼나무가 자랄 수 있는 남부지역에서는 삼나무를 활용하면 되나 중부지역에서는 활엽수를 활용해야 한다. 이끼정원은 공중습도 유지하기 위해 미스트를 사용하므로 높은 공중습도와 토양수분에서도 잘 자라며 잎이 넓은 활엽수가 적합하다. 이끼원 조성에 적합한 수목은 단풍나무, 당단풍나무, 고로쇠나무와 같은 단풍나무류와 대왕참나무, 계수나무 등이 있다.

일본 하코네미술관의 이끼원은 단풍나무 위주로 식재되어 있다.

곤지암 화담숲은 경사가 심하여 우배수시설 및 동선계획에 중점을 두었다.

삼나무숲 아래에 있는 이끼원

4. 이끼정원의 조성

이끼정원의 조성은 공중습도 유지와 원활한 배수가 주요 고려사항으로 공중습도를 유지하기 위해 미스트 및 스프링클러살포를 수시로 가동하므로 토양이 과습해지는 경우 많다. 하지만 이끼의 뿌리는 수분흡수를 하는 것이 아니라 고정을 하거나 일부 증식을 위한 것이다. 배수가 좋지 못하거나 점질토 같이 무거운 토양은 이끼의 뿌리가 부패하게 되므로 토양은 상대적으로 배수가 좋아야 한다. 이끼정원에는 사질토양인 모래를 사용하여 배수를 좋게 해야 하나 염분이 있는 바닷모래는 사용하지 말아야 한다. 이끼정원에 사용하는 토양은 pH6.0~6.5의 하천모래를 사용하고 입자가 비교적 가는 모래가 적합하다. 유럽에서는 피트모스에서 솔이끼류를 재배하는 경우도 있지만 우리나라에서는 여름철 폭우와 고온으로 피해 받을 수 있으므로 적합하지 않다.

이끼정원을 조성하기 위해서는 부지 내의 초본과 목본을 뿌리까지 제거하고 발아 전 제 초제를 살포한다. 우리나라에서는 잡초발생을 방지하기 위해서는 방초시트를 설치하나 일본은 황토를 1㎝ 이상의 두께로 발라 잡초가 발아되지 않도록 처리한다. 잡초방지 작업이 끝나면 모래와 같은 식재용토와 이끼를 고정하는 격자판을 설치하고 관수를 위한 배관작업을 한다.

관수설비에는 토양 속에 설치하는 점적시설이 있고 지상에 설치하는 스프링클러나 미스트장치가 있다. 점적시설은 토양중심의 습도를 일정하게 유지하고 많은 비용과 물을 절약하는 장점이 있는 반면 5년 이상이 되면 배관의 막힘 현상이 발생되어 다시 설치해야 하는 문제가 있어 5년 이상 지속시켜야 하는 이끼정원이라면 사용하는 것이 불가능하다. 스프링클러나 미스트설비와 같이 지상에 설치하는 것은 노출형 보다는 지중매립형인 팝업 스프링클러를 사용해야 한다. 만약 지상에 설치해야 하는 미스트를 설치하고자 한다면 식재된 그늘수목에 부착하여 설치하는 방법을 적용해야 한다. 관수설비는 식재토양작업 전에 설치되어야 배관이 지면에 노출되지 않으므로 사전 작업이 필요하다.

관수설비 배관은 교체 및 관리가 용이하도록 해야 하고, 겨울 동안 배관 내 동결 방지를 위해 배관 내 남은 물을 제거하는 작업을 쉽게 할 수 있도록 해야 한다. 배관은 한 번에 많은 면적을 연결하기보다는 여러 부분을 나누어서 펌프나 물탱크가 과도하게 커지지 않도록 해야 한다. 작은 펌프를 사용하고 전자밸브로 제어하여 작은 면적을 여러 부분으로 나누어 관수하는 것이 유지관리적인 면에서 유리하다. 배관설치가 완료되면 식재토양을 준비해야 하는데 사용하는 토양은 하천모래를 20㎝ 두께로 준비를 한다. 이끼정원이 경사지라면 식재토양이 쓸리지 않도록 격자판을 설치해야 한다. 깃털이 끼류인 털깃털이끼는 식재토양을 별도로 필요하지 않아 수분을 흡수 할 수 있는 두꺼운 부직포를 사용하기도 한다.

1. 식물을 제거 및 식재면 정리

2. 잡초방지를 위한 황토처리

3. 격자판 설치

4. 지면관수용 점적설비 설치

5. 황토로 접합부 마감 처리

6. 관수설비(스프링클러)를 설치

7. 배수시설 설치

8. 식재용토 채우기

9. 삽목상자에 재배된 이끼를 사용하여 식재   10. 이끼 식재 후 차광시설 설치

급수시설인 스프링클러와 점적설비가 완료되면 배수시설공사를 해야 한다. 이끼정원 조성시에 외부의 물이 내부로 유입되지 않도록 배수 및 집수시설을 계획해야 하는데 외부에서 빗물 등이 유입이 되면 식재기반의 결합력이 느슨하여 정원이 훼손되기도 하고, 다른 식물의 씨앗이 정원 내부로 유입되므로 철저하게 계획하여 조성하고 이끼정원을 경사면으로 조성하기보다는 계단식정원이나 경사가 완만하도록 조성해야 한다. 식재기반이 완료되면 이끼는 잔디와 동일한 방법으로 식재하는데 토양과 밀착이 잘 되도록 한다.

이끼정원에 사용하는 이끼는 삽목상자에 재배되거나 생산된 것을 사용해야 작업이 편리하고 유지관리가 용이하다. 경사지에는 이끼 고정을 위한 나무젓가락을 사용하여 활착 후에 따로 제거하지 않도록 한다. 식재가 완료된 이끼정원은 까치와 같은 조류의 피해가 없도록 까치망을 설치하기도 하고 안정화 될 때까지 차광망을 덮어 관리해야 한다.

5. 이끼정원의 관리

이끼정원은 공중습도를 70% 이상 유지하기 위해 낙엽교목을 식재하고 지하고는 3m이상이 적당하며 5m를 넘지 않도록 관리해야 한다. 침엽수 낙엽은 이끼정원에서 제거가 어렵기 때문에 소나무나 전나무 등과 같은 수목은 건조한 바람을 막을 수 있는 방풍림 목적으로 식재는 가능하나 정원 내 식재는 지양해야 한다. 정원 내 떨어진 낙엽은 송풍기(브로워)의 바람으로 날려서 제거하는 것이 편리하다. 이끼를 밟게 되면 토양은 답압되고 이끼는 훼손되므로 관리동선을 충분히 반영해야 한다. 이끼관리를 위해 아침과 건조한 한낮 시간에 관수 혹은 미스트를 가동해야 하고 습도에 따라 관수하는 횟수와 관수량을 결정해야 한다.

이끼관리의 어려움에는 잡초에 의한 경합과 조류의 먹이 활동에 의한 이끼의 훼손이다. 이끼정원은 잡초나 수목이 발아하기 적합한 조건이 되어 잡초가 쉽게 발생되는 것뿐만 아니라 지렁이나 곤충이 서식하기 좋은 조건이 되어 까치와 같은 조류가 먹이를 찾기 위해 헤집는 경우가 많아 이끼가 심각하게 훼손이 된다.

경사지에는 계단식으로 조성해야 유지관리가 유리하다.

일본 태원은 삼나무 그늘하부에 조성되었으며, 솔이끼, 비꼬리이끼가 주류를 이룬다.

일본 서방사 이끼원으로 솔이끼, 흰털이끼가 많이 자라고 있다.

단풍나무 낙엽은 기계식 송풍기를 이용하면 쉽게 제거 할 수 있다. 낙엽에 의해 이끼가 광합성을 하지못해 고사되므로 낙엽은 발생시 바로 제거해야 한다.

직사광선 비치는 곳의 생육은 좋지 않다. 일본 태원의 이끼재배 공간으로 솔이끼, 비꼬리이끼가 주로 재배된다.

일본에서는 작은 상자에 담아 이끼를 판매하는데 주로 분재나 분경 등에 사용되는 것으로 솔이끼, 너구리꼬리이끼, 비꼬리이끼, 붓이끼, 나무이끼, 물이끼, 서리이끼가 있다.

6. 이끼의 종류

이끼는 직립형 이끼(Acrocpous)와 포복형 이끼(Pleurocarpous)의 2가지 유형으로 구분된다. 직립하는 이끼는 줄기가 곧게 자라며 포복형 이끼보다는 생장속도가 느리고 줄기가 절단되더라도 새로운 개체발생이 어렵고 서로 밀집되어 자라므로 잡초 발생이 상대적으로 적다. 대표적인 이끼는 솔이끼류(*Polytrichum*), 흰털이끼류(*Leucobryum*), 꼬리이끼류(*Dicranum*), 붓이끼류(*Campylopus*) 등이 있다. 포복형이끼는 지면을 기는 특징을 가지고 있고, 생장속도가 비교적 빠르며, 이끼 개체가 절단되면 새로운 개체가 쉽게 만들 수 있어 증식이 빠르다. 초기 이끼정원에 유리하나 시간이 지나면 생육이 불량하고 개체가 감소되어 직립형이끼에 비해 생육이 불량해진다. 대표적인 이끼는 깃털이끼류(*Hypnum*), 초롱이끼류(*Plagiomnium*), 나무이끼류(*Climacium*), 윤이끼류(*Entodon*) 등이 있다.

7. 이끼의 증식

1. 삽목상자 거름천을 깐다.

2. 이끼번식용 하천 모래를 넣는다.

3. 절단한 이끼를 골고루 뿌린다.

4. 하천모래로 덮어준다.

5. 이끼와 모래를 눌러준다.

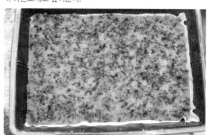

6. 그늘에서 관리하고 관수한다.

장미정원

장미는 많은 사람이 좋아하는 꽃이지만 겨울에 동해와 병해충이 많아 방제를 지속적으로 해야 할 뿐만 아니라 비료도 많이 필요로 하는 관리가 어려운 식물인 것으로 인식하고 있어 우리나라 정원에서는 많이 사용되지 않는다. 정원에 사용하는 장미계통이 별도로 있음에도 불구하고 많은 사람들이 오해하고 있다.

아름답지만 관리가 어려운 장미는 앤틱계의 장미로 꽃이 아름답고 향기가 좋은 장점은 있으나 겨울에 보온작업을 해야 하고 많은 병해충으로 관리가 부족하면 꽃도 제대로 피우지 못한다. 하지만 장미계통 중에 정원용으로 개발된 장미는 랜드스케이프계통(Landscape Rose)으로 5월부터 서리가 내릴 때까지 개화하며 저온에서도 잘 견디고 병해충에 대한 내성도 강하여 관리가 용이하다. 랜드스케이프 장미는 앤틱장미보다 향기가 적고 화려하지 않지만 연중 개화하고 관리가 용이하다.

1. 위치

장미는 많은 햇볕과 비료를 요구하는 대표적인 식물로 남향과 같이 일조량이 많은 4시간 이상 햇볕이 들어오는 곳이 적합하다. 장미는 토양이 과습한 정원에서는 생육이 불량하므로 지대가 낮은 정원보다는 높은 지대에 있어 배수가 원활한 곳이 적합하다. 배수가 불량한 정원에는 별도의 맹암거를 추가해야 한다. 일부 장미품종은 내한성이 약한 것도 있으므로 북쪽과 서쪽이 막힌 곳이 적합하며, 시설물이나 상록수 등 활용하여 겨울 동안 저온피해를 막아야 한다.

2. 정원의 토양

배수가 잘 되는 토양으로 유기물이 10% 이상 혼합되어야 하며, 토양이 과습하면 병해충 발생이 많아 생육이 불량해져 개화되지 않으므로 배수에 특별히 신경을 써야 한다. 정원 조성 중 중장비에 의한 답압은 토양의 배수와 통기를 불량하게 만들므로 답압되지 않도록 관리하고 답압된 정원에서는 별도로 경운작업을 1m 정도의 깊이로 해야 한다.

3. 정원의 시설

장미는 일년에 4번 정도 개화하는 식물로 많은 양분과 수분을 요구한다. 식물의 관수를 위해서는 QC 밸브관수 등을 사용하기도 하지만, 관수시 비료를 혼합하여 액비로 관수할 수 있는 시설을 갖추어 관리하기도 한다. 장미원을 위한 별도의 저수조와 펌프를 계획하고 점적 및 액비설비를 추가하는 것이 연 중 개화가 가능하도록 한다. 관수설비의 설치가 어려운 정원이라면 비료가 천천히 녹는 완효성비료를 지속적으로 사용하여 충분한 양분을 공급해야 한다. 또한, 일부 내한성이 약한 앤틱계통의 장미를 위해서 방풍시설 및 보온시설이 별도로 필요하다.

4. 정원의 관리

장미는 새로 나온 가지에 꽃 피우는 습성을 가지고 있어 가지치기만 잘 해도 많은 꽃을 연중 볼 수가 있다. 장미 관리에 있어 중요한 것은 전정시기와 방법이다. 꽃이 지고 난 후 지면에서 굵은 가지(도장지)가 자라는 반면 오래된 가지는 퇴화하는 특징을 가지고 있다. 새로운 도장지가 해마다 나오지 않는다는 것은 생육에 이상이 있다는 증거이다. 도장지는 3~4개를 남겨두고 나머지 가지는 밑 부분에서 잘라버린다. 남겨둔 가지도 2년생은 지면에서부터 25~30㎝, 4년생 이상은 30~40㎝ 정도를 남겨두고 잘라주고 가지가 포기의 외부로 자랄 수 있도록 외부로 향한 눈을 남겨둔다.

■ 정원에서 장미를 전정하는 방법

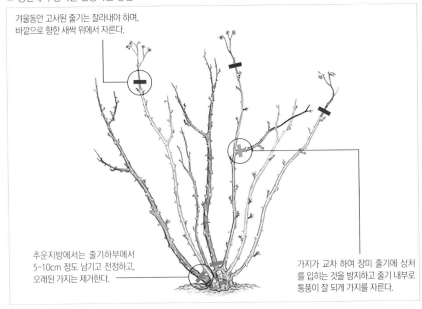

겨울동안 고사된 줄기는 잘라내야 하며, 바깥으로 향한 새싹 위에서 자른다.

추운지방에서는 줄기하부에서 5~10cm 정도 남기고 전정하고, 오래된 가지는 제거한다.

가지가 교차 하여 장미 줄기에 상처를 입히는 것을 방지하고 줄기 내부로 통풍이 잘 되게 가지를 자른다.

첫 꽃이 지고 난 후 또는 장마철에 뿌리에서 굵은 가지가 2~3개 발생되는데 이것을 도장지라고 하며 그 해의 여름, 가을 그리고 이듬해 봄에 가장 탐스러운 꽃을 피우는데 이 도장지를 튼튼하게 관리하는 것이 중요한데 관리하지 않으면 빗자루 모양으로 되고 빈약한 꽃이 여러 개 달린다. 빗자루 모양의 가지는 동해를 받기 쉽고 다음 해 봄에 다른 가지가 연약해지는 원인이 된다. 도장지가 30㎝ 전후로 자랐을 때 윗부분을 잘라주면 2~3개로 분지가 되면서 좋은 꽃을 피우게 된다. 랜드스케이프계는 세력이 강한 가지나 도장지의 상부가 직경이 1~2㎝정도 되었을 때 전정하며 꽃봉오리가 많이 발생되는데 전정하고 45일이 지나면 개화하는 습성이 있다. 우리나라의 가을은 장미꽃을 보기에 최적의 기후조건이나 여름철의 고온다습기에 관리가 잘 되지 못해 꽃이 제대로 피지 못하는 경우 많다. 8월 중에 자란 가지 중 약한 가지는 기부에서 잘라버리고 나머지는 장미의 2/3 높이에서 전정하면 5월의 장미꽃보다 화려한 장미를 관상할 수 있다. 가을 개화 장미의 관리에서 중요한 것은 여름에 아랫잎이 떨어지지 않도록 해야 하는 것이고, 중요한 특성에는 전정하고 45일 이후에 개화하는 습성을 가지고 있다는 것이다. 덩굴장미는 흔히 사용되는 붉은색의 덩굴장미를 제외하면 대부분 저온에 약한 품종이 많아 겨울을 위한 보온이 필요하며 적정한 가지치기도 필요하다.

덩굴장미는 대부분 4m 정도 자라지만 저온에 약한 품종은 겨울동안 저온피해를 받아 뿌리만 살아남아 매년 새로운 가지를 발생하여 덩굴장미의 길이가 2m 이상을 넘지 않는 경우가 있어 정원 내 시설물을 계획하는 경우에는 구조물의 총 길이가 4m 넘지 않도록 계획하고 내한성이 확인되지 않은 품종은 사용하지 않는다. 덩굴장미는 다른 장미보다 개화기간도 비교적 짧은 편으로 조형물을 조합하는 것이 효과적이며 겨울을 대비하여 겨울 정원용 식물을 보완하여 식재계획해야 한다.

1) 장미의 계통

① 하이브리드 티계
(Hybrid Tea Roses. 꽃 크기 8~16㎝)
국내에서 많이 식재되는 종으로 꽃송이가 크고 아름다운 종류이나 관리가 어렵고 내한성이 약하여 집중관리가 가능한 정원에 식재해야 한다.

플로리분다계

② 플로리분다계
(Floribunda Roses, 꽃 크기 5~10㎝)
독일, 네덜란드, 덴마크 등에서 주로 식재되는 계통으로 꽃이 중형이고 한줄기에 여러 송이가 뭉쳐서 피는 특성을 가지고 있어 넓은 정원이나 학교, 공원 등 공용 화단에 군식 용도로 사용된다.

③ 랜드스케이프계
(Landscape Roses. 꽃 크기 5~10㎝)
조경용으로 개발된 종류로 병해충이 많지 않아 관리가 용이하며 내한성이 좋아 겨울에 보온작업이 필요가 없다. 화려하고 많은 꽃이 달리며 5월부터 개화하여 여름철 볼거리를 제공하는 정원에 적합한 장미계통이다.

랜드스케이프계

④ 앤틱터치계
(Antique Touch Roses, 꽃 크기 8~12㎝)
고전적 스타일의 장미를 새롭게 개량한 장미들이다. 형태와 꽃 크기, 가지 형태는 하이브리드티계열의 장미와 유사하나 향기가 있고 대부분 겹꽃이 많고 로제트 화형을 가지고 있다.

⑤ 미니어처계
(Miniature Roses, 꽃크기 1~6㎝)
작은 꽃이 수 십 송이씩 모여서 피는 키 작은 장미로 각종 플랜터에 심고 햇볕이 잘 드는 아파트나 주택 베란다, 사무실 등에 놓고 관상한다.

미니어처계

⑥ 덩굴장미계
(Climbing Roses)
휀스, 트렐리스, 아치, 터널 등을 만드는 용도로 사용되는 장미계통으로 과거에는 연 1회 피는 꽃이 많았으나, 요즘은 연 2~3회 피는 계통이 개량되고 있다.

덩굴장미계

클레마티스정원

클레마티스라고 하면 우리나라에는 으아리 등을 일컫는 것으로 정원에서 많이 사용되고 있지만 각 계통별 특성을 반영하여 식재된 곳은 많지 않다. 덩굴식물의 대표종으로 트렐리스나 등반구조물에 올리는 것으로 계획을 하지만 국내에 유통되는 클레마티스는 정원에서 덩굴식물로 사용하기 위한 식물이 아니라 화분 재배용으로 키가 2m 미만으로 자라는 것이 많다.

1. 정원 위치

햇볕이 잘 들어오거나 반그늘인 남향이나 동향의 정원에서 적합하며 배수가 잘되는 토양에 식재를 해야 하고 지온이 높은 경우에 생육이 불량하므로 반드시 멀칭을 해야 한다. 클레마티스의 뿌리는 고온에 노출이 되면 생육이 불량해지는 특성이 있는데 우리나라와 같이 여름이 무더운 지역에서는 뿌리는 그늘진 곳에 심고 잎과 줄기는 햇볕을 받을 수 있는 위치에 식재해야 한다.

2. 식재토양

클레마티스는 토양의 pH가 낮은 산성토양에서는 생육이 불량하므로 토양 pH 6.0 이상이 되도록 관리해야 한다. 또한 배수가 불량한 토양에서는 뿌리가 부패하여 식물이 고사하므로 토양 내 수분이 많은 지역에서는 별도의 배수시설을 설치해야 하고 사질토양을 사용한다. 보통의 정원에서는 건조피해 방지와 생육을 위해 유기물을 15% 정도 혼합한다.

3. 식재 및 관리

클레마티스의 뿌리는 지표면에 주로 분포하는 천근성으로 건조하거나 지온이 높은 상태가 되면 생육이 불량해지므로 뿌리를 시원하게 관리해야 한다. 하지만 꽃을 피우기 위해서는 충분한 태양광이 필요한데 하루에 6시간 정도 광합성을 해야 한다. 클레마티스는 삽목 후 2년 이상 된 것을 사용해야 초기 활착이 잘 된다. 화분에 있는 클레마티스를 정원에 식재하기 위해서는 큰 용기에 화분을 놓고 물이 충분히 흡수되도록 한다. 정원에서 식재는 원래보다 5㎝정도 깊게 심는데 식물의 눈이 노출되지 않게 흙 속에 묻어야 하며 5~10㎝ 두께로 멀칭해야 한다. 식재 후에 바로 줄기를 50㎝의 길이로 자르는 것이 좋은데 만약 개화 중인 식물이라면 개화 후 바로 전지한다. 클레마티스에 사용되는 비료는 N:P:K=2:3:1을 사용하고 잎이 누렇게 변하면 황산마그네슘을 별도로 시비한다. 클레마티스는 등반하는 다른 식물의 생육에 전혀 영향을 미치지 않는 유일한 덩굴식물로 정원에서 등반시설이 없는 정원에서는 관목이나 교목을 등반하여 전시하는 것도 가능하다. 나무에 유인하거나 가깝게 심는 경우에는 줄기에서 60㎝ 이상 떨어트리고, 벽에 부착하는 경우는 30㎝ 이상 이격하여 식재하는것이 생육에 유리하다.

4. 클레마티스정원의 시설

클레마티스는 건조에 민감한 식물로 식재 후 3년 정도 점적관수설비를 사용하여 관수하는 것이 생육이 잘되며, QC밸브 관수에 의한 인력관수도 가능하다. 클레마티스는 잎자루를 이용하여 등반하는 특성이 있어 다른 식물보다는 부착이 약한 편으로 등반재료 선정시 고려해야 하는데 등반시설은 두께가 2㎝ 이하인 철사, 끈이나 판재를 사용하고 설치간격은 20㎝ 이하로 해야 한다. 시설물의 높이는 2~4m 정도가 적당하나 사용하는 식물에 따라 달리해야 한다. 전정그룹 1과 같이 높게 자라는 식물은 4m 이하의 시설물에 등반을 시키고 전정그룹 2와 3의 품종은 2m 이하의 덩굴지지대를 사용해야 한다.

Syringa 'Palibin'과 *Clematis* 'Gieboldiana'으로 클레마티스의 장점은 등반하는 다른 식물의 생육을 불량하게 하거나 고사시키지 않고 공존하는데 있다. 클레마티스는 잎자루를 이용하여 등반하므로 다른 덩굴식물에 등반재가 촘촘하게 만들어져야 한다.

5. 클레마티스의 그룹

클레마티스는 꽃이 피는 특성에 따라서 전정방법을 달리하며 이에 따라 그룹을 구분하는데 그룹 A, B, C로 나눈다. 그룹 A는 전정을 하지 않는 계통으로 작년 가지에서 꽃눈이 만들어지고 꽃이 피는 형태로 전정을 하게 되면 꽃눈을 제거하는 것이 되어 개화 수가 현저하게 감소한다. 이종은 줄기가 길게 자랄 수 있으므로 트랠리스와 같은 구조물에 사용하기에 적합하다. 꽃을 일찍 피우고 트랠리스와 같은 구조물에 적합하지만 꽃이 작은 특징을 가지고 있다.

Group A   Group B   Group C

*Clematis*의 전정그룹에 따라 전정하는 방법과 시기가 달라진다.

전정그룹 Group A에는 *Clematis alpina*, *C. macropetala*, *C. montana*에서 유래된 식물로 구성되었다. *C. alpina*와 *C. macropetala*에서 기원한 품종은 생육여건이 적합하면 성장이 잘되어 정원에서 전시가 용이하고 강건한 생육특성을 가지고 있다. 이종은 배수가 잘되는 토양을 선호하여 배수가 불량한 토양에서 생육이 불량하지만 직사광선뿐만 아니라 부분적인 그늘에서도 꽃을 잘 피운다. 식물은 2.0 ~ 4.0m까지 자라며 4월에서 5월까지 개화하고 일부 종은 늦은 여름에 두 번째 꽃을 피우기도 한다. 꽃의 형태는 종모양의 꽃을 피우고 길게 자라는 씨앗의 갓털이 볼거리가 되기도 한다.

대표적인 품종
Clematis 'Albina Plena': 하얀색의 겹꽃을 피움
C. alpina 'Pamela Jackman': 진한 파란색 또는 보라색의 꽃을 피움
C. 'Constance': 핑크색에서 붉은색의 꽃을 피우고 겹꽃이 피기도 함
C. 'Markham's Pink': 핑크색의 겹꽃을 피움

*C. montana*에서 유래된 품종은 5월에서 6월까지 꽃이 피고, 꽃에 향기가 있어 향기원에 사용하기도 한다. 최대 8m 정도로 높게 자라지만 생육이 강건하지 못해 겨울철 기온이 -15℃ 이하에서는 동해를 받기도 하므로 월동 대비를 해야 한다. 키가 큰 종으로 높은 트렐리스나 교목에 등반시켜 전시하는 용도로 사용하기에 적합하다.

대표적인 품종

C. 'Broughton Star': 핑크색의 겹꽃을 피움
C. 'Elizabeth': 연한 핑크색의 꽃을 피움
C. 'Mayleen': 핑크색의 꽃을 피움
C. 'Preda': 핑크색의 꽃을 피움
C. montana var. *grandiflora*: 하얀색의 꽃을 피움
C. montana var. *rubens*: 핑크색 꽃을 피움

Group B는 약간의 전정하는 것으로 대부분의 재배종이 여기에 속하며, 전년도 가지와 당년의 새로운 가지에서도 꽃을 피우는 특성을 가지고 있어 적정한 높이에 맞추어 전정하면 되지만 1그룹보다는 높게 자라지는 못한다. 연중 개화하며 꽃이 비교적 크고 화려하여 분화용으로 주로 재배한다. 5~6월에 개화하는 꽃은 전년도 가지의 꽃눈에서 발생된 것이고, 당해에 꽃눈이 형성된 것은 7~9월까지 개화한다. 꽃의 지름은 15~25㎝정도가 되며 줄기는 2~3m까지 자란다. 이 그룹은 시들음병에 잘 걸리므로 지속적인 방제 관리가 필요하다.

대표적인 품종

C. 'Asao': 홑꽃 혹은 겹꽃의 짙은 핑크색 꽃과 노란색의 수술을 가짐
C. 'Fuji Musume': 짙은 파란색 꽃과 노란색의 수술을 가짐
C. 'Guernsey Cream': 4월 개화하며 고온과 직사광선에서는 생육이 좋지 않음,
　　개화 초기는 크림색이지만 완전히 개화하면 하얀색으로 핌
C. 'Mrs Cholmondeley': 홑꽃 혹은 겹꽃의 파란색 꽃을 피우고 수술은 갈색이며
　　대형(12~23㎝)의 꽃을 피움
C. 'Mrs George Jackman': 하얀색 꽃에 갈색 수술을 가지고 있으며 오래된 가지에서는
　　겹꽃이 피고 새로운 가지에서는 홑꽃이 핌
C. 'Niobe': 벨벳느낌의 진한 붉은색의 소형 꽃을 피움
C. 'Piilu': 노란색 수술과 핑크색 꽃을 가진 소형종으로 작년가지에서 피는 꽃은 겹꽃
　　이고 당해 가지에서는 홑꽃을 피움
C. 'The President': 짙은 파란색의 꽃을 피우는 소형종
C. 'Warszawska Nike', ('Warsaw Nike'): 적자색 꽃을 피우며 노란색 수술
C. 'Westerplatte: 벨벳 느낌의 소형의 붉은색 꽃을 피움

마지막으로 Group C는 강한 전정을 해야 하는 것으로 가지의 끝에 꽃이 피는 것으로 전정을 하지 않으면 가지의 끝에 일부만 꽃이 피게 되어 볼품이 없어진다. 이종은 꽃이 늦게 피고 큰 꽃을 피운다. 이 그룹은 *C. viticella, C. integrifolia, C. tangutica, C. texensis* 계통으로 나누어진다. *C. viticella* 계통은 이탈리아 원산으로 지중해성기후와 북유럽기후에 생육한다. 햇볕이 잘 드는 위치를 선호하며, 그늘이 지거나 북향에 식재하면 개화하지 않는다. 일반적으로 잘 자라고 클레마티스에 치명적인 시들음병에 내성을 가지고 있으며, 3m정도 자라고 보통 4~13cm 크기의 꽃을 핀다. 6월 중순부터 여름까지 개화하고, 가을이나 이른 봄에 강한 전정을 해야 한다. 정원의 작은 조형물이나 울타리 또는 관목에 올리기 적합하며, 작은 관목형태로 자라며 많은 꽃을 피우는 특징이 있다.

대표적인 품종
C. 'Abundance': 짙은 붉은색 꽃을 피우고 직경은 5~7cm정도, 수술은 녹황색
C. 'Alba Luxurians': 5~8cm 크기의 하얀색 꽃에 끝은 녹색이고 수술은 자주색
C. 'Betty Corning': 종모양의 직경 5~7cm 크기, 자주색 꽃을 피우며 향기가 있음
C. 'Emilia Plater': 옅은 파란색의 8~13cm 크기의 꽃을 피우고 수술은 연노랑색
C. 'Étoile Violette': 진한 보라색의 직경 8~13cm 꽃을 피우고 수술은 노란색
C. 'Kermesina' or *C.* 'Rubra': 진한 붉은색의 직경 5~8cm 꽃을 피움
C. 'Madame Julia Correvon': 직경 8~13cm의 붉은 꽃을 피우며 수술은 노란색
C. 'Minuet': 가운데가 하얗고 가장자리가 보라색인 가진 4~7cm의 꽃을 피움
C. 'Purpurea Plena Elegans': 3~9cm 직경의 겹꽃으로 화색은 붉은자주색
C. 'Venosa Violacea': 중앙은 백색, 가장자리는 보라색의 8~13cm 꽃을 피움
C. 'Walenburg': 6~8cm 크기의 꽃은 가운데가 하얀색이고 가장자리는 자주색

Clematis integrifolia 계통은 다년생 초본이나 관목의 형태로 자라는 등반하지 않는 품종으로 지피로 사용되기도 한다. 0.5~1.0m까지 자랄 수 있으며, 꽃은 6월과 10월 사이에 올해 나온 가지에서 꽃이 피는 특성을 가지고 있다. 줄기는 겨울동안에 고사되고 뿌리만 살아있는 것이 많아 초본과 유사하며 암석원에 사용되기도 한다.

대표적인 품종
C. 'Alionushka': 진한 분홍색의 종형태의 꽃을 피움
C. 'Arabella': 햇볕에서 잘 자라고 파란색의 꽃을 많이 피우고 개화기간은 6~10월까지이며 지피식물로 이용
C. × *diversifolia* 'Heather Herschell': 분홍색의 꽃을 피우며 1.3~1.6m 자람

- *C. ×durandii* 'Durandii': *Integrifolia* 계통에서 파랑색의 가장 큰 꽃(8~10㎝)을 피우며 절화용으로 사용되며 1.5~2.0m정도 자람
- *C. integrifolia*: 작은 종 형태로 파란색의 꽃을 피우고 1.0m 정도 자라며, 향기가 있으며 다른 색의 꽃이 피기도 한다.)
- *C.* 'Juuli': 자주색에서 라벤더색의 꽃을 피우고 1.2~2.0m 정도 자람
- *C.* 'Sizaja Ptitsa': 작은 분홍색의 꽃을 피우고 1.3~1.6m 정도 자람

C. tangutica 계통은 작고 종 모양의 노란 꽃을 가지고 있으며, 6월 초부터 늦은 가을까지 개화하고 식물의 높이는 2~6m까지 자랄 수 있다. 이 계통은 많은 햇볕을 받아야 하고 겨울에 배수가 잘 되는 토양에 식재를 해야 한다. 배수가 잘되고 약간 건조한 토양에서는 여름과 겨울철의 좋지 못한 환경에서도 잘 자란다. 품종이 높이까지 잘 자라고 피복력도 좋은 편으로 정원 내 트렐리스나 차폐용으로 사용되기도 한다.

대표적인 품종
- *C.* 'Bill MacKenzie': 7월부터 10월까지 노란색꽃을 개화하며 4.0~6.0m정도 자람
- *C.* 'Helios': 노란색 꽃을 피우며 6월부터 10월까지 3.0m 높이로 자라고, 경관성이 좋은 씨앗이 겨울까지 있어 겨울정원용 사용
- *C.* 'Kugotia': 노란색 꽃을 피우고 수술은 보라색이며 7월부터 10월까지 개화하고 3.0m정도 자람
- *C.* 'Lambton Park': 인기 많은 종으로 6~10월까지 노란색의 많은 꽃을 피우며 4.0~5.0m 정도 자람

기타(늦게까지 꽃을 피우는 소형 클레마티스)
미국 텍사스가 원산인 *C. texensis*은 많은 햇볕을 받아야 하고 세심한 관리가 필요하다. 7월부터 개화하기 시작하여 가을까지 꽃을 볼 수가 있으며, 튤립과 유사한 형태의 꽃을 피운다. 줄기는 최대 3m까지 자라며 봄철에 가지를 제거해야 하며, 배수가 잘 되는 토양에서 햇볕이 충분하고 바람이 잘 통하는 곳에 심어야 한다.

대표적인 품종
- *C.* 'Gravetye Beauty': 길쭉한 종모양의 붉색으로 우선 개화하고 분홍색으로 짐
- *C.* 'Princess Diana': 튤립형태의 꽃을 피우고 외부는 적색, 내부는 분홍색 개화

향기정원과 허브정원

향기가 나는 식물은 정원에서 매력적이다. 많은 식물원에서 향기정원을 계획하지만 향기 나는 식물의 종수는 많지 않다. 대표적인 향기 나는 식물에는 수수꽃다리, 오리엔탈계 나리 등이 있는데 꽃피는 시기가 비슷하여 연중 향기를 경험할 수 있는 기간이 길지가 않다. 꽃에서 향기나는 식물을 전시하는 것은 개화기간과 식물종이 다양하지 못한 어려움이 있어 잎에서 향이 나는 허브류를 같이 식재하여 향기정원을 계획해야 한다. 허브류는 먹을 수 있거나 약효가 있는 것을 말하는데 우리나라에서는 잎에서 향기가 나는 것을 허브로 생각을 하고 있어 향기정원과 어울리는 식물이다.

1. 식재 위치

향기 나는 식물은 대부분 건조한 지역에서 생육하는 것이 많고, 건조하고 햇볕이 충분한 공간에서 향기 짙어지므로 남향이나 서향이 적합하다. 내한성이 강한 식물이 많고 건조에도 강하므로 방풍시설이나 식재를 필요하지 않으나 배수가 잘되는 지역이 적합하다. 배수가 불량한 토양은 병해가 발생하고 웃자라기 때문에 배수를 위한 시설을 추가로 설치해야 한다.

2. 식재 토양

건조하고 배수가 좋은 곳에서 잘 자라므로 사질양토를 기본으로 하고 유기물은 10% 이내로 추가 한다. 사질양토 이상으로 배수가 되는 토양을 사용해야 하나 사질토양 이상을 확보하기 어려운 경우에는 하부에 맹암거를 설치하고 외부의 물이 내부로 유입되지 않도록 배수시설을 설치해야 한다. 향기 나는 식물의 많은 종류가 산성토양에서는 생육이 불량할 수 있어 pH6.0 이상이 되도록 관리한다.

3. 식재 식물

향기원에 사용하는 식물은 목본과 초본으로 나누어 볼 수 있는데 대부분 햇볕을 좋아하는 식물이 많으므로 적절한 식물배치가 필요하다.

4. 식물 관리

향기식물은 햇볕이 충분하고 배수가 좋은 환경이 적합하다. 그늘지지 않도록 하고 물빠짐을 지속적으로 관리해야 한다. 일부 내한성이 약한 허브류인 라벤더나 로즈마리는 월동대책을 강구하거나 화분에 식재하여 보온이 되는 시설에서 관리해야 한다.

■ 정원에서 월동 가능한 향기식물

향기 부위	식물명	비 고
꽃	수수꽃다리, 개회나무, 털개회나무, 정향나무, 누리장나무, 장미류, 몬타나클레마티스, 분꽃나무, 붓들레아, 유럽분꽃나무, 댕강나무, 고광나무, 아까시나무, 피나무, 박달목서, 오리엔탈나리류, 나팔나리류, 은방울꽃, 연꽃, 수선화, 히야신스, *Phlox divaricata* 'Clouds of Perfume'	
잎	쉬나무, 산초나무, 누리장나무, 애플민트, 민트류(스피아, 애플, 오데코롱, 페니로얄, 페퍼), 오레가노, 차이브, 레몬밤, 세이지류(샐비아, 클라리), 개똥쑥, 누린내풀, 배초향	

*박달목서는 동해방지시설이 필요함

전시온실(Glass House)

실외에서 생육이 불가능한 식물이나 특별한 전시가 필요한 식물을 전시하는 전시온실은 일반적으로 겨울에 동해를 받지 않기 위한 식물을 위한 난방시설이라고 생각하기 쉽다. 하지만 외국에서는 겨울을 위한 난방뿐만 아니라 고산식물의 생육을 위한 고온방지를 위한 냉방하는 온실이 있고, 사막식물과 같이 건조한 환경을 위한 온실 등이 있다. 이전에는 전시온실은 난방을 위한 시설로 여겨 가온한다는 의미로 온실(溫室)이라는 단어를 사용했다.

최근에는 겨울에 따뜻하고 여름에 뜨거워 이용 불가능한 시설보다는 겨울과 여름동안 관람하기 좋은 환경을 위한 시설이 세계적으로 만들어지고 있다. 우리나라는 5월부터 바깥 기온이 높아져 실제적으로는 5월부터 더운 계절로 9월까지 온도가 높다. 1년의 반 정도가 덥고 그 나머지는 추운 환경의 우리나라에서는 단순히 난방을 위한 시설보다는 쾌적한 관람을 위한 온실이 필요하다.

온실은 건축물로서 재해에 대해 안전한 장소에 설치해야 하는데 정원에서 너무 낮은 곳에나 높은 위치하지 않는 곳이 좋으며 식물을 재배하는 공간이므로 6시간 이상 태양광이 들어 올 수 있어야 한다. 또한 주변에 큰 나무나 전신주 등으로 인해 피해를 받을 수 있으므로 주의한다. 낮은 지대에 위치하는 온실은 폭우 시 범람한 물이 온실 내부로 침입하여 피해를 발생하기도 할 뿐만 아니라 범람 방지를 위한 별도의 시설이 필요하며, 높은 곳은 강한 바람에 의해 시설의 파손이 생기므로 신중하게 정해야 한다.

1. 전시온실의 위치

전시온실은 인공적으로 식물의 생육환경 제어가 가능한 시설물로 방위적 위치보다는 방문객의 접근성과 공간 계획에 따라 결정되어야 한다.

2. 식물의 선정

전시온실에 식재되는 식물은 시대에 따라 변화되었는데 우리나라의 초기에는 열대식물을 전시하였고, 다음은 사막식물인 선인장을 식재하였으며, 이후에 우리나라 자생식물과 저비용 온실을 위해 난대식물을 전시하였으며, 몇 년 전에는 허브식물이 유행하여 허브온실이 등장하였다.

싱가포르의 Gardens by the bay는 적도에 위치한 전시온실이지만 지중해식물을 전시하여 시원한 실내 환경을 만들어 쾌적한 이용이 가능하게 하였다. 겨울에 따뜻한 온실이 필요한 것이 아니라 관람객 입장에서 겨울에는 춥지 않은 공간, 여름에는 덥지 않은 온실이 계획하는 것이 필요하다. 우리나라에서 여름의 고온이 문제가 되고 있어 정원에서도 이를 해결할 수 있는 공간이 절실히 필요해진다.

Gardens by the bay 이벤트홀은 시즌에 맞춰 다양한 식물을 테마로 전시하고 있다.

Gardens by the bay의 포레스트돔은 열대 고산식물(해발 1,000~3,500m)을
전시하는 공간으로 기온이 30도가 넘지 않고 85%의 습도를 유지한다.

최근에는 우선 열대식물을 위한 공간에 열대 과일나무, 향신료 등을 전시하는 온실이 생기고 있으며, 지중해의 풍경을 느낄 수 있는 지중해식물 전시관이 생기고 있다. 주제가 확실하거나 새로운 식물을 전시하기 위한 공간이 새롭게 생겨나고 있으며, 앞으로는 식물이 살기 좋은 온실뿐만 아니라 방문객이 관람하기 좋은 환경을 가진 온실이 필요하다. 최근에는 여름시기에 시원한 환경에 서식하는 식물을 전시하는 공간으로 고산식물과 지중해식물을 전시하는 곳이 늘고 있으며 연중 이용가능한 시설로 활용되고 있다.

전시온실에 식재되는 식물은 대부분 국내에서 구하기 힘들거나 제주도와 같이 남부지역에 있는 식물이 주류를 이루고 있으며, 소형식물은 서울 근교에서 관엽식물과 같이 판매되는 것도 있지만 그 종류가 한정되고 시중에서 쉽게 볼 수 있는 식물이 많은 경우에는 방문객의 만족도가 떨어지는 경우가 많아 식재하는데 신중해야 한다.

싱가포르의 가든스바이더베이의 포레스트돔은 열대고산식물인 만병초류, 난초류, 베고니아류 등이 전시되고 있다.

1) 열대식물

많은 종류의 열대수목은 오래전부터 정원에서 전시되어 익숙한 식물이 많이 있어 열대식물은 대형이거나 특이한 식물을 선정하도록 계획한다. 크게 자라고 어렵지 않게 확보를 할 수 있는 것은 고무나무류, 야자류가 있다. 열대식물을 식재하는데 있어 대형목의 확보가 필수적인 요소라면 군식을 위한 관목의 확보에도 노력해야 한다.

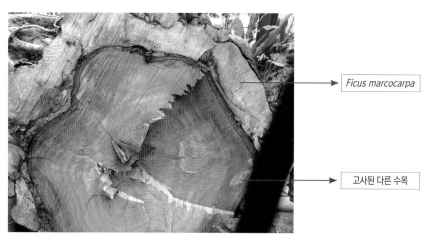

Ficus marcocarpa

고사된 다른 수목

고무나무(*Ficus*)는 다른 나무를 감싸며 자라는 특성을 가지고 있어 교살목으로 불린다. 수입하는 수목을 선택하는데 있어 사진과 같이 내부에 다른 나무로 되어 있는 것은 지양해야 하는데 외부에 자라는 고무나무는 외형으로는 큰나무로 보이나 실제로는 크지 않은 나무로 줄기에 저장되는 수분과 양분이 적어 오랜기간동안 운반되는 과정으로 현장에 반입 후 고사되는 경우가 많으므로 사진과 같은 수목은 지양해야 한다.

고무나무는 실내정원에서 흔한 벤자민고무나가 있지만 대형으로 자라는 것이 많지 않다. 대형 수목으로 쉽게 확보가 가능한 것은 반들고무나무(*F. microcarpa*), 인도보리수(*F. religiosa*), 벵갈고무나무(*F. benghalensis*) 등이 있다.

야자류는 수입하는 현지에서는 쉽게 구입가능하지만, 이식이 어렵고 식물검역에서 불합격인 경우가 많다. 야자류 중에 대왕야자는 열대기후에 적합고 잘 자라는 수목으로 5~7m 정도의 수목은 비교적 이식이 잘되므로 너무 크지 않은 수목을 식재한다.

2) 지중해식물

여름에 건조하고 겨울에 춥지 않아 생활하기에 좋은 기후에 사는 지중해식물은 아직은 흔히 볼수 있는 식물이 아니라 많은 사람들에게 새로운 경관을 연출하기에 적합한 식물이다.

올리브나무는 농림축산검역본부의 격리대상수목으로 격리된 시설에서 일정 기간동안 격리재배를 해야 하는데 해충의 침입을 방지하기 위해 한랭사를 이용하여 시설을 만든다.

올리브나무 외에도 지중해기후에 적합한 것은 양백나무, 카나리아야자, 워싱턴야자, 바오밥나무, 호주물병나무 등이 있다. 이들 중에서 대부분은 제주도 생육이 가능하고 어렵지 않게 확보가 가능하다.

바오밥나무, 호주물병나무, 케이바초다티 등과 같이 수형이 특이한 수목은 국내에서 구입하는 것은 어렵지만 대만이나 태국 등지에서 수입이 가능하다.

수출 대기 중인 열대수목으로 발근 후에 코코피트에서 관리되고 있다.

3) 사막식물

선인장은 독특한 형태와 화려한 꽃으로 전시온실 식물로 많이 이용되고 있다. 선인장은 과거부터 많이
재배되어 왔고 식물검역 및 운송이 어렵지 않아 외국에서 수입하는 것도 용이하다. 선인장류는 식물
을 확보하는 것 보다는 유지관리가 가능한지를 우선 검토해야 한다. 선인장과 같은 다육식물은 고온다
습한 시기에 생육이 불량하거나 너무 자라서 쓰러지는 사례가 많아 사전에 조치가 필요하다. 선인장의
형태가 강하고 독특하여 특색있게 식재하는 것이 어려운 식물로 철저한 사전 계획이 필요하다.

기둥선인장은 뿌리에 비해 높게 자라 넘어지는 사례가 있어 식물선택시 키가 과도하게 자란 것은 지양하고 식물의 고정 방법에 대
해서 검토해야 한다. 사진은 기둥선인장을 고정하기 위해 와이어로프를 사용하고 있다.

사막식물에는 기둥선인장, 알로에, 아가베 등을 효과적으로 사용해야 하고 근래에 많은 관심을 받고 있는 리톱스, 하워르티아 등의 왜성 다육식물을 전시하는 공간이 늘고 있다.

4) 고산식물

고산식물을 위한 온실은 우리나라에서 흔하지 않아 조성하는데에도 어려움이 있으며 식물종 확보와 식재에서도 전문가가 많지 않아 쉽게 접근 할 수 있는 부분은 아니지만 유럽에서는 학술적으로나 경관적으로 중요한 위치를 차지하고 있다.

고산식물은 높은 산지에 생육하는 식물로 형태가 독특하고 쉽게 볼 수 없는 식물이 많다. 다른 식물에 비해 자라는 속도가 느려 많은 시간과 투자가 필요한 공간이나 특별한 정원이 필요한 공간에 적합하다.

5) 난대수목

우리나라의 남부지방에 자생하는 식물로 많은 기관이나 정원에서 전시하고 있다. 식물의 확보 및 관리가 용이하고 다른 온실 식물에 비해 저렴한 비용으로 조성할 수 있는 장점은 있지만 흔하게 볼 수 있는 식물로 방문객의 관심도는 낮아 지양하고 반드시 필요한 경우라면 생태적인 방법으로 조성하는 것보다는 경관에 중점을 둔 식재방법을 택해야 한다.

6) 수입금지 식물

식물종 선택에서 주의사항은 수입이 불가능한 식물종이 있으므로 사전에 확인해야 하는데 우리나라는 수입 금지식물과 국제적 멸종위기식물은 국내 반입이 불가능하다. 수입금지 식물은 식물검역원 홈페이지에서 확인 가능하고, 국제적 멸종위기식물은 CITES 사이트를 참고하면 된다. 특히 국제적 멸종위기식물을 수입하는 경우에는 원산지 증명서를 수출국에서 받아야 하고 한강유역관리청에 수입허가를 신청하는 절차가 진행되어야 한다. 이런 일련의 과정에서 하나라도 놓치게 되면 비용을 지불하고도 현장에 전시하지 못하는 사태가 발생되므로 주의해야 한다.

잭프루트(*A. heterophyllus*) 와 같이 식용 열매가 달리는 유실수는 수입지역에 따라 다를 수 있지만 대부분 수입금지된 식물이 많이 있어 수입이 가능한 국가를 조사해야 한다.

멸종위기에 처한 야생동식물의 국제거래에 관한 협약
(Convention on International Trade in Endangered Species)

CITES는 멸종위기에 처한 야생 동식물종의 국제 무역 협약이다. CITES는 불법 거래나 과도한 국제 거래에 의해 멸종위기에 처한 야생동식물의 보호를 위해 야생동식물의 수출, 입국이 상호 협력하여 국제거래를 규제함으로써 서식지로부터 야생동식물의 무질서한 채취, 포획을 억제하는데, 그 목적이 있다. 가입국에게 법적인 구속력을 가진다. 우리나라는 1993년 7월 9일에 가입하여 현재 협약이 발효 중에 있다. 현재 CITES에는 약 5,800여 종의 동물과 3만 종의 식물이 무분별한 국제거래로 인한 착취로부터 보호를 받고 있다. 보호하고 있는 생물은 부속서 I, II, III으로 등급을 나눈다.

■ CITES의 부속서 I, II, II

구 분	부속서 I	부속서 II	부속서 III
분류기준	멸종위기에 처한 생물종 중에서 국제거래로 영향을 받거나 받을 수 있는 종	현재 멸종위기에 처해 있지는 아니하나 국제거래를 엄격하게 규제하지 않으면 멸종위기에 처할 수 있는 종	협약당사국이 자기나라 관할권 안에서의 과도한 이용 방지를 목적으로 국제거래를 규제하기 위하여 다른 협약 당사국의 협력이 필요하다고 판단하여 지정한 종
규제내용	상업목적의 국제거래는 금지 (학술연구 목적의 거래만가능)	상업, 학술, 연구목적의 국제 거래 가능	상업, 학술, 연구목적의 국제 거래 가능
구비문서	거래시 수출, 수입국의 양국 정부에서 발행되는 승인서 필요	수출국 정부가 발행하는 수출허가서 필요	수출국 정부가 발생하는 수출허가서 및 원산지 증명서 필요

7) 식물의 확보

전시온실에서 열대수목, 사막식물, 지중해식물 등과 같이 전시효과가 높은 것이 많은데 열대식물은 열대기후인 동남아시아에서 구하고 사막식물은 아프리카에서 확보하고 지중해식물은 유럽에서 찾아보아야 한다고 생각을 할 수도 있지만, 대부분의 전시온실에 사용되는 식물은 동남아시아에서 구입이 가능하다. 동남아시아에서 재배되는 수목은 동일한 수목일 경우에는 외국에서 확보하는 것이 비용이 절약되는 이점은 있지만 수입 과정과 식재 후 활착을 고려해야 한다. 식물 수입은 외부 기관에 대행해야 하고 식재는 전문가가 할 수 있도록 해야 한다.

① 해외 식물

외국에서 식물을 수입하기 위해서는 충분한 시간이 있어야 한다. 식물을 수입을 위해서는 최소한 3개월의 여유시간이 필요하다. 유럽에서 수입해야 하는 대형의 올리브나무 등도 3개월의 시간이 필요하다. 외국에서 식물을 수입하는 것은 대형의 식물이거나 국내에서 재배되지 않거나 혹은 많은 수량이 필요한 경우가 해당된다.

전시온실의 규모에 따라서 대형수목을 식재해야하며 국내에서는 수고 5m이상 재배되지 않으므로 대형수목은 해외에서 구입하여 식재할 수 있도록 계획해야 한다.

수입되는 식물은 컨테이너에 담겨 선박으로 운반되므로 컨테이너 크기 이상으로 적재 할 수 없다. 따라서, 수입되는 식물의 선택기준은 키가 크고 아름다운 나무가 아닌 컨테이너로 운송이 가능한 나무로 한정 지어야 하고 수형도 감안하여 판단해야 한다. 40ft(피트) 컨테이너의 길이는 12.0m 폭은 2.3m로 뿌리를 포함 나무가 이 범위 내 있어야 한다.

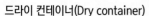

드라이 컨테이너(Dry container)

온도 조절이 필요하지 않는 일반잡화를 수송하는 가장 보편적인 컨테이너로 전후방의 양쪽에 문이 있고 270°로 개폐가 가능하다.

20피트 컨테이너: TEU, 40피트 컨테이너: FEU

■ 컨테이너별 규격의 비교

구 분		20피트(ft.)	40피트(ft.)
내부치수 (mm)	길이	5,899	12,034
	폭	2,348	2,348
	높이	2,390	2,390
개구부 치수 (mm)	폭	2,336	2,336
	높이	2,278	2,278
내부용적(㎥)		33.1	67.5

식물의 수입방식은 뿌리세척 후 처리 방법에 따라 2가지로 나누어 진다. 첫 번째는 흔히 사용되는 방법으로 식물을 굴취하고 뿌리를 세척한 후에 살균/살충 처리하고 수태와 같은 물이끼를 뿌리에 감싸고 수입하는 방법이 있다. 수입시 부담하는 비용이 적고 뿌리를 발근시키는 작업이 없어 수입 완료 소요시간이 1개월 정도로 짧은 장점이 있지만 1개월 정도 뿌리가 노출된 상태로 운송되므로 고사되는 비율이 높고 식재 후에도 1년 정도의 활착을 위한 기간이 경과해야 정상적인 생육이 가능하다. 두 번째는 굴취하고 살균/살충처리한 후 높이 50㎝이상의 재배상에서 멸균처리된 인공토양 코코피트 혹은 피트모스에서 발근 시킨 후에 멸균토양과 함께 수입하는 방법이 있다. 많은 비용과 시간이 걸리는 반면 고사되는 식물이 적고 뿌리가 있어 상태가 양호하여 바로 전시온실에서 활용이 가능하다. 하지만 발근 중에 무균배지에서 병해충이 발생될 수 있으므로 주의해야 한다. 식물의 수입과정은 식물을 농장에서 굴취, 세척 후 방제작업하고 항구로 운송하여 수출 검역을 마치면 선박에 선적하여 목적지에 도착하여 식물검역소에서 병해충 검역을 마친 후 결과에 따라 반송, 폐기, 소독 혹은 통관 등이 1개월 동안 이루어진다. 두 번째 방법인 발근 시킨 후 수입하는 경우라면 환경과 수목에 따라 달라지지만 식물을 발근시키는데 필요한 기간인 30 ~ 60일 정도가 추가로 소요된다. 전시온실에 사용되는 식물종의 특성 및 공사진행 사항을 반영하여 적합한 수입방법을 선택해야 하는데 많은 비용과 시간이 소요되는 무균배지에서 발근 후에 수입하는 방법이 식물의 생육을 위해서는 적합한 방법이다.

수목을 수입하기 위해서는 현지에서 검수해야 하는데 컨테이너로 이동가능 여부와 병해충 상태 등을 확인한다.

발근 후 무균배지로 수입되는 야자수로 뿌리상태가 양호하고 운송 중에도 발근이 되고 있다. 이 방법은 수입에 많은 비용과 시간이 필요하지만 대상지 식재 후에도 수형에 변화가 없고 식재 후 바로 활착되어 대형목 혹은 특수목을 식재하거나 공사 기간이 짧은 현장에 적합하다.

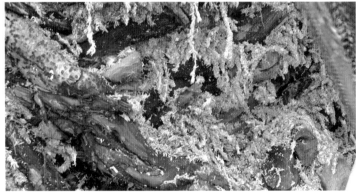

수입되는 수목은 뿌리를 세척하고 그 사이를 물이끼인 수태로 채운 다음 운반된다. 이 방법은 비용과 시간이 절약되는 반면 수입 후 식물이 고사되는 비율이 높고 식재 후에도 수형이 불량해지거나 생육이 부진한 경우가 많아 중소형의 식물이나 생명력이 강한 식물에 적용 된다.

② 국내 식물

국내에서 실내식물로 일반적으로 유통이 되는 것은 화훼시장에서 쉽게 구입이 가능하지만 특색있는 전시온실이 되기 위해서는 시중에서 볼 수 없는 식물이 추가되어야 한다. 대형목을 주로 재배하고 유통하는 업체는 주로 제주도에 위치하고 있으며 대부분의 국내 온실 조성에 참여하고 있다. 중소형의 식물을 재배하는 농장은 수도권에서 운영되고 있으며 농장별로 특색있는 식물을 재배하는 곳이 많다. 국내에서 확보하는 경우에는 식물종명 관리가 잘 되어 있는 곳에서 구입해야 한다. 시장명으로 관리되거나 알 수 없는 경우에는 지양해야하나 식물종 확보가 아닌 경관을 위한 식물의 경우에는 식물종 관리된 식물을 사용하지 않아도 무방하다. 열대식물은 생장속도가 빨라 작은 규격의 식물도 문제가 되지 않지만 선인장류, 지중해식물 등은 경관을 고려하여 화분 크기가 15㎝ 이상인 것을 사용하고, 구근류는 개화되는 것을 사용한다. 꽃피는 식물보다는 잎을 보는 관엽식물 위주로 계획하고 용기에 식재하는 것이 관리 및 경관 연출이 유리하며 꽃을 피우는 식물 중에서도 개화기간이 짧은 것은 용기에 전시하도록 계획한다. 국내 식물 구입시 주의해야 하는 것은 식물병과 해충에 대해 방제를 반드시 시행해야 한다. 전시온실은 제한된 공간으로 식물병해충의 전파가 쉽고 방제가 어려우므로 식재 전에는 반드시 방제해야 하는데 토양 중에 서식하는 해충의 경우에는 식재 전에 토양 살충제를 예정지에 살포하고 식재하거나 식재 후에 바로 토양 살충제 처리한다.

수입전 뿌리돌림작업으로 6개월 정도 소요된다.

굴취한 수목인 인공토양에 다시 식재하여 뿌리를 내린다.

중동으로 판매되는 수목은 간단한 조치만으로 식물검역을 통과할 수 있다.

뿌리가 완전히 발근되어 식재 후에도 활착이 잘된다.

③ 식물검역

식물검역은 외국에서 식물을 수입하려면 반드시 거쳐야 할 단계이나 많은 식물이 검역 과정에서 생사가 결정된다. 외국에서 들어오는 식물 중에서 우리나라에서 생산되는 농산물과 자생하는 식물에 피해를 줄 수 있는 병해충을 사전에 방지하기 위한 목적으로 시행되고 있다. 우리나라는 정밀한 검역이 이루어지고 있어 식물수입에 어려움이 많다. 실제로 외국에서 반입되는 식물이 목적지에 도달하지 못하는 것은 식물검역 단계에서 결정되므로 사전에 철저한 준비가 필요하다. 식물검역은 완전 무균상태의 식물체로 수입되도록 제한하는 것이 아니라 우리나라의 식물에 피해를 주는 병균과 해충의 유무를 검사하여 발견시에 병해충에 따라 처리된다. 식물검역에서 중요한 것은 식물 수입시 흙이 묻어 있거나 해로운 병해충이 발견되지 않도록 해야 한다. 식물검역을 통과하기 위해서는 수입하는 현지에서 검역을 대비하여 사전 처리해야 한다. 수목을 굴취하면 뿌리를 세척하여 현지 토양을 완전히 제거해야 하고 뿌리를 포함한 식물 전체에 살충제와 살균제를 살포해야 한다. 그런 다음에 병해충이 없는 수태 등을 뿌리에 잘 감싸고 수입해야 한다. 현지에서 발근 후 수입하는 과정은 굴취된 식물의 뿌리를 완전히 세척하고 코코피트나 피트모스에 다시 식재하여 발근이 되면 수입과정을 진행한다. 발근시키는 과정에서도 1주일 간격으로 농약을 살포해야 하는 등 수입하는 식물에서 병해충이 발생하지 않도록 철저

꽃의 주요 목적인 식물은 전시온실에서 개화 후에 생육이 불량해지는 종이 많이 있으므로 이벤트공간에 식재해야 하고 화분째 식재 및 교체가 용이하도록한다.

사진은 담배거세미나방의 피해를 받은 *Hymenocallis speciosa*(시장명 거미백합)와 *Alchemilla mollis*(알케밀라)로 식물 반입 전에 병해충 검사를 시행하고 예방적 차원에서 살균제와 살충제 처리 후 식재해야 한다. 거세미나방류는 땅속에서 숨어지내므로 토양 살충제를 주기적으로 살포한다.

히 관리해야 한다. 이런 복잡한 과정과 비용으로 인해 대부분 뿌리를 세척하고 바로 수입하는 과정을 거치는 경우가 일반적이다.

수입되는 식물은 인천항이나 부산항에 도착하여 검역절차를 거쳐 식재지에 도착하기까지는 보통 1~2주일의 시간이 소요되는데 이때 거치는 검역절차에는 병원균 배양 및 검사, 해충검사 등이 이루어진다.건조에 강한 식물은 오랜 기간 운송되어도 고사율이 낮지만 많은 수분을 요구하는 식물은 이동 중에 고사가 되거나 식재 후에도 잘 살지 못하는 경우가 많다.식물검역에서 병해충이 발견되면 소각 처리하거나 수입한 국가로 되돌려지기도 하며 훈증하기도 하는데 훈증제는 고독성농약으로 식물이 피해를 받기도 한다. 그러므로 수입하는 식물에서 병해충이 발견되지 않도록 관리해야 한다. 병해충이 없는 경우는 2주일 이내에 통관되어 식재가 가능해진다.

■ 수입식물검역 절차

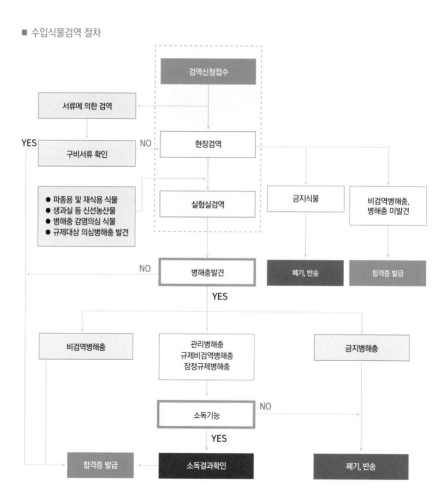

〈식물 수입시 지켜야 할 사항〉

■ 수입금지품(아래의 것은 수입 할 수가 없음)
- 수입금지식물: ①수입금지식물,지역,병해충, ②금지식물
- 긴급수입제한식물: 긴급수입제한조치
- 조건부 수입허용 식물(조건 미 준수에 한함)
- 흙
- 흙이 붙어 있는 식물(피트모스, 코코피트, 바크 등 유기물이 분해 또는 부식된 것으로서 식물의 재배에 이용되는 물질에 심겨져 있는 식물도 포함됨)
- 수입금지품이 혼입되어 있는 식물
- 살아 있는 병해충

■ 식물검역증명서 첨부(식물방역법 제8조)
식물과 그 식물을 넣거나 싸는 용기 · 포장을 수입하려는 자는 수출국의 정부기관에서 발급한 것으로서「국제식물보호협약」에 규정된 식물검역증 서식에 맞는 식물검역증명서를 첨부하여야 한다. 다만,일부는 제외됨 :[식물검역증명서 불필요 식물, 농림축산검역본부 홈페이지 참조]

■ 수입신고 및 검역(식물방역법 제12조)
식물검역대상물품이 항만 · 공항 · 기차역 등 농림수산식품부령으로 정하는 장소에 도착하면 수입하는 자는 지체없이 농림축산검역본부 지역본부장 또는 사무소장에게 신고하고 식물검역관의 검역을 받아야 한다. (미 신고 및 지연신고는 처벌을 받음)검사는 인터넷으로도 신청할 수 있음 : 수출입검역신청(유니패스)

■ 격리재배검역
수입한 씨앗 · 묘목 · 구근 등 재식 또는 번식용의 종자에 대하여 검사를 한 결과 규제 병해충의 유무를 판정하기 곤란하다고 인정되면 그 소유자나 대리인에게 격리재배를 명하여 그 재배지에서 검사하거나 그 종자의 전부 또는 일부를 식물검역기관에서 격리재배하여 검사할 수 있다.

■ 검역 준비
식물검역대상물품을 수입하는 자가 검역을 받으려면 식물검역관의 지시에 따라 그 식물검역대상물품의 운반, 개장 등 검역에 필요한 조치를 하여야 한다. 다만, 화주와 검역장소 관리책임자간의 합의에 의하여 관리책임자가 동 조치를 하는 경우에는 그러하지 아니한다.

Couroupita guianensis(시장명 폭탄수)는 격리재배 대상식물로 국내로 수입되면 일정 기간동안 격리재배하고 병해충이 없는 것이 확인되면 격리재배가 해제되며 별도의 시설에서 관리되어야 한다.

선박운송은 거리에 따라 달라질 수 있으나 14~28일 정도가 소요되며 저온 피해가 없는 4월부터 7월이 수입 적기이며, 8월 이후에 수입하는 경우에는 활착하는 동안 겨울을 거쳐야 하므로 수입된 식물의 생육이 불량하고 동해를 받아 고사율이 높다.

수피가 약한 식물은 식물검역 중 태양광으로 일소 피해를 받을 수 있으므로 식물전체를 차광해야 하고 무리하게 식물의 병해충을 찾기 위해 검역시 식물을 훼손하는 경우도 있으므로 주의해야 한다.

8) 전시온실 식재

① 식재기반

수입된 식물을 식재하기 위해서는 온실 내 토양 상태를 확인해야 한다. 전시온실은 좁은 면적에 다양한 식물을 집약적으로 식재해야 하는 환경으로 식재 토양에 많은 노력을 들어야 한다. 온실은 골조나 피복재를 설치하기 위해서 많은 중장비가 운행했던 곳으로 답압된 곳이 많다. 식재 전 궤도형 굴삭기를 이용하여 답압된 부분까지 경운해야 한다. 답압으로 인해 토양의 배수 및 통기가 불량해지므로 뿌리 발육이 불량하여 식물이 고사되므로 주의해야 한다.

② 식재 토양

실외 정원의 식재토양은 식물 생육에 적합한 비율로 무기질토양과 유기질토양을 혼합하여 조성하지만 전시온실은 식물의 관리에 중점을 맞추어야 한다. 전시온실은 식물의 관수작업이 인공적인 살수에 의해 이루어지고 있어 토성이 좋지 않은 경우에는 식물이 토층 하부로 수분이 이동하지 못하고 표면으로 흘러버리는 토양 소수성이 강하게 나타난다. 토양 소수성이 높은 토양은 뿌리가 있는 부분까지 수분이 이동하지 못하여 관수시에 잦은 세굴현상이 발생되어 관수가 어렵게 된다. 토양의 소수성은 토양입자에서 전하를 가지는 경우에 발생되는데 점질토와 유기질토양에서 심하다.

전시온실의 토양 조합은 무기질토양은 사질토를 사용하는데 점질성분이 거의 없는 하천모래를 사용하고 유기물은 피트모스 등을 사용한다. 특히 피트모스는 초기 수분흡수를 좋게 하는 토양습윤제가 함유된 제품을 사용해야 한다. 사질토양이라도 점질성분이 있는 경우에는 수분이 흡수되지 않으므로 반드시 정제된 모래를 사용해야 하고 유기물량이 30%를 초과하지 않도록 한다. 피트모스의 사용이 불가능한 정원에서는 염분이 제거된 코코피트를 혼합하고 알칼리성토양을 조성하는 경우에는 버미큘라이트(질석)을 혼합한다. 토양을 조성하는 깊이는 1.5m 이상되도록 하고 멀칭은 5㎝ 정도하는데 식물의 특성에 따라 바크와 자갈 등을 이용한다. 일부 전시온실에서는 식물의 양분 공급을 위해 표면의 일부를 유기질퇴비를 사용하여 개량하기도 하나 유기질퇴비에서도 토양 소수성이 유발되므로 시비가 필요한 경우에는 지효성 화학비료나 엽면시비를 시행한다.

9) 식물 식재

① 대형식물의 식재

건축물 내의 식재는 식재순서와 동선을 고려하여 작업해야 하는데 동선의 가장 안쪽 혹은 작업이 곤란한 부분부터 식재하고 작업이 용이한 부분은 가장 나중에 한다. 큰 장비를 사용해야 하는 식물부터 식재해야 하고 큰나무의 주변부터 정리하면서 식재를 위치별로 마무리한다. 전시온실과 같은 좁은 장소에서 장비의 운용에는 어려움이 있어 장비의 이동을 최소화하기 위한 작업계획과 식물반입계획을 작성해야 한다. 크게 자라는 식물은 바닥과 천정까지 높이가 가장 높은 곳에 심어야 하며 이런 식물은 전지 등 지속적인 나무 높이의 관리가 요구되므로 고소작업 차량에 의해 작업이 가능한 곳이나 캣워

열대식물은 대부분 천근성으로 뿌리가 깊게 뻗는 수목이 많지 않기 때문에 지면에서 1.5m까지 토양 상태를 확인해야 한다.

전시온실의 식재기반은 사진과 같이 바닥부터 방근시트 배수층 부직포 식재용토 순서로 작업을 할 수 있다. 만약 콘크리트 구조물 위에 전시온실이 조성되는 경우에는 사진과 같은 방법으로 하면 되고 그렇지 않고 하부가 자연 지반인 경우에는 방근시트는 필요 없다. 하지만 배수층 등을 시공하여 배수나 침출수에 의한 피해가 없도록 해야 한다.

온실의 내부는 건축을 시공을 위해 많은 중장비들이 운행되어 답압이 심하게 되므로 식재전에 전체 토양의 경운을 시행하고 토양 경도계를 이용하여 답압정도를 확인하고 조치해야 한다.

전시온실은 자연 강우보다는 인공적인 살수장치에 의해 관수되는 공간으로 토양에서 소수성이 있는 경에는 수분흡가 잘 되지 않아 식물이 건조피해를 받고 식재지는 세굴피해가 발생된다. 토양의 소수성은 극성을 가진 토양에서 발생되는 것으로 점질토나 유기물 이 혼합된 식재에서 발생된다. 사진과 같이 사질토양 위주로 식재토양을 조성하고 멀칭 등을 시행해야 한다.

크와 같이 전시온실 구조물에 설치된 작업로에서 수목의 조절 할 수 있도록 위치를 조정해야 하고, 대왕야자와 같이 30m 이상 자라면서 높이 조절이 불가능한 야자류 등의 식물은 최후에는 제거해야 하므로 위치 선정시 고려해야 한다. 열대수목은 빨리 자라는 속성수가 많아 충분한 식재거리를 확보해야 하는데 고무나무 종류는 주변에 경쟁할 수 있는 교목과 10m 정도는 거리는 두어야 한다. 지중해지역이나 사막지역 식물은 생장 속도가 비교적 느려 국내 수목의 식재 기준을 적용하면 된다. 일부 야자수는 공생근균이라는 뿌리와 공생하는 균을 가지고 있어 뿌리를 내린 상태에서 수입해야 하고 공생근균이 잘 살 수 있도록 적정한 토양pH 와 EC를 유지해야 한다. 야자류 중에서도 생장점이 뿌리부분에 있는 다간형의 야자는 이식이 비교적 잘되는 종류가 많이 있으며 이 종류도 2m 이상을 이격해야 한다. 야자류 중에서 국내에서 생산되는 카나리아야자, 워싱턴야자 등은 이식이 잘 되므로 경관적으로 야자수가 필요한 경우라는 국내에서 생산되는 것을 사용하는 것이 유리하다.

② 중소형식물의 식재

많은 햇볕을 필요로 하는 식물은 나무 아래와 같이 그늘이 지는 곳은 회피해야 하며 지중해식물이나 사막식물은 그늘지면 수형이 훼손되고 꽃도 피지 않는 경우가 많으므로 주의해야 한다. 식물에 의한 그늘뿐만 아니라 구조물이나 건축물 등에 의해서도 그늘이 발생 될 수 있으니 현장에서 확인하고 식재를 변경할 수 있어야 한다. 대형 초본의 위치가 결정되면 군락으로 식재한 관목을 위치를 정한다. 열대나 지중해식물 중에 관목으로 식재가 가능한 것이 많지 않으므로 식물 수입시 반영해야 한다. 관목은 꽃이 피는 것도 중요하지만 볼륨을 잡아 줄 수 있도록 충분한 양을 반영해야 하며, 잎의 색과 형태가 다양하도록 계획하고 식재한다. 정원에 색을 입히기 위해서는 초화류를 계획해야하는데 흔히 볼 수 있는 초화보다는 특이하고 화려한 식물종을 식재하는 것이 대중에게 관심을 받을 수 있으며, 전체의 10~30% 정도 반영하고 3개월 이하의 주기로 교체한다. 정원에서 식물종 확보를 위한 식물은 지속적인 관리가 가능한 위치에 식재한다. 열대식물 전시 공간에서 바나나와 같이 생장속도가 빠른 식물이 밀림의 분위기를 조성하므로 적절히 배치한다. 지중해 대표식물은 허브류와 구근류로 많은 수량의 군락을 형성하도록 계획하며, 식물과 장식물이 결합된 정원이 효과적이다. 지중해기후는 여름이 건조하여 건조에 강한 식물을 계획하고 식재토양 조성시에도 배수가 잘 되도록 해야 하며 환기 및 냉방설비를 충분하게 반영하여 고온다습하지 않도록 관리해야 한다.

지중해식물은 올리브나무, 바오밥나무 등과 같이 교목위주로 식재하고 초화 관목은 그들이 효과적으로 전시될 수 있도록 배치해야 한다. 지중해성 기후에서는 많은 구근류의 전시가 가능한데 이들은 휴면기간을 따로 가지고 있어 생육시기별로 다양하게 전시를 할 수 있다. 온실은 건축물로 기둥이나 벽체 등이 있어 차폐방안을 마련해야 한다. 규모가 큰 구조물은 부착식물이나 덩굴식물을 이용하면 쉽게 차폐할 수 있으며 덩굴식물은 생장속도가 빠르나 활착하는데 시간이 소요되고 농장에서도 2.0m 미만으로 재배하므로 차폐가 필요한 구조물은 전시온실 식재 초기에 바로 식재하여 빠른 활착을 유도해야 한다.

이용객에 의해서 식재지의 답압이 예상면 바크 등으로 멀칭하여 뿌리를 보호한다.

식물의 특성에 따라 멀칭을 다르게 해야한다. 지중해식물, 사막식물을 식재한 경우에는 자갈멀칭이 적당하다.

대형목은 동선에서 가까운 곳에 식재하여 식물관리나 식재가 용이하도록 해야 한다.

식물의 활용을 고려하여 식물종과 식재위치를 정하고, 스토리텔링의 가치가 있는 식물은 동선에서 가까운곳에 식재한다.

덕구리란(*Beaucarnea recurvata*)의 뿌리는 특이한 형태로 뿌리가 전형적인 형태로 형성 되어 있지 않다. 온실에 식재되는 식물은 뿌리 등의 특성에 따라 식재계획을 세워야 한다.

격리재배 대상식물은 1~2년 정도 별도의 시설에서 격리재배를 해야 하는데 이동이 어려운 큰 식물은 최종 위치에 식재하여 관리 해야 한다. 개방 후에도 격리 관리하는 경우도 있으므로 다방면으로 검토하여 시설 설치 및 위치 선정해야 한다.

열대식물은 생육속도 빠르므로 식재초기에는 식재폭을 충분하도록 식재한다. 아래 사진은 식재초기인 위쪽 사진에서 1년 정도 경과한 경관이다.

■ 기후대별 구근식물

구분	식물명	비고
지중해지역	*Allium*(유라시아), *Amaryllis*(남아프리카), *Camassia*(북미), *Chionodox*(유라시아), *Crocosmia*(남아프리카), *Crocus*(유라시아), *Cyrtanthus*(남아프리카), *Gladiolus*(지중해), *Haemanthus*(남아프리카), *Hyacinthoides*(유럽), *Hyacinthus*(유럽), *Ipheion*(중남미), *Leucojum*(유라시아), *Muscari*(유라시아), *Narcissus*(유라시아), *Nerine*(유라시아), *Scadoxus*(아프리카), *Spraxis*(남아프리카), *Tritonia*(남아프리카), *Tulipa*(중앙아시아) 등	
열대지역	*Amorophalus*(동남아), *Ariesema*(동남아), *Cardiocrnium*(동남아), *Crinium*(동남아), *Colocasia*(동남아), *Eucharis*(남미), *Gloriosa*(아프리카), *Hedychium*(동남아), *Hymenocallis*(중남미), *Kaempheria*(동남아), *Polianthes*(중남미), *Tacca*(동남아) 등	

■ 구조물 차폐를 위한 덩굴식물과 부착식물

구분	식물명	비고
덩굴식물	*Aristolochia maxima, Paragus setaceus, Bougainvillea glabra, Cissus* spp., *Clerodendrum thomsoniae, Clitoria ternatea, Delairea odorata, Gloriosa superba, Mansoa alliacea, Passiflora* spp., *Pyrostegia venusta, Thunbergia erecta*	
부착식물	*Bulbophyllum* spp., *Dendrobium* spp., *Epidendrum* spp., *Asplenium nidus, Epipremnum aureum, Ficus pumila, Guzmania* spp., *Hoya* spp., *Monsteradeliciosa, Peperomia* spp., *Pilea glaucophylla, Platycerium* spp., *Tillandsia* spp., *Trachelospermum* spp., *Vriesea* spp.	

식재초기

18개월 경과 후

야자류의 식재 간격은 다른 수목과 달리 가깝게 식재해도 상관이 없어 대형인 대왕야자도 2m 이상의 식재간격을 유지하면 된다. 야자수는 수입도 어렵지만 전시온실 내에서 뿌리를 새롭게 내리는 것도 많은 노력이 필요한 수종이다.

식재초기

식재초기의 바나나, 야자류 등은 왜소하지만 1년 경과 후에는 무성해지므로 적정한 식재간격을 확보해야 한다.

18개월 경과 후

바나나의 생김새는 목본과 유사하지만 열매가 달린 개체는 죽고 옆에서 새로운 개체가 생성되는 초본으로 생육 속도가 빠르므로 충분한 이격거리를 확보하고 동일한 식물종은 3~ 5개체를 군락으로 심는다 . 동일한 식물종을 분산시켜 식재하면 산만하고 생태적으로 맞지 않는 경관이 되므로 주의해야 한다.

10) 전시온실의 식물관리

① 식물의 영양

수입된 수목은 초기 활착이 어렵고 많은 양분손실이 발생되어 생육개선을 위해서 별도의 시비가 필요하다. 식재 초기에 영양분을 빠르게 공급하기 위해서는 식물의 잎으로 양분을 흡수하게 하는 엽면살포를 해야 하며 비료 성분 중에서 칼륨(K)과 마그네슘(Mg)이 포함된 비료를 시비한다. 식재된 수목에서 추가 발근이 이루어질 때 까지 10일 간격으로 엽면살포를 시행하고 뿌리부분에는 비료를 직접 시비하지 않고 발근제 처리만 한다. 뿌리가 완전하지 않은 상태에서 양분을 공급하면 발근이 지연되므로 주의해야 한다.

② 전시온실의 관수

온실 내 관수는 야외식물과는 방법을 달리해야 하는데 야외는 빗물에 의한 토양수분의 유지가 가능하지만 온실은 인위적인 관수가 없으면 수분공급이 불가능하므로 토양이 건조하지 않도록 관리해야 한다. 관수 시에는 토양 내 20㎝ 이상까지 수분이 충분히 있는지 확인해야 한다. 토양 표면만 관수하는 경우에는 표면의 단립화되어 통기성과 배수성이 불량해지고 식물은 수분흡수와 뿌리 호흡을 위해 뿌리가 지면으로 상승하는 사례가 발생하므로 특별히 관수에 주의해야 한다. 관수시 가급적 인력관수는 지양하고 점적설비나 스프링클러 방식을 사용하고, 특별관리가 필요한 수목에 대해서는 물집을 만들어 관수한다.

③ 온습도의 관리

식재 초기 온실 내부온도는 20 ~ 35℃로 관리하고 토양 온도는 25~30℃로 관리해야 한다. 열대식물은 15℃ 이하에 생육이 정지되어 휴면하므로 적정온도를 유지해야 하며, 초기 발근을 위해서 멀칭된 부분은 제거한다. 멀칭에 의해 토양온도를 올리는데 방해가 되는 경 우도 있다. 온실 내 온도가 40℃ 이상이 되면 식물체 내 단백질이 응고하여 생육이 불량해지고 고온에 약한 수목은 고사되므로 온도관리를 해야한다. 온도를 낮추기 위해서는 환기창을 열고 순환팬을 가동시켜 실내 공기를 외부로 배출시키고 차광시설을 가동하여 햇볕이 내부로 비치지 못하도록 한다. 포그장치를 이용하면 기화열에 의해 3℃ 정로 온도를 낮추는 효과가 있다. 높은 습도는 병해를 유발하기도 하는데 이를 방지하기 위해 환기를 자주하고 공기 순환팬을 가동하고 살충제와 살균제를 예방적으로 살포하는데 식재 초기에는 10일 간격으로 처리하고 활착된 이후에는 1개월 1회 정도는 방제한다. 온실 내 방문객을 고려하여 생물적 방제도 가능하지만 많은 시간과 노력이 소요되므로 초기에는 화학적 방제를 시행하고 안정단계부터 생물적 방제를 적용한다.

열대정원에서 크게 자라는 초본 활용하여 공간감이 있도록 구성할 수 있다. 사진은 알피니아(*Alpinia speciosa*)와 알로카시아 (*Alocasia odora*)로 습지부터 건조지역까지 생육범위가 넓은 식물이다.

부착식물은 돌이나 나무에 붙어 자라는 착생식물을 이용할 수도 있고 인위적으로 식재공간을 만드는데 식재공간 30×30㎝ 이상이 되도록 하고 하부 배수가 가능하게 해야 한다.

대형의 초본은 열대온실에서 공간을 나누고 가리는 용도로 사용 가능하며 *Alpinia, Zingiber, Alocasia*와 관목형 야자 등을 사용 할 수 있다.

식재초기의 바나나, 야자류, 셀럼, 알로카시아 등이 식재되어 있으며 빠른 생육이 되고 있다.

식재 후 6개월이 지난 상태로 바나나의 생육이 두드러진다.

식재 후 18개월에는 식물이 완전히 적응되었고 일부 식물은 과밀하여 조정이 필요하다.

습도는 지중해식물은 60~80%, 열대는 70~90%를 유지하고 식물이 발근되고 완전히 활착되면 지중해 60%, 열대 80% 정도로 유지 시킨다. 온실 내 습도가 낮은 경우에는 응애, 깍지벌레, 온실가루이 등이 발생하여 식물의 생육을 좋지 않게 하므로 적정 습도를 유지해야 한다.

④ 병해충 관리

온실에서 초기에 발생하는 해충은 구입한 식물에 잠복하거나 알 상태로 반입되어 발생되는 것이 많으며 반입 시 살충처리하고 식재지에는 토양살충제를 혼합하고 식재한다. 주로 거세미나방류, 진딧물, 응애, 총채벌레류가 주로 발생되며, 식물병은 초기 온실에서는 발생이 적으나 관리가 여러해 지속되면 병해의 발생은 높아지므로 월 1회 살균 처리한다. 온실의 병해충 방제는 간단할 것으로 예상할 수 있지만 총채벌레, 응애, 거세미나방 등은 간단히 해결되지 않는다. 총채벌레나 거세미나방은 토양에서 번데기가 되어 천적이 많지 않고 응애와 총채벌레는 농약에 대한 내성이 강해 농약 방제로 해결 할 수 없다. 온실 내 해충을 방제하기 위해서는 질소질비료를 최소로 시비하여 식물체내 아미노산농도를 낮추고, 성페로몬이나 천적을 이용하여 방제하고, 온실 내 적정 습도를 유지하여 해충의 발생빈도를 낮춘다. 또한 외부에서 새로운 병해충이 유입되지 않도록 방충관리를 철저히 하고 구입한 식물은 바로 식재하기 보다는 2주 정도 재배온실에서 관리 후 반입하거나 식재 전 충분한 방제 후 사용한다. 식재된 수목은 생장이 빠른 경우에는 온실의 천정에 닿아 식물관리에 어려움이 발생되므로 속성수는 정기

담배거세미나방은 땅속에 숨어지내 농약에 의한 방제가 어렵고, 식물구입시 화분속에서 알이나 애벌레상태로 반입된다.

고온다습한 온실내 여름에 주로 발생되는 증상으로 공기순환이 되도록 충분히 환기하고 주기적으로 살균제를 처리한다.

성페로몬 및 천척 등을 활용하여 농약을 사용하지 않는 방제로 밀폐된 공간에서 농약에 의한 피해가 발행하지 않도록 한다.

적으로 가지치기 및 뿌리 자르기를 시행하여 식물이 왕성하게 자라지 못하게 한다. 열대수목 등도 1년한번 정도는 잎갈이나 휴면하므로 년1회 정도는 생육을 제어하는 작업을 해야 한다.

대형목은 식재 위치에서도 관리가 용이하도록 작업로에서 가까운 곳에 식재하고 작업장비의 제원을 반영하여 온실 계획을 세워야 한다.

⑤ 기타 관리

온실의 연못은 다양한 식물을 전시하는 공간으로 관심이 많은 부분이지만 높은 온도와 적당한 태양광 등에 의해 녹조현상이 다른 곳보다 빨리 시작되고 오랫동안 심하게 발생한다. 식재되는 수생식물 중에 많은 양분이 필요한 수련류는 재배온실에서 관리하여 개화되는 식물체만 전시할 수 있도록 계획한다. 양분을 보유하는 능력이 높은 점질성분이 많은 토양보다 사질토양을 사용하여 연못 식재토양을 조성한다.

수생식물은 용기에 재배하여 수시로 교체가 가능하도록 해야 하고 연못 내 녹조류 제거를 위해서는 최소한의 양분으로 관리 할 수 있도록 하고 수질정화시스템을 반영한다.

온실 내의 녹조현상을 제거하기 위해서는 연못에 수질정화시스템을 반영하고 수질을 정화할 수 있는 수생식물을 식재한다. (*Alocasia, Calathea, Colocassia, Cyperus, Phillodendron, Monstera, Zantedeschia* 등)

연못에 식재되는 수생식물의 겨울 생육을 위해 수온을 20℃ 이상으로 유지한다. 빅토리아수련을 관리하기 위해서는 25℃ 이상의 수온이 필요하며 20℃ 이하에서 휴면한다. 열대수련은 20℃ 이상에서 개화하고 15℃ 이하에서는 휴면하고 5℃ 이하에서는 동해를 받아 고사된다.

연못에는 수련뿐만 아니라 맹그로브 등 다양한 식물을 식재하여 열대우림을 경험 할 수 있는 공간이 되도록 한다.

참고문헌

- 만병초가드닝, 국립수목원, 국립수목원, 2014.
- 수목관리학, 이규화, 바이오사이언스, 2012.
- 樹木根系圖說, 苅住 著, 誠文堂新光社, 1979.
- 수목생리학, 이경준, 서울대학교 출판사, 2019.
- 물의요정 – 수련의 세계, 아카누마 도시하루, 미야가와 고이치, 박종한, 김영사, 2007.
- 온실 환경설계기준(안), 허건량, 농촌진흥청 국립농업과학원, 2015.
- 연꽃의세계 – 연꽃, 수련, 왕련의 재배에서 감상까지, 리상즈 리궈타이, 왕만, 박종한, 김영사, 2007.
- 원색수목환경관리학, 김호준, 그린과학기술원, 2009.
- 日本の野生植物·コケ, 岩月善之助, 平凡社, 2003.
- 조경수관리기술 이경준, 이승제, 서울대학교출판사. 2019.
- 中國杜鵑花1, 馬国楣, 科學出版社, 1988.
- 中國杜鵑花2, 馬国楣, 科學出版社, 1992.
- 中國杜鵑花3, 馬国楣, 科學出版社, 1999.
- 토양학, 김계훈 외 13, 향문사, 2009.
- 토양학, 김수정 외 15, 교보문고, 2011.
- 토양 및 퇴비 분석법, 경기도농업기술원, ㈜휴먼컬처아리랑, 2009.
- 한국동식물도감 제24권 식물편(선태류), 문교부, 최두문, 1980
- 한국의 나무, 김진석, 김태영, 돌베게, 2012.
- 한반도수목필드가이드, 장진성, 김휘, 길희영, 디자인포스트, 2012.
- Bulb by Anna Pavord, Mitchell Beazley, An Hachettelivre, 2009.
- Designing with Palms, Jason Dewees, Timber Press, 2018.
- Hardy Rhododendron species, James Cullen, Timber Press, 2005.
- Hydrangeas 1, Corinne Mallet, 1992.
- Hydrangeas 2, Corinne Mallet, 1994.
- The Genus Betula : A taxonomic revision of birches, Royal Botanic Gardens, Kew, Kenneth Ashburner, Hugh A McAllister, 2013.
- https://www.gardenia.net
- https://www.missouribotanicalgarden.org
- https://www.rhododendron.org
- https://www.pacificbulbsociety.org
- https://www.irises.org
- https://americanhydrangeasociety.org
- http://clematisinternational.com
- http://www.newkorearose.co.kr

박 웅 규(나무의사)

- 건국대학교 원예학과 석사
- 중국 곤명에서 고산식물 연구
- 포천 평강식물원을 조성하고 도입 식물종의 생산/관리
- 곤지암 화담숲 기획 및 조성
- 삼성 에버랜드 조경공사 기술지원
- 서울주택도시공사의 서울식물원 조성공사 감독

정원의
시작
MAKE A GARDEN

초판 1쇄 발행 2022년 5월 25일
초판 1쇄 인쇄 2022년 5월 25일

지은이 박웅규
펴낸이 김광규, 김은경
펴낸곳 디자인포스트

편집 김은경, 황윤정 안혜연, 김어진
그림 김어진

출판등록 406-3012-000028
주소 경기도 고양시 일산동구 고봉로 20-26
전화 031-916-9516
E-mail post0036@naver.com

ISBN 978-89-968648-8-2